"十二五"国家重点图书

环境保护知识丛书

大气污染防治
——共享一片蓝天

刘　清　招国栋　赵由才　主编

北　京
冶金工业出版社
2012

内 容 提 要

本书是《环境保护知识丛书》之一,旨在给广大环保爱好者介绍大气污染控制的相关知识。本书在介绍大气圈结构、大气污染物及气象学的基础上,分别阐述各种大气污染物的源头控制、监测及末端处理技术及途径。此外,本书还介绍了大气污染与全球气候恶化的密切关系。编者希望以此书唤起人们的环保意识,善待地球,善待大气,保护我们人类共同的家园。

本书集科学性、知识性和趣味性为一体,适合于对环保感兴趣、关心、爱护环保事业的人员阅读。

图书在版编目(CIP)数据

大气污染防治:共享一片蓝天/刘清,招国栋,赵由才主编.
—北京:冶金工业出版社,2012.4
(环境保护知识丛书)
"十二五"国家重点图书
ISBN 978-7-5024-5883-6

Ⅰ.①大… Ⅱ.①刘… ②招… ③赵… Ⅲ.①空气污染
—污染防治 Ⅳ.①X51

中国版本图书馆 CIP 数据核字(2012)第 052899 号

出 版 人　曹胜利
地　　址　北京北河沿大街嵩祝院北巷 39 号,邮编 100009
电　　话　(010)64027926　电子信箱　yjcbs@cnmip.com.cn
责任编辑　程志宏　郭冬艳　美术编辑　李　新　版式设计　孙跃红
责任校对　石　静　责任印制　张祺鑫
ISBN 978-7-5024-5883-6
北京鑫正大印刷有限公司印刷;冶金工业出版社出版发行;各地新华书店经销
2012 年 4 月第 1 版,2012 年 4 月第 1 次印刷
169mm×239mm;13.75 印张;261 千字;202 页
33.00 元

冶金工业出版社投稿电话:(010)64027932　投稿信箱:tougao@cnmip.com.cn
冶金工业出版社发行部　电话:(010)64044283　传真:(010)64027893
冶金书店　地址:北京东四西大街 46 号(100010)　电话:(010)65289081(兼传真)
(本书如有印装质量问题,本社发行部负责退换)

《环境保护知识丛书》编辑委员会

主 任　赵由才

委 员　（以姓氏笔画为序）

马建立　王罗春　王金梅　刘　清　刘　涛

孙英杰　孙晓杰　张丽杰　张健君　张瑞娜

李广科　李良玉　李鸿江　杨淑芳　周　振

招国栋　赵天涛　唐　平　桑　楠　顾莹莹

崔亚伟　梁启斌　曾　彤　潘新潮

丛书序言

人类生活的地球正在遭受有史以来最为严重的环境威胁，包括陆海水体污染、全球气候暖化、疾病蔓延等。经相关媒体曝光，生活垃圾焚烧厂排放烟气对焚烧厂周边居民健康影响、饮用水水源污染造成大面积停水、全球气候变化导致的极端天气等，事实上都与环境污染有关。过去曾被人们认为对环境和人体无害的物质，如二氧化碳、甲烷等，现在被证实是造成环境问题的最大根源之一。

我国环境保护起步比较晚，对环境问题的认识也不够深入，环境保护措施和政策法规还不完善，导致我国环境事故频发。随着人们生活水平的不断提高，环境保护意识逐渐增强，民众迫切需要加强对环境保护知识的了解。长期以来，虽然出版了大量环境保护书籍，但绝大多数专业性很强，系统性较差，面向普通大众的环境保护科普读物却较少。

为了普及大众环境保护知识，提高环境保护意识，冶金工业出版社特组织编写了《环境保护知识丛书》。本丛书涵盖了环境保护的各个领域，包括传统的水、气、声、渣处理技术，也包括了土壤、生态保护、环境影响评价、环境工程监理、温室气体与全球气候变化等，适合于非环境科学与工程专业的企业家、管理人员、技术人员、大中专师生以及具有高中学历以上的环保爱好者阅读。

本套丛书内容丰富，编写的过程中，编者参考了相关著作、论文、研究报告等，其出处已经尽可能在参考文献中列出，在此对文献的作者表示感谢。书中难免出现疏漏和错误，欢迎读者批评指正，以便再版时修改补充。

赵由才
2011 年 4 月

前言

没有食物，人们可以十几天安然若泰；没有水，人们几天内生命无虞，可一旦没有空气，人将在几分钟内死去。空气是生命之源，生命之母。

然而，抚育了万物生灵的大气却遭到了人类的残忍毁坏。工厂里大大小小的烟囱，浓烟滚滚；从施完化肥的农田里，飘来刺鼻的气味；公路上飞驰而来的汽车，喷出一团团黑烟；一阵狂风卷起漫天沙尘。人类在创造世界、改造世界的同时，毫无节度地消费，肆无忌惮地排放着废物……终于，人类因为自己的"暴行"而受到了地球的报复，大气的报复。地球上森林锐减，土地荒漠化加剧，气候变暖，海平面上升，灾害频发，疾病肆虐，往日温柔博大的地球变得暴戾无常。惨痛的代价让人类最终意识到需要与地球和谐相处，人类提出了人与社会、经济、生态环境协调发展的"可持续发展理论"，并且开始行动起来，保卫地球，保卫大气。我们倡导保护天然植被和人工栽种植被，营造城市和工矿区净化空气的肺；全社会共同努力节约能源，把对化石燃料的消耗尽量降低；给烟囱和汽车安装烟气和尾气净化装置；开发无污染能源（如太阳能等）和无害于健康和环境的化工产品等。

本书作为环境保护知识系列丛书中的一本，向广大环保爱好者介绍大气污染控制的相关知识。在介绍大气圈结构、大气污染物及气象学基础的基础上，分别阐述各种大气污染物的源头控制、监测及末端处理技术及途径。此外，本书还介绍了大气污染与全球气候恶化的密切关系。编者希望以此书唤起人们的环保意识，善待地球，善待大气，保护我们人类共同的家园。

前言

全书由刘清、招国栋、赵由才担任主编,何小燕、滑熠龙为副主编。参加编写人员有:刘清、赵由才(第1章);滑熠龙、马晓燕(第2章);凌辉、刘清(第3章);滑熠龙、杨金辉(第4章);招国栋、刘清(第5章);何小燕(第6章)。

由于编者水平和时间有限,书中不足和错误之处,恳请广大读者批评指正。

编 者
2011年4月

目 录

第1章 概论 ·· 1

  1.1 大气及大气污染 ··· 1
    1.1.1 大气及其组成 ·· 1
    1.1.2 大气的重要性 ·· 4
  1.2 大气污染物及其来源 ·· 4
    1.2.1 大气污染物 ··· 5
    1.2.2 大气污染源 ··· 9
    1.2.3 我国大气污染的现状 ·· 11
  1.3 大气污染物的危害 ·· 12
    1.3.1 对人类的影响途径 ··· 12
    1.3.2 不同大气污染物对人体健康的影响 ··························· 13
  1.4 大气污染综合防治 ·· 17
    1.4.1 大气污染综合防治的意义 ······································· 17
    1.4.2 大气污染综合防治的步骤 ······································· 17
    1.4.3 综合防治对策 ·· 18
  1.5 大气质量控制标准 ·· 19
    1.5.1 环境空气质量标准 ··· 19
    1.5.2 大气污染物排放标准 ··· 20

第2章 燃烧与大气污染 ·· 22

  2.1 燃料的燃烧 ·· 22
    2.1.1 燃料的概念 ··· 22
    2.1.2 燃料的燃烧 ··· 28
  2.2 燃烧过程污染物排放量的计算 ··· 29
    2.2.1 燃料燃烧产生烟尘量的物料衡算方法 ······················· 29
    2.2.2 燃料燃烧产生二氧化硫量的物料衡算方法 ··············· 31
    2.2.3 燃料燃烧产生氮氧化物量的物料衡算方法 ··············· 32
    2.2.4 燃料燃烧产生一氧化碳量的物料衡算方法 ··············· 33
    2.2.5 燃料燃烧产生粉煤灰和炉渣的物料衡算方法 ············ 33

第3章 大气污染与气象学 ··· 35

3.1 大气圈结构及气象要素 ··· 35
- 3.1.1 大气圈结构 ··· 35
- 3.1.2 气象要素 ··· 38

3.2 大气热力学运动 ··· 43
- 3.2.1 太阳、大气和地面的热交换 ··· 44
- 3.2.2 气温的垂直变化 ··· 45
- 3.2.3 大气稳定度 ··· 45
- 3.2.4 逆温 ··· 45
- 3.2.5 烟流形状与大气稳定度的关系 ··· 48

3.3 大气扩散浓度计算模式 ··· 49
- 3.3.1 高斯模型的普遍性 ··· 49
- 3.3.2 高斯模式坐标系 ··· 50
- 3.3.3 高斯模型的适用条件 ··· 50
- 3.3.4 无限空间连续点源扩散的高斯模式 ··· 51
- 3.3.5 高架连续点源扩散的高斯模式 ··· 52

3.4 污染物浓度计算 ··· 54
- 3.4.1 烟流抬升高度的计算 ··· 54
- 3.4.2 帕斯奎尔（Pasquill）扩散曲线法 ··· 56

第4章 大气污染的检测 ··· 59

4.1 大气污染物的时空分布 ··· 59
- 4.1.1 时间性 ··· 60
- 4.1.2 空间性 ··· 60

4.2 大气污染监测目的和项目 ··· 61
- 4.2.1 大气污染监测的分类 ··· 61
- 4.2.2 环境监测的目的 ··· 62
- 4.2.3 监测项目 ··· 63

4.3 大气监测试样的采样 ··· 63
- 4.3.1 环境调查 ··· 63
- 4.3.2 大气监测采样点的布设 ··· 64
- 4.3.3 采样时间和频率 ··· 66
- 4.3.4 采样方法 ··· 67
- 4.3.5 采样效率及分析方法 ··· 69

4.4 气态污染物的测定 ... 70
4.4.1 二氧化硫的测定 ... 70
4.4.2 氮氧化物的测定 ... 72
4.4.3 臭氧的测定 ... 73
4.4.4 一氧化碳的测定 ... 74

4.5 颗粒污染物的测定 ... 75
4.5.1 总悬浮颗粒物的测定 ... 75
4.5.2 降尘的测定 ... 76
4.5.3 可吸入颗粒物的测定 ... 78

4.6 固定污染源监测 ... 79
4.6.1 固定污染源样品的采集 ... 79
4.6.2 固定污染源的监测 ... 79

4.7 大气污染物的生物监测 ... 81
4.7.1 污染物在植物体内的分布 ... 82
4.7.2 大气污染对植物的影响 ... 82
4.7.3 大气污染指示植物的选择 ... 83
4.7.4 利用植物检测大气污染 ... 84
4.7.5 大气污染的植物监测方法 ... 86

第5章 大气污染控制技术 ... 87

5.1 颗粒污染物的控制 ... 88
5.1.1 粉尘的粒径和性质 ... 88
5.1.2 除尘器的处理性能 ... 92
5.1.3 除尘器 ... 93

5.2 气态污染物的控制 ... 103
5.2.1 吸收法 ... 103
5.2.2 吸附法 ... 105
5.2.3 燃烧净化法 ... 110
5.2.4 催化转化法 ... 113
5.2.5 冷凝法 ... 114
5.2.6 生物净化法 ... 114
5.2.7 膜分离法 ... 115
5.2.8 电子束照射法 ... 116

5.3 硫氧化物的污染控制 ... 116
5.3.1 SO_2 的来源 ... 117

    5.3.2 燃料燃烧过程硫氧化物的形成 …………………………………… 118
    5.3.3 烟气脱硫 ………………………………………………………… 120
    5.3.4 燃料脱硫 ………………………………………………………… 134
  5.4 氮氧化物的污染控制 ………………………………………………… 135
    5.4.1 氮氧化物污染控制概述 ………………………………………… 135
    5.4.2 氮氧化物废气的治理现状 ……………………………………… 136
    5.4.3 氮氧化物生成机理 ……………………………………………… 136
    5.4.4 与 SO_x 的比较 ………………………………………………… 139
    5.4.5 低氮氧化物燃烧技术 …………………………………………… 139
    5.4.6 排烟脱氮法 ……………………………………………………… 141
  5.5 挥发性有机物的控制 ………………………………………………… 149
    5.5.1 挥发性有机物（VOC）的定义及分类 ………………………… 149
    5.5.2 VOC 控制方法 …………………………………………………… 150
    5.5.3 研究和开发的方法 ……………………………………………… 158
    5.5.4 各类含 VOC 废气净化方法的应用 …………………………… 161
  5.6 城市机动车尾气的污染控制 ………………………………………… 162
    5.6.1 机动车排气污染物及其控制概况 ……………………………… 162
    5.6.2 机动车排气有害污染物构成及其形成机理 …………………… 163
    5.6.3 机动车排放物对大气环境的影响 ……………………………… 172
    5.6.4 机动车排气的控制对策 ………………………………………… 173
  5.7 持久性有机污染物的控制 …………………………………………… 178
    5.7.1 国内环境中的持久性有机污染物 ……………………………… 178
    5.7.2 持久性有机污染物的危害 ……………………………………… 179
    5.7.3 持久性有机污染物的控制技术 ………………………………… 179

第6章 大气污染与全球气候 ……………………………………………… 182

  6.1 全球气候变化 ………………………………………………………… 182
    6.1.1 大气污染 ………………………………………………………… 182
    6.1.2 全球气候变化 …………………………………………………… 182
  6.2 臭氧层破坏 …………………………………………………………… 183
    6.2.1 臭氧和臭氧层 …………………………………………………… 184
    6.2.2 臭氧层破坏 ……………………………………………………… 186
    6.2.3 臭氧层破坏的原因 ……………………………………………… 187
    6.2.4 臭氧层破坏的影响 ……………………………………………… 188
    6.2.5 保护臭氧层的行动 ……………………………………………… 189

6.3 酸雨 ………………………………………………………… 191
　6.3.1 酸雨的形成 ……………………………………………… 191
　6.3.2 我国酸雨灾害的状况 …………………………………… 192
　6.3.3 酸雨的危害 ……………………………………………… 193
　6.3.4 酸雨的防治对策 ………………………………………… 194
6.4 沙尘暴 ………………………………………………………… 195
　6.4.1 沙尘暴的形成 …………………………………………… 195
　6.4.2 沙尘暴的成因 …………………………………………… 196
　6.4.3 沙尘暴的危害 …………………………………………… 197
　6.4.4 沙尘暴的防治措施 ……………………………………… 198

参考文献 ……………………………………………………………… 200

第1章 概 论

1.1 大气及大气污染

地球上的大气是环境的重要组成要素,并参与地球表面的各种过程,是人和一切有机体生存不可缺少的条件。大气质量的优劣,对整个生态系统和人类健康有着直接的影响。某些自然过程不断地与大气之间进行着物质和能量的交换,直接影响着大气的质量。尤其是人类活动的加剧,对大气环境质量产生深刻的影响。研究大气污染,是当前面临的重要问题之一。

1.1.1 大气及其组成

1.1.1.1 大气与空气

大气和环境空气按照国际标准化组织(ISO)定义为:大气是指地球环境周围所有空气的总和;环境空气是指暴露在人群、植物、动物和建筑物之外的室外空气。根据上述定义及大气污染的实际状况,1996年中国将原来的《大气环境质量标准》(GB 3095—1982)名称改为《环境空气质量标准》(GB 3095—1996),2012年2月又对《环境空气质量标准》(GB 3095—1996)进行了修正,颁布了《环境空气质量标准》(GB 3095—2012)。实施《环境空气质量标准》是新时期加强大气环境治理的客观需求。随着我国经济社会的快速发展,以煤炭为主的能源消耗大幅攀升,机动车保有量急剧增加,经济发达地区氮氧化物(NO_x)和挥发性有机物(VOCs)排放量显著增长,臭氧(O_3)和细颗粒物(PM2.5)污染加剧,在可吸入颗粒物(PM10)和总悬浮颗粒物(TSP)污染还未全面解决的情况下,京津冀、长江三角洲、珠江三角洲等区域PM2.5和O_3污染加重,灰霾现象频繁发生,能见度降低,迫切需要实施新的《环境空气质量标准》,增加污染物监测项目,加严部分污染物限值,以客观反映我国环境空气质量状况,推动大气污染防治。

地球是太阳系至今知道唯一的有生命的行星,其上有适合于人类生存和发展的自然环境。地球表面环绕着一层很厚的气体,称为地球大气,简称大气。大气是自然环境的重要组成部分,是人类赖以生存的必不可少的物质。

目前国内外出版的大多数《大气污染控制工程》或《空气污染控制工程》类教材所涉及的内容和范围,基本上都是环境空气的污染与防治,可见"大气"和

"空气"是作为同义词使用的,其组成成分在均质层也是一样的;它们的区别仅在于"大气"指的范围更大,"空气"的范围相对小些。即使研究大气物理学、大气气象学等大环境,主要研究范围也是对流层空气,很难把大气和空气截然区分开。

在研究大气污染时,空气和大气两个名词常分别使用。空气一般指对于室内或特指某一场所供人和动植物生存的气体。而大气物理学、气象学以及环境科学研究中,常常以大区域和全球的气流为研究对象,则用大气一词,空气污染是相对于前者来说,大气污染是相对于后者来说。

1.1.1.2 大气的组成

A 干洁大气

大气的组成是很复杂的,它是一个多种气体的混合物。整个大气层主要由多种气体混合而成,除去水蒸气和杂质的空气叫做"干洁空气"。地球大气的总质量约为 5.3×10^{15} t,占地球总质量的百万分之一左右,其中 98.2% 集中在 30km 以下的大气层中,约有 50% 集中在 5~6km 以下的对流层中。

干洁空气中的各种气体的临界温度都比较低,例如氮为 -147.2℃、氧为 -118.9℃、氩为 -122.0℃。这些气体在大气圈中不会液化,所以总是保持气体状态。干洁空气中的恒定组分由氮(78.09%)、氧(20.95%)、氩(0.93%)3种气体加上微量的氖、氦、氪、氙等稀有气体构成;大气中的可变组分有二氧化碳和水蒸气,在通常情况下空气中的二氧化碳含量为 0.02%~0.04%,水蒸气含量为 4% 以下,它们的含量受季节、气象以及人类活动的影响而变化(正常情况下空气组成情况见表 1-1);大气中的不定组分有煤烟、粉尘、硫氧化物、氮氧化物等。空气中不定组分的来源主要有两个,一是自然界火山爆发、森林火灾、海啸、地震等灾难引起的,如尘埃、硫、硫化氢、硫氧化物、氮氧化物等;二是由于人类生产工业化、人口密集、城市工业布局不合理和环境设施不完善等人为因素造成的,如煤烟、粉尘、硫氧化物、氮氧化物、碳氧化物等。这些物质是造成当前大气污染的主要原因。

表 1-1 大气的组成

气 体	浓度(体积百分数)/%	气 体	浓度(体积百分数)/%
氮(N_2)	78.09	甲烷	1.0×10^{-4}~1.2×10^{-4}
氧	20.95	氪	1.0×10^{-4}
氩	0.93	氢	0.5×10^{-4}
二氧化碳	0.02~0.04	氙	0.08×10^{-4}
氖	18×10^{-4}	二氧化氮	0.02×10^{-4}
氦	5.2×10^{-4}	臭氧	0.01×10^{-4}

a 氧和氮

氧和氮是大气中的恒定气体成分。其中氧是人类和动植物维持生命极为重要的气体，在大气中发生化学反应时，氧起着极重要作用。到目前为止，还没有发现空气中氧含量明显减少而影响动植物生命活动的现象，但在土壤和水中，经常出现缺氧现象及其造成的危害。

氮是地球上有机体的重要组成元素，在有机物中它主要以蛋白质的形式存在。氮也是合成氨等化工生产的基本原料。

b　二氧化碳和臭氧

臭氧是大气的微量成分之一，总质量约为 3.29×10^9 t，占大气质量 0.64×10^{-6}。臭氧在大气中按体积计算平均不到万分之一。它的含量随时间和空间变化很大，在 10km 以下含量甚微；从 10km 往上，含量随高度增高而增加；到 20~25km 高空处，密度达最大值；再往上则减少；在 55~60km 高空处，其含量极少。臭氧在水平方向上的分布，一般由赤道向两极逐渐增加，并随季节变化，最大值出现在春季，最小值出现在夏季。

臭氧在大气中含量虽然极少，但它能大量吸收太阳辐射中波长小于 $0.29\mu m$ 的紫外线，保护着地球上有机体的生命活动。据近年观测，在南极和北半球都出现了臭氧浓度减少的现象，多数科学家认为，这主要是人类大量使用氟氯烃类物质的结果。由于臭氧层受到破坏，人类将受到紫外线的危害，因此应禁止使用这类物质，保护臭氧层。

在大气中，二氧化碳、臭氧和水蒸气是影响热辐射传输的主要气体。其中二氧化碳虽然随时间地点变化，但在人类活动对大气产生明显影响之前，大气中的二氧化碳含量长期保持在一定水平上。近百年来，由于工业的发展使大气中的二氧化碳浓度逐年增加，且大都集中在 20km 以下的大气层中。近年来，单是石油和煤的燃烧，每年就有大约 50 亿吨二氧化碳进入大气。美国国家海洋和大气管理局公布的全球大气层二氧化碳浓度显示，大气层中二氧化碳的浓度从 1958 年的 319.85×10^{-6} 上升到了 2008 年的 385.2×10^{-6}，2010 年的 392.39×10^{-6}。

大气中的二氧化碳能吸收地表和低层大气的热辐射，所以，二氧化碳的存在，可以使地面保持较高的温度。大气中二氧化碳含量增加，地表和低层大气的温度就会升高，可造成明显的温室效应。

B　水蒸气

水蒸气是大气的重要组成部分，在大气中的平均含量不到 0.5%，并且随空间、时间和气象条件变化而变化。在热带多雨地区，其体积分数可达 4%；沙漠干燥区或极地区可小于 0.01%。一般低纬度地区大于高纬度地区，下层高于上层，夏季高于冬季。观测表明，在 1.5~2km 高度处，空气中的水蒸气含量已减少为地面的一半，在 5km 高度上减少为地面的十分之一，再向上含量就更少了。

水蒸气是实际大气中唯一能在自然条件下发生相变的成分。通过水蒸气相变，使得地表和大气之间以及大气内部的水蒸气、热和能量得以输送和交换。水蒸气对太阳辐射的吸收能力较小,但对地面长波辐射的吸收能力较强。因此,它与二氧化碳一起,对地球起着保温作用。

C　悬浮颗粒物

大气除含有上述气体成分外,还含有沉降速率很小的固体和液体微粒,称之为悬浮颗粒物或悬浮微粒,它是低层大气的重要组成部分。大气中悬浮微粒粒径一般在 10^{-4} μm 到几十微米之间。悬浮微粒包括固体微粒和水蒸气凝结成的水滴和冰晶;固体微粒可分为有机物和无机物两类。其中,有机物微粒数量较少,主要有植物花粉、微生物和细菌等;无机物微粒数量较多,主要来源是岩石或土壤风化后的尘粒,流星燃烧后的灰烬,火山爆发时的尘埃等。悬浮颗粒物多集中于大气底层,不论是含量还是化学成分都是变化的。这些物质中,有许多是引起大气污染的物质。它们的分布,也随时间、地点和气象条件而变化,通常是陆上多于海上,城市多于乡村,冬季多于夏季。它们的存在对辐射的吸收与散射,云、雾和降水的形成,大气光电现象具有重要作用,对大气污染有重要影响。

1.1.2　大气的重要性

空气是人类生存最重要的环境因素之一,空气的正常化学组成是保证人体生理机能和健康的必要条件。人生活在空气里,洁净的空气对生命来说,比任何东西都重要。人需要呼吸新鲜洁净的空气来维持生命,一个成年人每天呼吸新鲜空气大约两万多次,吸入的空气量达 $15\sim20m^3$。生命的新陈代谢一时一刻也离不开空气,一个人五周不吃饭、五天不饮水,尚能生存,而 5min 不呼吸就会死亡。

然而,受污染的大气中,常含有一氧化碳(CO)、二氧化硫(SO_2)、氮氧化物(NO_x)、硫化氢(H_2S)、过氧乙酰基硝酸酯(PAN)、氨(NH_3)、氯(Cl)、氯化氢(HCl),各种碳氢化合物,如甲烷(CH_4)等,这些有害气体常与排放大气中的颗粒物(气溶胶)共同悬浮于大气中。悬浮于大气中的污染物,不仅对太阳与地球间热量收支平衡有影响,造成局部地区或全球性气候和气象变化,而且能直接对动植物的生长和生存造成危害,甚至夺去其生命。

1.2　大气污染物及其来源

大气中经常含有一些污染物质。一般情况下,因其含量少,不会对人及环境构成大气污染,只有当污染物质数量,包括浓度和持续时间超过大气本身的稀释、扩散和净化能力时;或正常大气中的痕量气体,其含量超过正常含量时;或有害气体含量虽不高,但在大气中经久不散,积累在大气中,使空气质量恶化,给人和动物、植物带来直接或间接的不良影响时,才会构成大气污染。大气污染是指由于人类活动或者自然过程改变大气圈中某些原有成分和向大气中排放有毒、有害物质,致使大气质量恶化,危害了原有的生态平衡体系,严重威胁了人体健康和正常工农业生产，以及对建筑物和设备财产等造成了损坏。大气污染使自然环境处于恶化状态。

1.2.1 大气污染物

按照《空气质量词汇》(GB 6919—1986)所下定义，"由于人类活动或自然过程，排放到大气中的物质，对人或环境产生不利影响，统称为空气污染物。"本书将空气污染物称为大气污染物。

大气中存在的污染物种类繁多，在我国大气环境下，危害最大的是烟尘、二氧化硫、碳氧化物、氮氧化物和碳氢化合物这五种（见表1-2）。

表1-2　全球主要污染物的排放量　　　　　　　（百万吨/年）

污染物	人为排放	自然排放	总　量	人为排放的比例/%
烟　尘	408	—	—	—
一氧化碳	304	33	337	90
硫氧化物	146	74	220	66
碳氢化合物	100	70~100	—	—
氮氧化物	58	768	831	6

1.2.1.1　煤尘与粉尘

煤尘是指伴随燃料和其他物质燃烧所产生的烟尘，其中含有炭黑、飞灰等粒状悬浮物。从烟囱排放出来的煤尘粒径大于 $10\mu m$ 者，在大气中易于沉降，通常称为降尘；粒径小于 $10\mu m$ 者不易沉降，称作飘尘。

粉尘是指煤、矿石等固体物料在运输、筛分、碾磨、加料和卸料等机械处理过程中所发生的，或者是由风扬起的灰尘等。另外，城市的建筑工地、北方春季播种也产生大量扬尘。

1.2.1.2　碳氧化物

碳氧化物主要包括 CO 和 CO_2。CO_2 是大气中的正常组分，为各类碳氢化合物完全燃烧的主要产物，是主要的温室气体，大气中的 CO_2 来源包括自然排放和人工排放。自然排放是指生物活动、自然循环和人为使用土地改变植被而释放出来的 CO_2，全球热带地区每年释放 CO_2 约为16.56亿吨，温带与寒带地区每年释放的 CO_2 含碳量约为1.33亿吨。人工排放主要是由于使用矿物燃料、生产水泥、矿井瓦斯燃烧等人类生产和生活活动而产生的。

2007年我国二氧化碳排放量为60亿吨，占全球排放量的21%，超过美国成为世界上与能源相关二氧化碳排放第一大国。从1990年到2007年，中国二氧化碳排放几乎增加至三倍，尤其是近几年增长很快（2003年至2007年增长率分别为16%、19%、11%、11%和8%）。《世界能源展望》参考情景预测，中国的温室气体排放将以每年2.9%的速度缓慢增长至2030年。不过，即使以这个速度缓慢增长，到2030年的排放水平也几乎是2007年的两倍。

2006年中国的二氧化碳总排放量为56.49亿吨，仅次于美国的56.97亿吨而居于世界第二位，同年中国的人均二氧化碳排放量为4.28吨，仅为美国人均排放量的4.44分之一，俄罗斯的2.60分之一，日本的2.22分之一。

由于各国矿物燃料的使用和结构不同，CO_2排放量也不同。发达国家人口少，主要使用石油作燃料，排放的CO_2很多。如美国人口占世界人口的5%，CO_2排放量占世界排放量的16%。日本、澳大利亚和新西兰的人口和CO_2排放量分别占世界的3%和6%。前苏联和东欧国家的相应数据是9%和26%。所有其他国家人口占世界的76%，CO_2排放量仅占排放量的28%。我国CO_2排放总量很高，主要是因为以煤为主要燃料和人口多造成的。

CO则是含碳物质燃烧不充分的产物，其主要的来源是汽车尾气。CO的化学性质较为稳定，在大气中不易与其他物质发生化学反应，可在大气中停留几天时间。它无色、无味、可使人体眩晕、昏迷，甚至可因血液的输氧能力降低而缺氧死亡。

1.2.1.3 硫氧化物

硫氧化物包括二氧化硫（SO_2）、三氧化硫（SO_3）、三氧化二硫（S_2O_3）、一氧化硫（SO）。其中SO_2是目前大气污染数量较大、影响范围较广的一种气态污染物。全球每年人为排放的SO_2约为1.6亿~1.8亿吨。现在我国是SO_2排放量最大的国家。SO_2是一种无色、具有刺激性气味的不可燃气体，是几乎所有工业企业都可产生的污染物。SO_2主要来自电力、冶金、建材、化工、炼油等行业中含硫染料的燃烧和含硫矿物的冶炼。人类每年排放的SO_2约$1.5 \times 10^8 t$，在各种污染物中，其排放量仅次于一氧化碳。SO_2的腐蚀性较大，能损害植物的叶片，对人体的呼吸系统有刺激作用，并对人体有促癌作用。

一般每吨煤中约含有5~50kg的硫，每吨石油中约含有5~30kg的硫。

可燃性硫在燃烧时，主要生成SO_2，只有1%~5%氧化生成SO_3，其化学反应为：

$$S + O_2 \longrightarrow SO_2$$
$$2SO_2 + O_2 \longrightarrow 2SO_3$$

在燃烧时，即使O_2很充足，也不能大量生成SO_3，主要是以SO_2形式存在，约占98%，只有2%生成SO_3。

例如，火力发电厂排出的SO_2量是相当可观的。一个燃油火电厂，每小时生产1MW（兆瓦）的电力约需0.20~0.25kL燃料重油，排放烟气量为3000m³。那么，一个发电量为300MW的燃油火力发电厂，每小时耗用60~75kL重油，排烟量为900km³。若燃料重油中含硫量以3%计，则每小时将向大气排放1.95t硫磺，每天约排放47t，一年则有15700t硫磺排放到大气中。若以SO_2计，则还需要增加一倍。

1.2.1.4 碳氢化合物

碳氢化合物包括烷烃、烯烃和芳香烃等复杂多样的含碳和氢的化合物。大气中大部分的碳氢化合物的人为来源是石油燃料的不充分燃烧、机动车排气和蒸发过程。其中多环芳烃类物质，大多数具有致癌作用，特别是苯并[a]芘是致癌能力很强的物质。碳氢化合物的危害还在于参与大气中的光化学反应，生成危害更大的光化学烟雾。

由于近代有机合成工业和石油化学工业的迅速发展，使大气中的有机化合物日益增多，其中许多是复杂的高分子化合物。

1.2.1.5 氮氧化物

氮氧化物包括一氧化氮（NO）、二氧化氮（NO_2）、三氧化二氮（N_2O_3）、四氧化二氮（N_2O_4）和五氧化二氮（N_2O_5）等多种化合物，其中污染大气的主要有NO、NO_2。

一般空气中的NO对人体无多大害处，但进入大气后可被缓慢地氧化成NO_2，当大气中有O_2等强氧化剂存在或在催化剂作用下，其氧化速度会加快，而NO_2具有腐蚀性和生理刺激作用。人为污染向大气中排放NO_x主要来源于煤、石油燃料的燃烧，汽车的尾气，肥料使用和工业生产过程。人为排放NO_x总量中，含氮估计每年为20000kt。

由燃烧过程生成的NO_x有两类：一类是在高温燃烧下，由空气中的N_2和O_2反应生成，其反应为

$$N_2 + O_2 \longrightarrow 2NO$$

$$2NO + O_2 \longrightarrow 2NO_2$$

以上反应要求高温，而且还要保持在足够时间下进行。NO的生成速度是随着燃烧温度的升高而加大的。在300℃以下，产生很小的NO，燃烧温度高于1500℃时，NO的生成量显著增加。

另一类是由于燃料中含有吡啶（C_2H_5N）、咔唑（$C_{12}H_9N$）及氨基化合物（RNH_3）等氮化物，在燃烧时分解出的N_2和O_2而形成的NO_x，由此生成的NO_x叫做燃烧NO_x，由燃料燃烧生成的NO_x主要是NO。

1.2.1.6 光化学烟雾

光化学烟雾是一种具有刺激性的浅色烟雾，它是由排入大气的汽车废气以及矿物燃烧废气中NO_x和碳氧化物受太阳紫外线的作用，产生一系列光化学反应后的产物，它们都是复杂化合物。在光化学反应中，臭氧（O_3）占85%以上，过氧乙酰基硝酸酯约占10%。光化学反应烟雾成分复杂，具有不正常气味。一般发生在汽车尾气较多、无风的夏秋季晴天。据报道，在我国兰州的西固石油化工区和上海市区出现过光化学烟雾。

1.2.1.7 氯氟烃化合物（氟利昂）

在各种制冷设备（如冰箱）的生产中，大量生产和使用了氯氟烃化合物作制冷剂。例如：$CFCl_3$（F-11）、CF_2Cl_2（F-12）等氯氟烃化合物。氟利昂在底层大气中比较稳定，但在高空大气中就会分解，产生氯原子（Cl），氯原子会与臭氧分子发生反应：

$$Cl + O_3 \longrightarrow ClO^- （氯氧自由基）+ O_2$$

$$ClO^- + O^- \longrightarrow Cl + O_2$$

$$O_3 + O^- \longrightarrow O_2 + O_2$$

一个氯原子大约会破坏 1 个臭氧分子，从而导致臭氧层的破坏。由于臭氧层的破坏，大量紫外线将照射到地面而危害人体健康，有人估计，如臭氧层中 O_3 浓度减少 1%，则皮肤癌发病率增加 2%～5%。

全世界 CFCs（氟氯烷烃类物质）、哈龙（溴氟烷烃类物质）的消费用途比例是：制冷剂占 31.3%，发泡剂占 20%，清洗剂占 14.6%，喷雾剂占 19.7%，灭火剂占 2.0%，溶剂及其他占 12.6%。

我国为了加强保护臭氧层，立法消除淘汰 ODS（消耗臭氧层物质）。从 2005 年 1 月 1 日起，CFCs、哈龙削减冻结水平的 50%；从 2007 年 1 月 1 日起，CFCs 削减冻结水平的 85%；从 2010 年起，CFCs、哈龙、CTC 完全停止生产和消费。

1.2.1.8 有毒重金属

随着现代工业的发展，排入大气中的重金属（如铅、铬、镉、锌、砷、汞等）微粒日渐增多。如在灯泡、电池等生产中产生汞污染；在皮革厂常会产生含铬废气。另外，国外有人对 260 多种上釉陶瓷进行分析，发现约 50% 陶瓷餐具在使用过程中能释放出铅。在蓄电池生产中，大量使用铅，这也是铅污染的重要来源之一。

1.2.1.9 放射性尘埃

放射性尘埃是指大气中具有放射性的气溶胶性质的固体颗粒。自然原因，核武器爆炸和核电站事故等都可以产生此类污染物。核电站物质泄漏产生的放射性物质会黏附在核电站周围的物质上，如建筑物中的混凝土等，这些物质中的大部分不能移动，因此扩散性不强。通常具有传播性的是粉尘和水蒸气，但是这类粉尘和水蒸气进入大气也不会长期存在，它们会随着时间逐渐衰减。

放射性的粉尘和水蒸气在大气中随着气流传播，可以达到很远的地方，尤其是进入平流层。切尔诺贝利核事故产生的放射性云层最远的传播距离达到 2000km。核事故产生的放射性尘埃在污染源浓度较高，具有很强的杀伤性，浓度较低的地方剂量虽然不会致命，但是会诱发癌症、基因变异、生殖畸形等问题。放射性尘埃落到地面，通常是夹在雨水之中，因此在发生核事故的地区，下雨天时，绝对不要淋雨，尽量避免直接沾染雨水，尤其要注意对口腔和嘴巴的防护。

1.2 大气污染物及其来源

2011年日本发生的核事故，放射性尘埃中含有大量的碘141和铯，以及铯和碘同位素，但是这些物质会很快衰变，不会对人体造成很大的危害。

1.2.1.10 霾

空气中的灰尘、硫酸、硝酸、有机碳氢化合物等离子能使大气浑浊，视野模糊，并导致能见度恶化。如果水平能见度小于10000m时，将这种非水成物组成的气溶胶系统造成的视程障碍称为霾。一般相对湿度小于80%时，大气浑浊视野模糊导致能见度恶化是霾引起的。

霾作为一种自然现象，其形成有三方面因素：一是水平方向静风现象增多；二是垂直方向逆温现象；三是悬浮颗粒物增多。近年来，随着工业的发展，城市中污染物排放和悬浮物增加导致能见度降低。霾的形成与污染物排放密切相关，例如机动车尾气和其他烟气排放源排除的微米级细小颗粒物，在逆温、静风等不利于扩散的天气出现时，就形成霾。我国黄淮海地区、长江河谷、四川盆地和珠江三角洲，是四个霾天气比较严重的地区。

空气中的霾，大部分会被人体呼吸道吸入，引起鼻炎、支气管炎等症状，影响人们心理健康，使人产生悲观情绪，并且容易引起交通阻塞和交通事故。

1.2.2 大气污染源

大气污染源是指大气污染的发源地，按污染物产生的原因，可分为天然污染源和人为污染源。

1.2.2.1 天然污染源

天然污染源是由自然灾害造成的，如火山爆发喷出大量火山灰和二氧化硫，有机物分解产生的碳、氮和硫的化合物，森林火灾产生大量的二氧化硫、二氧化氮、二氧化碳和碳氢化合物，大风刮起的沙土以及散布于空气中的细菌、花粉等。天然污染源目前还不能控制，但是它所造成的污染是局部的、暂时的，通常在大气污染中起次要作用。

1.2.2.2 人为污染源

人为污染源是指由于人类生产和生活活动所造成的污染。一般所说的大气污染问题，主要是指人为因素引起的污染问题。

A 按污染物产生的类型划分

a 生活污染源

人们由于烧饭、取暖、沐浴等生活上的需要，燃烧煤、油，向大气排放污染物所造成的大气污染的污染源，称为生活污染源。生活污染源是一种排放量大、分布广、危害性不容忽视的空气污染源。

b 工业污染源

指人类在生产过程中和燃烧过程中所造成的大气污染的污染源，称为工业污染源。工业污染源包括燃料燃烧排放的污染物、生产过程中的排气以及各类物质的粉尘,是一类污染物排放量大、种类多、排放比较集中的污染源。随着工业的迅速发展,工矿企业排放污染物的种类和数量日益增加。

c 交通污染源

交通污染源是由汽车、飞机、火车及船舶等交通工具排放尾气造成的,主要原因是汽油、柴油等燃料的燃烧而形成的。汽车尾气已逐渐成为大气污染的主要污染源之一,目前全世界的汽车已超过2亿辆,一年内排出一氧化碳近2亿吨、铅40万吨、碳氢化合物近5000万吨。不只有汽车尾气使空气受到严重污染,飞机、火车等交通工具所排放的污染物对大气的污染也不能小视(图1-1)。

图1-1 汽车尾气已逐渐成为大气主要污染源之一

B 按污染源存在的形式划分

a 固定污染源

指排放污染物的装置位置固定,如工矿企业的烟囱、排气囱、民用炉灶等。生活污染源和工业污染源都属于固定污染源。

b 移动污染源

指排放污染的装置处于移动状态,如汽车、火车、轮船、飞机等。

C 按污染源的排放方式划分

a 点污染源

是指一个烟囱或几个相距很近的固定污染源,其排放的污染源只构成小范围的大气污染。

b 线污染源

指汽车、火车、轮船、飞机在公路、铁路、河流和航空线附近构成的大气污染。

c 面污染源

是指在一个大城市或工业区,工业生产烟囱和交通运输工具排出的废气,构成较大范围的空气污染。

D 按污染物形成过程的不同划分污染源

a 一次污染源

指直接向大气排放一次污染物的设施。

b 二次污染源

指可产生二次污染物的发生源。二次污染物是指不稳定的一次污染物与空气中原有成分发生反应,或污染物之间相互反应,生成一系列新的污染物质。

E 按污染物排放时间划分污染源

a 连续污染源

指污染物连续排放,如火力发电厂、高炉等。

b 间断污染源

指污染物排放时断时续,如取暖锅炉的烟囱。

c 瞬时污染源

指污染物排放时间短暂,如工厂由于事故排放的污染等。

F 按污染物排放空间划分污染源

a 高架污染源

指距地面一定高度处排放污染物,如高烟囱。

b 地面污染源

指地面上排放污染物,如煤炉、锅炉等。

1.2.3 我国大气污染的现状

我国当前的大气污染,属于煤烟型污染,以尘和酸雨危害最大,污染程度加剧的趋势尚未得到控制。我国有广阔的国土,有许多周边国家,我国的大气污染可能通过扩散成为区域性污染,有的污染物甚至影响全球环境。因此,为了保护宝贵的大气资源,保护人类赖以生存的环境,为我国经济腾飞提供可持续发展的保证,使环境与经济协调发展,必须加强大气环境保护,控制废气排放。

2010年,全国471个县级及以上城市开展二氧化硫、二氧化氮和可吸入颗粒物的空气质量检测。其中3.6%的城市达到一级标准,79.2%的城市达到二级标准,15.5%的城市达到三级标准,1.7%的城市低于三级标准。而全国县级城市达标比例为85.5%,略高于地级及其以上城市达标比例。

目前,我国大多数城市空气的首要污染物是颗粒物。全球大气污染物的监测结果表明,北京、沈阳、西安、上海、广州五座城市大气中总悬浮颗粒物日均浓度在$200\sim500\mu g/m^3$,超过世界卫生组织标准的3~9倍,都被列入世界10大污染城市之中,而这五座城市的污染在国内仅属中等。全国500座城市中符合大气环境质量一级标准的只有1%。统计的338个城市中,36.5%城市达到国家空气质量二级标准,63.5%的城市超过国家空气质量二级标准,其中超过三级标准的有112个城市,占监测城市的33.1%。

1.3 大气污染物的危害

空气是宝贵的资源之一。人生活在空气里,如果空气受到污染,就会对人类健康造成很大危害。人体呼吸的空气量很大,从空气中摄入污染物的速度又很快,因此空气中微小的污染物就能对人的健康发生极大的影响,导致各种疾病的发生,轻则诱发病变,重则夺去人的生命。所以,大气污染是当前世界最主要的环境问题之一(图1-2)。

图1-2 因工业污染而带来的大气污染是当前世界最主要的环境问题之一

1.3.1 对人类的影响途径

空气是人类赖以生存的环境因素,它直接参与人体的代谢和体温调节等生命过程,因此大气污染势必会危害人体健康。排入大气中的污染物以各种途径侵入人体造成危害,其中主要有三条:(1)通过皮肤和眼睛的表面接触;(2)通过消化系统食入含有大气污染物的食物和水;(3)通过呼吸系统吸入被污染的空气,其中呼吸道吸入大气污染物对人体造成的影响最为严重。正常人每天呼吸$15\sim20m^3$洁净空气,吸入的空气经过鼻腔、咽部、喉头、气管、支气管后进入肺泡。在肺泡内以物理扩散进行气体交换。当血液通过肺泡毛细管时,放出CO_2吸收O_2,含氧的血液经过动脉到心脏,再经大动脉把O_2输送到人体的各部位,供人体组织和细胞新陈代谢作用。若吸入污染的大气,轻者会使上呼吸道遭受刺激而有不适感,重者会发生呼吸器官的障碍,使呼吸道及肺功能发生病变,发生支气管炎、支气管哮喘、肺气肿和肺癌等病症。另外,冠心病、动脉硬化、高血压等心血管疾病重要致病因素之一也是大气污染。癌症尤其是肺癌的多发也与大气污染有密切关系。此外,大气污染也会降低人体的免疫功能,从而诱发或加重其他疾病的发生和发展。若突然受到高浓度污染物的作用，可引起急性中毒，甚至死亡（图1-3）。

1952年12月上旬，伦敦地区连续数日受高气压的控制，地面几乎无风，烟雾弥漫，煤烟粉尘蓄积不散。当时天气严寒，气温急剧下降，潮湿而沉闷的空气像锅盖一样罩在市区上空，而工厂和居民住宅成千上万的烟囱却还不断地向空气中排放黑烟，在这种情况下，烟气无法扩散，因而大气中烟尘和二氧化硫的浓度不断上升，以致整个城市充斥着煤烟和硫磺气味，空气能见度大大降低，即使白天，来往车辆都必须开灯行驶，交通警察也要戴上防毒面具。造成数千居民有胸闷、咳嗽、喉痛等不舒服症状发生。

图1-3 大气污染正日益严重威胁人类健康

2011年2月24日，浙江嘉兴发生大气污染事件，全城弥漫着一种刺鼻恶臭气味，经调查为氯甲苯引起，浓度达到0.2mg/m³，污染源为金山化工企业。此事件对全城人民生活造成一定影响。

1.3.2 不同大气污染物对人体健康的影响

大气中污染物的成分不同，其对人体的影响也不同，不同的污染物对人体健康的影响如下。

1.3.2.1 一氧化碳（CO）

高浓度的CO能够引起人体生理上和病理上的变化，甚至死亡。CO是一种能夺去人体组织所需氧的有毒吸入物。人暴露于高浓度（$>750 \times 10^{-6}$）的CO中就会导致死亡。CO进入血液循环后，与血液中的血红蛋白等结合生成碳氧血红蛋白（COHb），血红蛋白对CO的亲和力大约为对氧的亲和力的210倍。这就是说，要使血红蛋白饱和所需的CO的分压只是与氧饱和所需的氧的分压的1/200~1/250。暴露于两种气体混合物中所产生的COHb和O₂Hb的平衡浓度可用如下方程表示：

$$\frac{\text{COHb}}{\text{O}_2\text{Hb}} = M \frac{p_{\text{CO}}}{p_{\text{O}_2}} \tag{1-1}$$

式中 p_{CO}，p_{O_2}——吸入气体中CO和O₂的分压；

M——常数，在人的血液范围中为200~250。

因此，血液中的COHb量是吸入空气中CO浓度的函数。幸好，COHb在血液中的形成是一个可逆过程，暴露一旦中断，与血红蛋白结合的CO就会自动释放出来，健康人经过3～4h，血液中的CO就会清除掉一半。

COHb的直接作用是降低血液的载氧能力，次要作用是阻碍其余血红蛋白释放所载的氧，进一步降低血液的输氧能力。在CO浓度$(10～15)×10^{-6}$下暴露8h或更长时间，会造成损害，出现呆滞现象，血液中能产生5%COHb的平衡值。一般认为，CO浓度$100×10^{-6}$是一定年龄范围内健康人暴露8h的工业安全上限。CO浓度达到0.01%时，大多数人感觉眩晕、头痛和倦怠。

1.3.2.2　氮氧化物（NO_x）

构成大气污染的氮氧化物，主要是一氧化氮（NO）和二氧化氮（NO_2）。NO侵入呼吸道深部细支气管及肺泡，与肺泡中的水分形成亚硝酸、硝酸，引起肺水肿。亚硝酸盐进入血液，与血红蛋白结合生成高铁血红蛋白，引起组织缺氧。二氧化氮（NO_2）是对呼吸器官有刺激性的气体。NO_2的中毒常作为职业病来对待。在职业病中，有急性高浓度NO_2中毒引起的肺水肿，以及由慢性中毒而引起的慢性支气管炎和肺气肿。另外，NO_2对心、肝、肾脏的造血系统等有很大的危害。

二氧化氮对人体的危害与有无其他污染物有关。二氧化氮与二氧化碳和悬浮粒状物共存时，其对人体的危害不仅比单独二氧化氮对人体的影响严重很多，而且也大于各自污染物的影响之和。

1.3.2.3　二氧化硫

当空气中二氧化硫的浓度大于$0.86mg/m^3$时，就可能对人体造成危害。浓度增加到$17～26mg/m^3$时，大部分人感到刺激伤害眼睛和呼吸器官。吸入高浓度二氧化硫，能引起喉水肿和声带痉挛而窒息，并可引发支气管炎、肺炎和肺水肿。经常接触低浓度二氧化硫，会使人出现疲倦、乏力、嗅觉障碍、咽喉炎、鼻炎、支气管炎以及尿中硫酸盐和酸性增高等症状。二氧化硫进入大气层后，氧化生成硫酸（H_2SO_4），在云中形成酸雨，有大气污染元凶之称。

二氧化硫与飘尘结合，危害要比二氧化硫本身大若干倍，当两者的混合物进入到呼吸道深部后，更能导致支气管哮喘、肺气肿和肺部组织硬化。二氧化硫进入人体与血液中的维生素B_1结合，使人体内维生素C的平衡失调，影响人体新陈代谢。二氧化硫还能抑制和破坏或激活人体内某些酶的活性，使糖和蛋白质代谢紊乱，从而影响肌体生长和发育。我国《环境空气质量标准》（GB 3095—1996）对城镇规划中确定的居住区、商业交通居民混合区、文化区、一般工业区和农村地区定为二类区，执行二级标准：年平均、日平均、小时平均的二氧化硫浓度极限分别为$0.06mg/m^3$、$0.15mg/m^3$、$0.50mg/m^3$。

1.3.2.4　颗粒物

颗粒物对人体健康的影响，取决于颗粒物的浓度和在空气中暴露的时间。研究数据表明,因上呼吸道感染、心脏病、支气管炎、气喘、肺炎、肺气肿等疾病而到医院就诊的人数的增加与大气中颗粒物浓度的增加是相关的。患呼吸道疾病和心脏病老人的死亡率也表明,在颗粒物浓度一连几天异常高的时期内就有所增加。暴露在合并有其他污染物(如SO_2)的颗粒物中所造成的健康危害,要比分别暴露在单一污染物中严重得多。

颗粒物有不同类型,如光化学烟雾损害人体健康,导致死亡率增加。烟尘中的飘尘粒径小于$10\mu m$,具有吸湿、吸附、催化等特性,对人体健康危害很大。飘尘随空气进入肺部,滞留在呼吸道的不同部位,产生刺激和腐蚀黏膜的作用,引起呼吸道炎症和气道阻力增加,导致慢性鼻咽炎、慢性气管炎。烟尘还会对人的眼睛皮肤造成损伤等。

颗粒的粒径大小是危害人体健康的另一重要因素。它主要表现在两个方面:

(1)粒径越小,越不易沉降,长时间漂浮在大气中容易被吸入体内,且容易深入肺部。一般,粒径在$100\mu m$以上的尘粒会很快在大气中沉降,$10\mu m$以上的尘粒可以滞留在呼吸道中;$5\sim10\mu m$的尘粒大部分会在呼吸道沉积,被分泌的黏液吸附,可以随痰排出;小于$5\mu m$的微粒能深入肺部,$0.01\sim0.1\mu m$的尘粒,50%以上将沉积在肺腔中,引起各种尘肺病。

(2)粒径越小,粉尘比表面积越大,物理、化学活性越高,加剧了生理效应的发生与发展。此外,尘粒的表面可以吸附空气中的各种有害气体及其他污染物而成为它们的载体,如可以承载强致癌物质苯并[a]芘及细菌等。

1.3.2.5 二氧化碳(CO_2)

低浓度二氧化碳会引起人体呼吸中枢兴奋,呼吸加剧;高浓度时则使人的呼吸中枢呈抑制状态;在高浓度和缺氧的情况下,二氧化碳吸入会使人窒息乃至死亡。

1.3.2.6 化合态砷

化合态砷主要通过呼吸、消化道和皮肤接触进入人体。微量砒霜(三价砷的氧化物)可致人死亡。砷化氢是毒性极强的气体,进入人体后会使皮肤变为青铜色,鼻出血,最后全身出血,患尿毒症死亡。

1.3.2.7 铅

铅经食物、饮水、空气介质进入人体后,形成磷酸铅,再转为可溶性磷酸氢铅,进入血液,引起内源性铅中毒,会出现头痛、头晕、疲乏、记忆减退、失眠、腹痛等。

1.3.2.8 对植物的影响

大气污染伤害植物的细胞和细胞器。细胞的膜系统在大气污染的作用下,通透性被破坏,引起水分子和离子的平衡失调,造成代谢紊乱。破坏严重时,细胞内分隔作用消失,细胞器崩溃,导致最后死亡。

大气污染物通过对植物酶系统的作用影响其生化反应,从而导致原有正常代谢的破坏，如臭氧（O_3）和过氧乙酰硝酸酯是强氧化剂，能使许多酶蛋白质中的巯基被氧化而失去活性。

一般植物对二氧化硫的抵抗力都比较弱，少量的二氧化硫气体就能影响植物的生长机能。植物受害的症状通常由叶缘或叶尖开始，沿叶脉出现灰白色或褐色斑点，随后出现枯斑。急性受害时，枯斑可横过叶脉，随后发生落叶或死亡现象。如在硫酸厂周围的植物，由于长期受二氧化硫气体影响，树木大都枯死。水稻、小麦经 35×10^{-6} 的二氧化硫处理后，立即会出现明显的急性受害症状，表现为叶片褐色，自叶尖逐渐向下出现黄褐色的斑块，叶片两边向中央卷缩；1～2天后，病状继续发展，叶片边缘及尖端脉间产生条状或片状伤斑，受害部分失水干枯。

大气污染还影响植物的个体发育和群落发展。大气污染使得植物个体生长缓慢、发育受阻、失绿黄化、早衰等，有时还会引起异常的生长反应。在大气污染物的长期作用下，一些敏感的植物种群将会减少甚至消亡，另一些抗性较强的种群则会保存下来，甚至得到一定的发展。

1.3.2.9 对建筑物和材料的影响

大气污染可使建筑物、桥梁、文物古迹和暴露在空气中的金属制品、皮革、纺织品等造成损害。这种损害包括玷污性损害和化学性损害两个方面。玷污性损害主要是粉尘、烟等颗粒物落在器物上面造成的，有的可以通过清扫冲洗除去，有的很难除去；化学性损害是由于污染物的化学作用，使器物腐蚀变质。如二氧化硫及其生成的酸雾、酸滴等，能严重腐蚀金属表面（见表1-3）。

表1-3 大气污染对建筑物和材料的危害

材料	危害	主要大气污染物
纸	变脆	硫氧化物
金属	受腐蚀失去光泽	硫氧化物、其他酸性气体
油漆	表面侵蚀、褪色	硫氧化物、硫化氢、臭氧、颗粒物
皮革	强度降低、粉状表面	硫氧化物
纺织品	降低抗拉强度、褪色	硫氧化物、氮氧化物、臭氧
建筑石材	表面侵蚀、褪色	硫氧化物、酸性气体、颗粒物
陶瓷制品	改变表面状况	酸性气体、氟化氢

1.3.2.10 对气候的影响

大气中的悬浮颗粒使大气的能见度降低，减少了太阳光直射到地面的量，因此使得大气气温发生变化。很多大气悬浮颗粒物具有水汽凝结核或冻结核作用，这些微粒能使云滴生成，或使0℃以下云滴变成冰晶，易造成局部地区降水的天气。如果大气中二氧化硫含量达到一定程度，会出现酸雨天气。以二氧化碳为主的温室气体导致的"温室效应",使地球气温逐渐上升,引起全球性的气候变化。臭氧层破坏而形成的空洞使紫外线透过直接到达地面,影响大气温度场。气候的改变,必然会对人类、人类的衣食住行条件乃至整个生物界产生巨大作用。

1.4 大气污染综合防治

1.4.1 大气污染综合防治的意义

大气污染综合防治应坚持"以防为主,防治结合"原则,立足于环境问题的区域性、系统性和整体性,把一个城市或地区的大气环境看作是一个整体,统一规划能源消费、工业发展、交通运输和城市建设之间的关系,并综合运用各种可行的防治污染措施,充分运用大气环境的自净能力。大气污染是环境污染的一个重要方面,只有纳入区域环境综合防治规划中,统筹考虑,才可能真正解决问题。

大气污染综合防治是一项十分复杂的工程,涉及范围广泛。为了使城市或工矿区某种或几种大气污染物降低到环境允许浓度或目标值,必须从实际出发,对各种能减轻大气环境污染方案的技术可行性、经济合理性、方案可实践性等进行优化筛选和评价,并根据城市或区域特点、经济能力和管理水平等因素,确定实现整个区域大气环境质量控制目标的最佳实施方案。

只有从整体大气环境状况出发,进行综合防治,才能有效地控制大气污染。到目前为止,对大气污染的综合防治还没有一套完整成熟的方法,有待环境科学工作者进行深入的探索和研究。

1.4.2 大气污染综合防治的步骤

(1) 收集调查有关城市或地区各种大气污染源的位置,排放的主要有害物质种类、数量、时空分布及污染源高度、排气速度等参数。对大量分散的小污染源,如居民和商业饮食炉灶等,则应把整个区域划分为若干个小区,每个小区内的小污染源按面源处理。

(2) 监测区域内各有关监测点的大气污染物浓度,并计算出各点的日、月、年平均浓度。

(3) 研究确定适用于当地的大气污染物扩散模式,并计算出区域内各类污染源排放的有害物质对环境的影响值,初步确定使环境中大气污染物降低到允许值或目标值时,区域内各类污染源的削减量方案。确定这一方案时,需充分利用大气环境容量。

(4) 调查了解在一定时期内,可用于大气污染综合防治的资金。

(5) 研究各种可能减轻大气环境污染的措施。如为减轻锅炉烟尘对环境的污染,可安装除尘器来消烟除尘,减少燃煤量以削减烟尘量。此外也可采用集中供热,使用无污染能源等。

1.4.3 综合防治对策

（1）加强城镇规划，合理进行环境功能分区。加强城镇总体规划和环境保护规划工作。在城乡规划及选择厂址时，充分分析研究地形及气象条件对大气污染物扩散能力的影响，并综合考虑生产规模性质，回收利用技术及净化处理设备效率等因素，做出合理规划布局或调整不合理的工业布局。合理进行功能分区，明确不同功能区的环境目标，按功能区进行总量控制，以最少的投入，获得最大的环境效益。

（2）减少污染物排放，实行全过程控制。以前由于技术设备的落后、产业结构的不合理以及管理的不完善，大量的资源没有得到有效利用，导致了污染物排放量的增加。因此应实行全过程控制，以提高资源利用率和减少污染物的产生量与排放量。实行清洁生产（即源削减法）可体现两个全过程控制：一个是从原料到成品的全过程控制，即"清洁的原料、清洁的生产过程、清洁的产品"，另一个是从产品进入市场到使用价值丧失这个全过程控制。通过清洁生产，不但可以提高原料、能源利用率，还可通过控制原料，综合利用，净化处理手段，将污染消灭在生产过程中，有效地减少污染物的排放量。

（3）节约能源，改变能源结构。通过减少能源的消耗，可有效减少大气污染物的排放量。煤烟型污染是我国城市大气污染的主要特征。努力改变我国的能源结构，提高低污染能源（如天然气、沼气）和无污染能源（太阳能、风能、水力发电等）在总能源消耗中所占的比例。具体措施有改善燃料结构，使用清洁能源，如发展城市煤气；进一步开发我国的水力资源；大力发展太阳灶；调高全国燃料气化率等。

（4）防治环境污染的经济政策。包括以下几方面：

1）保证必要的环境保护设施投资，并随着经济的发展逐年增加。

2）对治理环境污染的企事业单位从经济上给予鼓励，如低息贷款，罚款返回；对综合利用产品实行利润留成和减免税收政策等。

3）贯彻"谁污染谁治理"的原则，把排污收费制度和行政、法律制裁具体化。

（5）植树造林，绿化环境。植树造林不仅可以美化环境，而且植物能净化空气，这是防止大气污染比较经济有效的一项措施。因为绿色植物有吸收二氧化碳放出氧气的能力，有些植物还有吸尘和吸收有毒气体、粉尘、杀菌、降低噪声和监测环境污染等多种作用。因此大力开展植树、种草，对保护城市环境有着十分重要的意义。

（6）安装废气净化装置。在采取防治大气污染的诸多措施之后，若污染物的排放浓度仍达不到大气环境标准，就有必要安装废气净化装置，对污染源进行治理。安装废气净化装置是控制大气环境质量的基础，也是实行综合防治措施的前提。

1.5 大气质量控制标准

(7) 加强对大气污染的治理。针对不同的污染,采用各种治理措施,开展综合利用,努力达到国家规定的大气质量标准和废气排放标准。

1.5 大气质量控制标准

大气环境质量标准是为贯彻《中华人民共和国环境保护法》等法规规定,进行环境影响评价,实施大气环境管理,防治大气污染的科学依据。

大气环境质量控制标准按用途分为:大气环境质量标准、大气污染物排放标准、大气污染控制技术标准及大气污染警报标准等。按其使用范围分为国家标准、地方标准和行业标准。

大气环境质量标准是环境保护法的重要组成部分,是以保障人体健康和生态系统不受破坏为目标,对大气环境中各种污染物规定了含量限度。

1.5.1 环境空气质量标准

1996年国家环境保护局在1982年制定的《大气环境质量标准》(GB 3095—1982)的基础上,制定并实施了《环境空气质量标准》(GB 3095—1996),进一步明确了对环境空气质量的要求。2012年为贯彻落实第七次全国环境保护大会和2012年全国环境保护工作会议精神,加快推进我国大气污染治理,切实保障人民群众身体健康,我国又批准发布了《环境空气质量标准》(GB 3095—2012)。

1.5.1.1 制定标准的原则

制定大气环境质量标准,主要考虑保障人体健康,保护生态环境质量不受破坏。这就需要综合研究人体健康和生态环境与大气中污染物浓度之间的关系,定量分析其相关性,以确定环境空气质量标准规定的污染物及其允许浓度。目前,各国判断环境空气质量,多数依据世界卫生组织(WHO)1963年通过的空气质量四级水平。

第一级:在处于或低于所规定的浓度和接触时间内,看不到直接或间接的反应(包括反射性或保护性反应)。

第二级:达到或高于规定的浓度和接触时间时,对人的感觉器官有刺激,对植物有损害、或对环境产生其他有害作用。

第三级:达到或高于规定的浓度和接触时间时,将使人的生理功能发生障碍或衰退,引起慢性病,缩短生命。

第四级:达到或高于规定的浓度和时间时,敏感者将发生急性中毒或死亡。

1.5.1.2 环境质量控制标准

《环境质量控制标准》(GB 3095—2012)将环境空气功能区划分为两个区:

一类区:自然保护区、风景名胜区和其他需特殊保护的地区,执行一级浓度限值。

二类区：居住区、商业交通居民混合区、文化区、工业区和农村地区，执行二级浓度限值。

1.5.2 大气污染物排放标准

空气污染物排放标准是以空气质量为目标，对污染源排放的污染物做出限制，其作用是直接控制污染源排出污染的浓度或排放量，以防止大气污染。表1-4列出了各项污染物的浓度限值。

表1-4 环境空气污染物的浓度限值

污染物项目	平均时间	浓度限值 一级标准	浓度限值 二级标准	单 位
二氧化硫(SO_2)	年平均	20	60	$\mu g/m^3$
	24小时平均	50	150	
	1小时平均	150	500	
二氧化氮(NO_2)	年平均	40	40	
	24小时平均	80	80	
	1小时平均	200	200	
一氧化碳(CO)	24小时平均	4	4	mg/m^3
	1小时平均	10	10	
臭氧(O_3)	日最大8小时平均	100	160	$\mu g/m^3$
	1小时平均	160	200	
颗粒物(粒径小于等于10μm)	年平均	40	70	
	24小时平均	50	150	
颗粒物(粒径小于等于2.5μm)	年平均	15	35	
	24小时平均	35	75	
总悬浮颗粒物(TSP)	年平均	80	200	
	24小时平均	120	300	
氮氧化物(NO_x)	年平均	50	50	
	24小时平均	100	100	
	1小时平均	250	250	
铅(Pb)	年平均	0.5	0.5	
	季平均	1	1	
苯并[a]芘(BaP)	年平均	0.001	0.001	
	24小时平均	0.0025	0.0025	

注：标准状态：指温度为273K，压力为101.325kPa时的状态；

1小时平均：指任何1小时污染物浓度的算术平均值；

24小时平均：指一个自然日24小时平均浓度的算术平均值，也称日平均；

年平均：指1个日历年内各日平均浓度的算术平均值；

总悬浮颗粒物（TSP）：指环境空气中空气动力学当量直径小于等于100μm的颗粒物；

颗粒物（粒径小于等于10μm）：指环境空气中空气动力学当量直径小于等于10μm的颗粒物，也可称可吸入颗粒物；

颗粒物（粒径小于等于2.5μm）：指环境空气中空气动力学当量直径小于等于2.5μm的颗粒物，也可称细颗粒物；

苯并[a]芘：指存在于颗粒物（粒径小于等于10μm）中的苯并[a]芘；

铅（Pb）：指存在于总悬浮颗粒物中的铅及化合物。

1.5 大气质量控制标准

制定大气污染物排放标准要以环境空气质量标准为依据,同时还应综合考虑治理技术的可行性、经济的合理性及地区的差异性,并尽量做到简单易行和适用。制定排放标准的方法,大致可分为以下几种。

A 污染物在大气中的扩散规律推算排放标准

按污染物在大气中的扩散规律推算排放标准,是以环境空气质量标准或卫生标准为依据,应用大气扩散模式推算出不同烟囱高度污染物的允许排放量或排放浓度,或根据污染物排放量推算出最低排放高度。1973年我国颁布了《工业"三废"排放试行标准》(GBJ 4—1973),于1974年1月试行,它规定了13类有害物质的排放标准,该标准以居住区大气中有害物质的最高允许值为依据,按大气扩散模式推算出不同烟囱高度污染物的允许排放量或浓度,就是按此法制定的。这样方法确定的排放标准,由于模式的准确性和可靠性受地理环境、气象条件及污染源密集程度等影响较大,对有的地区可能偏严,对另一些地区可能偏宽。

B 按最佳实用技术确定排放标准

按最佳实用技术确定排放标准,是指现阶段实施效果最好且经济合理的已实际应用的污染物治理技术。按最佳实用技术确定污染物排放标准的方法,就是依据污染现状、最佳治理技术的效果并对已有治理得较好的污染源进行经济损益分析来确定排放标准。这样确定的排放标准便于实施和管理,但有时不能满足大气环境质量标准的规定,有时也可能显得过于严格,对区域环境自净能力利用不够。按最佳实用技术确定的排放标准的表现形式有浓度法、林格曼黑度法和单位产品容许污染物排放量法。

C P值法排放标准

1983年我国根据实际情况,提出了P值法排放标准(GB 3840—1983),标准中提出了不同对象允许排放量的计算式。例如SO_2的甲类排放标准的基本公式为:

$$Q = P \times 10^{-6} \times H_e^2 \tag{1-2}$$

式中 Q——允许排放量,t/h;

P——允许排放指标,t/(h·m²);

H_e——烟囱有效高度,m。

D 总量控制标准

总量控制标准是对整个地区排放的污染物总量加以限定的标准,是在确定出该地区容许排放污染物的总量后,环境管理部门再按责任分担率计算出各个污染源的容许排放量。总量控制较前几种方法更为科学,但确定地区环境容量相当复杂和困难。

第2章 燃烧与大气污染

2.1 燃料的燃烧

2.1.1 燃料的概论

自然界中可供工业生产使用的燃料资源主要是煤、石油和天然气，按其存在形态可以分为固态、液态、气态燃料。不同生产部门由于生产需要对燃料性质有不同的需求。此外，随着科学技术的发展，煤、石油和天然气成为工业生产的热能来源和化学工业的宝贵原料。因此，如何合理地利用燃料资源以满足不同生产部门对燃料性质的要求，是急需解决的难题。目前采用的方法是对燃料进行再加工，例如冶金工业是燃料的巨大消费行业并且对所用燃料也有着一些特殊的要求。为了有效地使用燃料，应掌握生产工艺对燃料的技术要求，以下主要介绍固态、液态、气态燃料的特点与性能。

2.1.1.1 固态燃料

固态燃料包括劈柴、褐煤、沥青煤和无烟煤等天然产物，以及木炭、褐煤焦、半焦、焦炭和蜂窝煤等加工产物。矿物质燃料中最主要的是煤，它是工业生产的主要热源。

A 煤的化学组成

煤的主要组成元素包括碳和氢，其他少量元素包括氧、氮和硫等。煤都是由某些结构复杂的有机化合物组成的，这些化合物的分子结构至今还不十分清楚。

根据煤组分的可燃性可以分为可燃质和惰性质。碳和氢与部分少量的氧、氮、硫构成的可燃性化合物成为煤的可燃质；不可燃的矿物质灰分（A）和水分（W），成为煤的惰性质。

碳（C）是煤的主要可燃元素，碳化程度越高，含碳量越大，燃烧时放出的热量也就越多。

氢（H）也是煤的主要可燃元素，含量远小于碳，发热量为碳的 3.5 倍。氢在煤种存在形式有两种：一种是碳、硫和氢结合在一起，可以燃烧和放热称为可燃氢（有效氢）；另一种是氢和氧组合起来，不可燃烧称为化合氢。煤中碳、氢含量存在一定的关联，当煤中碳含量达到 85% 时，有效氢的含量最大，其他情况下的含氢量均小于此值。

氧（O）是煤中的一种有害物质，它和碳、氢等可燃元素结合构成氧化物而使它们失去燃烧的可能性。

氮（N）是煤中的惰性物质。在高温条件下，易于形成氮的氧化物 NO_2、NO 等严重的污染大气。但是对于煤的干馏工业而言，氮是一种重要的氮素资源，每 100kg 煤可利用其中氮素回收 7~8kg 的硫酸铵。

硫（S）是煤中的有害物质，燃烧时生成 SO_2 和 SO_3 危害人体健康和造成大气污染，造成加热炉金属氧化和脱碳而腐蚀锅炉，且在焦炭中还影响生铁和钢的质量，因此工业生产过程中煤的含硫量必须严加控制。

灰分（A）是煤的一种有害成分，主要包括矿物杂质（碳酸盐、黏土矿物质和微量稀土元素等）在燃烧过程中经过高温分解和氧化作用后生成一些固体残留物。灰分可以降低煤的发热量，影响高炉冶炼的技术经济指标。在工业生产过程中，应注意灰分的成分和熔点。熔点太低时，灰分容易结渣，有碍于空气流通和气流的均匀分布，使燃烧过程遭到破坏。

水分（W）也是燃料中的有害成分，在燃烧过程中降低燃料的可燃质，且消耗热量使其蒸发和将蒸发的水蒸气加热。煤种的外部水（附着于燃料表面，含量与大气湿度和外界条件有关）可自然干燥、风干除掉，内部水（被燃料吸收且均匀分布于可燃质中的结晶水）只有在高温分解时才能去掉。

B　煤的种类

煤是经历长年累月的复杂变化过程形成的，质量千差万别。因此根据沉积年代分类法可把煤分为如下几类。

a　泥煤

泥煤是碳化程度最低的煤，质地疏松，吸水性强，含水率大于 40%，含氧量达到 28%~38%，含碳少，挥发成分高，含硫量低，灰分熔点低。在工业上，泥煤主要用来提供热量，工业价值小，并且不适于远途运输，只可作为地方性燃料在产区附近使用。

b　褐煤

褐煤碳化程度高于泥煤，因能将热碱水染成褐色而得名。与泥煤相比，密度大，含碳量高，氢和氧含量小。其特点是黏结性弱，极易氧化和自燃，吸水性强。因其易于风化和破碎，所以不适合远途运输和长期储存，只能作为地方性燃料使用。

c　烟煤

烟煤的碳化程度高于褐煤，其密度大，吸水性小，含碳量增加，氢和氧的含量减小。烟煤是冶金工业和动力工业不可缺少的燃料，具有黏结性强的特点，适于炼焦。根据烟煤黏结性强弱和挥发分产率的大小可将烟煤分为长焰煤、气煤、肥煤、结焦煤、瘦煤等不同品种，其中长焰煤和气煤的挥发分含量高，容易燃烧和适于制造煤气。

d 无烟煤

无烟煤是碳化程度最高的煤，优点是密度大，含碳量高，挥发分极少，组织致密且坚硬，吸水性小，缺点是受热时容易爆裂成碎片，可燃性较差，不易着火。

2.1.1.2 液体燃料

液体燃料有天然形成的和人工合成的，前者是指石油及其加工品，后者主要指从煤种提炼出的各种燃料油。

石油是一种天然液体燃料，称为原油，是一种黑褐色的黏稠液体，由各种不同族和不同分子量的碳氢化合物混合组成，主要包括烷烃、环烷烃、芳香烃和烯烃，也包含少量的硫化物、氧化物、氮化物、水分和矿物杂质。根据原油中轻馏分和重馏分所占的比例可以分为轻质原油和重质原油；根据原油中碳氢化合物的种类，可以分为石蜡基原油、烯基原油、中间基原油和芳香基原油。

在冶金行业、能源行业使用的液体燃料主要是重油，重油是原油提取汽油、柴油后的剩余重质油，其特点是分子量大、黏度高。重油的密度一般在 0.82～0.95g/cm³，比热容在 41800～45980kJ/kg 左右。其成分主要是碳水化物，另外含有部分的（约0.1%～4%）的硫黄及微量的无机化合物。下面重点介绍重油的种类与特性。

A 重油的分类

重油一般可分为：

（1）直馏重油。原油经过直接分馏后剩下的渣油。

（2）裂化重油。原油经过裂解处理后剩下的渣油，含有更多的不饱和烃，大量的游离碳素，很不容易燃烧，不能直接作为燃料油使用，必须加入一些轻质油品进行调节，以提高其燃烧性能。日本重油分类如表2-1所示。

表2-1 日本工业标准——重油（JIS K2205—1960）

项 目	一种(A重油)		二种	三种(C重油)				试验方法
	1号	2号	(B重油)	1号	2号	3号	4号	
反 应	中性	中性	中性	中性	中性	中性	中性	JIS K2252
引火点/℃	>60	>60	>60	>70	>70	>70	>70	JIS K2265
运动黏度(50℃)	<20	<20	<50	50~150	50~150	150~400	<400	JIS K2283
流动点/℃	<5	<5	<10	—	—	—	—	JIS K2269
残留碳分/%	<4	<4	<8	—	—	—	—	JIS K2270
水分(体积)/%	<0.3	<0.3	<0.4	<0.5	<0.5	<0.6	<2.0	JIS K2275
灰分(质量)/%	<0.05	<0.05	<0.05	<0.1	<0.1	<0.1		JIS K2272
碳分(质量)/%	<0.5	<2.0	<3.0	<1.5	<3.5	<1.5		JIS K2263
主要用途(参考)	窑业、金属冶炼	小型内燃机	内燃机	钢铁冶炼	大型锅炉和内燃机	钢铁冶炼	一般	

B 重油的性质

重油的主要可燃元素是 C 和 H，它们约占重油可燃成分的 95% 以上。一般来说，重油含 C 越高，含 H 量则越低，黏度就越大。重油中 O 和 N 的含量很少，影响不大，硫的含量虽然不多，但是危害极大，作为冶金燃料时，必须严格控制。我国大部分地区的石油含硫量都在 1% 以下。

重油元素成分基本相近，但是其物理性能和燃烧特性却往往差别很大，因此为了安全有效地使用重油，必须注意其以下几点性质：

（1）闪点、燃点、着火点。当重油被加热时，油层表面油蒸气随着温度升高而浓度增加。在蒸气浓度达到一定程度，遇到小火焰发生瞬间闪火现象时，此时的油温称为油的闪点；若油温超过闪点，油的蒸发速度加快，闪火后油继续燃烧，此时的油温称为油的燃点；如果继续提高油温，则油的表面蒸气会发生自燃，此时的油温称为油的着火点。闪点、燃点、着火点是使用重油或其他液体燃料必须掌握的性能指标。油的比重越小，闪点越低，燃点一般比闪点高 10℃ 左右，重油着火点为 500~600℃。

（2）黏度。黏度是表示流体质点之间的摩擦力大小的物理指标，其随着温度的升高而显著降低。黏度对于重油的输送和雾化影响较大，所以对重油的黏度应当有一定的要求并保持其稳定。

我国石油多为石蜡基石油，黏度大，凝固点一般在 30℃ 以上，为了便于输送和燃烧，必须把重油加热以降低黏度，提高流动性和雾化性。

（3）密度。生产中，为了知道重油的体积或者质量，需要了解重油密度 ρ，其工程单位为 kg/m^3 或 t/m^3。在常温（20℃）条件下，重油密度大致范围为 $\rho_{20} = 0.92 \sim 0.98 t/m^3$，随着温度的上升，重油密度可由下列公式计算：

$$\rho_t = \frac{\rho_{20}}{1 + \beta(t - 20)} \tag{2-1}$$

式中 ρ_t——t℃时的密度；

ρ_{20}——20℃时的密度；

β——体积膨胀系数。

（4）比热容和导热系数。重油的比热容和导热系数都与重油的种类有关，在实际工程中，可以根据经验公式进行计算或取舍。在一般的工程计算中，导热系数可取 $\lambda = 0.128 \sim 0.163 W/(m \cdot ℃)$。重油的比热容可由下列经验公式计算

$$c_t = 4.187 \times (0.416 + 0.0006t) \tag{2-2}$$

式中 t——重油温度，℃；

c_t——t℃时的比热容，$kJ/(kg \cdot ℃)$。

2.1.1.3 气体燃料

工业生产过程中所用的气体燃料主要是高炉煤气、焦炉煤气和天然气等。

第2章 燃烧与大气污染

A 单一气体性质

任何一种气体燃料都是由一些单一气体混合而成。其中，可燃气体包括一氧化碳（CO）、氢气（H_2）、甲烷（CH_4）和硫化氢（H_2S）等，不可燃气体包括二氧化碳（CO_2）、氮气（N_2）和少量的氧气（O_2），此外气体燃料中包含少量水蒸气、焦油蒸气和粉尘等固体颗粒。具有腐蚀性的煤气成分主要有：氨气（NH_3），硫化氢（H_2S），二氧化碳（CO_2），氢氰酸（HCN）及氧气（O_2），要减少煤气对管道的腐蚀性，应除去煤气中的水分。工业煤气中主要单一气体的物理化学性质和毒性如表2-2和表2-3所示。

表2-2 单一气体物理化学性质

名称	分子式	相对分子质量	颜色	气味	密度 /kg·m⁻³	溶解度 0℃	溶解度 20℃	临界温度 /℃	着火温度 /℃	爆炸范围 /%
甲烷	CH_4	16.04	无	微葱臭	0.715	0.557	0.030	−82.5	530~750	2.5~15
乙烷	C_2H_6	30.07	无	无	1.341		0.0472	−34.5	510~630	2.5~15
氢气	H_2	2.016	无	无	0.0899		0.0215	−239.9	510~590	4.0~80
一氧化碳	CO	28.00	无	无	1.250	0.035		−197	610~658	12.5~80
乙烯	C_2H_4	28.50	无	窒息性乙醚味	1.260	0.266		+9.5	540~547	2.75~35
硫化氢	H_2S	34.07	无	浓厚的腐蛋味	1.52	4.7			364	4.3~45.5
二氧化碳	CO_2	44.00	无	略有气味	1.977	1.713		+31.35		
氧	O_2	32.00	无	无	1.429	0.0489		−118.8		

注：表中溶解度为相应温度下每体积水溶解的气体体积数。

表2-3 单一气体毒性极限

气体名称	短时间内可致死亡的极限体积百分数	30~60min 有危险的体积百分数	60min 内无严重危险的极限体积百分数	长时间可允许的最高浓度体积百分数
硫化氢	0.1~0.2	0.05~0.07	0.02~0.03	0.01~0.015
氢氰酸	0.3	0.012~0.015	0.0005~0.006	0.0002~0.0034
二氧化硫	0.2	0.04~0.05	0.005~0.02	0.001
二氧化碳	0.5~1.0	0.2~0.3	0.05~0.1	0.04
氨气	0.5~1.0	0.25~0.45	0.03~0.05	0.01
苯	1.9		0.31~0.47	0.15~0.31
汽油	2.4	1.1~2.2	0.43~0.71	

2.1 燃料的燃烧

B 天然气

天然气是一种由碳氢化合物、硫化氢、二氧化碳和氮等组成的混合气体。由地下井直接开采出来的可燃气体，是一种工业经济价值很高的气体燃料。根据产地的不同可以分为气田煤气和油田煤气。

气田煤气主要成分为甲烷（CH_4），也包含少量的烷族重碳氢化合物（C_nH_{2n+2}）和硫化氢等，无色，稍带腐烂臭味的气体。其密度为 0.73~0.80kg/m^3，比空气轻，易燃烧。油田煤气主要产于油田附近，与石油伴生。天然气的一般构成如表 2-4 所示。

表 2-4　天然气主要成分

名　称	含量/%	名　称	含量/%
CO_2，SO_2	0.5~1.5	CH_4	85~95
O_2	0.2~0.3	C_nH_m	3.5~7.3
CO	0.1~0.3	N_2	1.5~5.0
H_2	0.4~0.8	H_2S	0~0.9

天然气是一种高热值燃料，CH_4 含量高，燃烧速度较慢，以及煤气密度小等原因，因此在燃烧时组织火焰和燃烧技术上必须采用相应的措施，以保证充分发挥天然气的作用。天然气除了作为工业燃料外，也是化学工业的宝贵原料，经过调质后也可作为城市煤气。

C 人造煤气

人造气体燃料是指工业生产过程中的副产物，不可燃组分较多，可达 60% 左右。此外还有水蒸气、煤粒和灰粒等杂质。

人造气体燃料有高炉煤气、炼焦炉煤气、水煤气、发生炉煤气、液化煤气、地下气化煤气以及其他煤炭气化的煤气。

a 高炉煤气

高炉煤气是高炉炼铁过程中所得到的一种副产品，其主要可燃成分是 CO。高炉煤气的化学组成情况及其热工特性与高炉燃料的种类，所炼生铁的品种以及高炉炼铁的工艺特点等因素有关。通常情况下，高炉煤气中 N_2 和 CO_2 含量高（63%~70%），发热量为 3762~4180kJ/m^3，理论燃烧温度为 1400~1500℃，含有大量粉尘，为 60~80g/m^3。由于高炉煤气中含有大量的 CO，在使用过程中应特别注意防止煤气中毒事故。

b 焦炉煤气

焦炉煤气是炼焦生产过程的副产品，主要可燃成分是 H_2、CH_4、CO，惰性气体主要是 N_2 和 CO_2，因此焦炉煤气的发热量很高，为 15890~17140kJ/m^3。其主要成分如表 2-5 所示。

第2章 燃烧与大气污染

表2-5 焦炉煤气成分

组 分	含量/%	组 分	含量/%
H_2	55~60	CH_4	24~28
C_mH_n	2~4	CO	6~8
CO_2	2~4	N_2	4~7

c 液化煤气

液化煤气是炼油厂在石油炼制过程中的副产品以及在开采石油和天然气时获得的气体燃料,主要是丙、丁烷(烯)的混合物,发热量极大,气态时热值为 87900~108900kJ/m^3,液态时为 45200~46100kJ/kg。

d 地下气化煤气

地下气化煤气是对技术上不宜开采的薄煤层或混杂大量硫和矿物杂质的煤层利用地下气化的方法获得的可燃气体。它的组分变化较大,属于低热值煤气,发热量为 3350~4190kJ/m^3。

2.1.2 燃料的燃烧

2.1.2.1 燃烧过程

燃烧是指可燃物发生剧烈的化学反应而发热和发光的快速氧化过程,同时使燃料的组成元素转化为相应的氧化物。大多数化石燃料完全燃烧的产物是二氧化碳和水蒸气。然而不完全燃烧过程中将产生黑烟、一氧化碳、硫氧化物和氮氧化物等大气污染物。

A 气体燃料的燃烧

气体燃料的燃烧过程,由于燃料与氧化剂(空气或氧气)同为气相,所以这是一种均相燃烧。首先是空气和燃料气体混合,根据混合方式的不同可以分为预混合燃烧、扩散燃烧和部分预混合燃烧,然后是氧和可燃分子在气相扩散并反应。气体燃料燃烧迅速,反应也比较完全,过程受混合和扩散控制。如果燃烧过程受扩散控制,则称为扩散燃烧,如果受化学动力学控制,则称为动力燃烧。

B 液体燃料的燃烧

液体燃料燃烧时,一般不发生液相反应,它往往是先蒸发成为燃料蒸气,然后和气态氧化剂混合。液体燃料的燃烧属于扩散燃烧,很大程度上与液体燃料的蒸发表面积有关,如果将油滴破碎成细小油滴,可大大增加其蒸发表面积,提高燃烧效率。将液体燃料粉碎成细滴,并在空气中弥散成燃料雾化炬的过程称为雾化。

C 煤的燃烧

煤可以通过各种方式进行燃烧,但其燃烧过程是相同的。煤的燃烧需要经历干燥、挥发组分析出及着火燃烧和焦炭着火燃烧等过程。当煤在受热时,其内部

2.2 燃烧过程污染物排放量的计算

和表面的水分蒸发出来。温度继续升高时，煤中所含有的易分解的碳氢化合物和部分不能燃烧的化合物析出，剩余部分为焦炭，由固定碳和一些矿物杂质组成。当温度足够高又有空气存在时，挥发组分先于焦炭燃烧。

2.1.2.2 燃烧的基本条件

适当的控制空气-燃料比、温度、时间、湍流是保证燃料有效燃烧所必需的，通常把温度、时间和湍流称为燃烧过程的"三T"。

A 温度

燃料只有达到着火温度，才能与氧化合而燃烧，不同燃料的着火温度各不相同。温度不仅对燃烧速度起着重要作用，同时也影响着燃烧过程中生成的燃烧产物的成分和数量。

B 空气

燃料达到着火温度后，只有在氧气适量存在的情况下，才能达到较为理想的燃烧效果。氧气过多过少，都将影响燃烧产物的种类。

C 燃烧时间

燃料在燃烧室中的停留时间决定了燃料是否可以完全燃烧以及燃烧室的大小和形状。通常，反应速度随温度的升高而加快，所以在较高温度下燃烧所需要的时间较短。

D 空气-燃料混合

燃料只有在与空气充分混合的情况下才能完全燃烧，且混合越快、燃烧越快。若混合不均匀，将导致烟黑、一氧化碳等污染物的形成。为此，对参与燃烧过程的空气加以搅动使气流为湍流运动，有助于固体、液体和气体燃料的充分燃烧。

2.2 燃烧过程污染物排放量的计算

工业锅炉、采暖锅炉、家用炉等纯燃料燃烧装置使用煤、液体燃料（重油、轻油）、燃气（煤气、液化石油气、天然气）等燃料在燃烧过程中产生大量的烟气、烟尘、粉煤灰和炉渣。烟气中主要污染物有二氧化硫、氮氧化物和一氧化碳等。由于纯燃料燃烧过程使用的燃料一般不与物料接触，因此燃料燃烧产生的污染物就是燃料本身燃烧所产生的污染物。

目前常采用物料衡算法计算燃料燃烧过程中污染物的排放量。

2.2.1 燃料燃烧产生烟尘量的物料衡算方法

燃料燃烧时产生的烟尘中包括黑烟和飞灰两部分，黑烟是未完全燃烧的物质，以游离态碳（即炭黑）和挥发物为主，绝大部分是可燃物质，黑烟的粒径一般在0.01~1μm之间。它的排放量与炉型、燃烧状况有关，燃烧越不完全，烟气中的黑烟的浓度越大。飞灰是烟尘中不可燃矿物灰分的微粒,粒径一般在 1μm 以上,它的产生量与燃料成分、设备、燃烧状况有关。常用的烟尘量测算法有燃煤-飞灰计算法和林格曼黑度与烟尘浓度对照法。

2.2.1.1 燃煤-飞灰计算法

对于无测试条件和数据的单位,可以采用燃煤-烟尘计算法,公式如下:

$$G_{sd} = \frac{BAd_{fh}(1-\eta)}{1-C_{fh}} \tag{2-3}$$

式中 G_{sd}——烟尘排放量,kg;

B——耗煤量,kg;

A——煤中的灰分量,%;

d_{fh}——烟尘中飞灰占灰分总量的份额,%,其值与燃烧方式有关,可参考表 2-6;

η——除尘系统的除尘效率,各种除尘器效率可参考表 2-7 选取,未装除尘器时,$\eta=0$,若安装两台除尘装置,其除尘效率分别为 η_1 和 η_2,则除尘系统总除尘率为

$$\eta = 1-(1-\eta_1)(1-\eta_2)$$

C_{fh}——烟尘中可燃物的含量,%,与煤种、燃烧状况、炉型相关,烟尘中可燃物的含量一般取 30%,煤粉炉可取 8%,沸腾炉可取 25%。

表 2-6 烟尘中的灰占煤灰分之百分比 d_{fh} 值

炉 型	d_{fh}/%	炉 型	d_{fh}/%
手烧炉	15~25	抛煤机炉	20~40
链条炉	15~25	沸腾炉	40~60
往复推饲炉	20	煤粉炉	75~85
振动炉	20~40	油炉、天然气炉	0

表 2-7 各类除尘器的除尘效率

除尘方式	平均除尘效率/%	除尘方式	平均除尘效率/%
干式沉降	63.4	麻石水膜	88.4
湿法喷淋、冲击、降尘	76.1	静 电	85.1
旋 风	84.6	玻璃纤维布袋	96.2
扩散式	85.8	湿式文丘里水膜两级除尘	96.8
陶瓷多管	71.3	百叶窗加电除尘	95.2
金属多管	83.3	SW 型加钢管水膜	93.00
管式水膜	75.6	立式多管加灰斗抽风除尘	93.00

2.2 燃烧过程污染物排放量的计算

2.2.1.2 林格曼黑度与烟尘浓度对照法

根据《排污费征收标准管理条例》的规定，烟尘和黑度只能选择收费最高的一项。因此在不能确定这两种污染物收费额高低时使用林格曼黑度与烟尘浓度对照法估算两种污染物的收费额以确定收费项目，见表2-8。

表2-8 林格曼黑度与烟尘浓度对照表

黑格占背景百分比/%	黑度级别	烟尘颜色	烟尘浓度/g·m^{-3}
0	0级	全白	0~0.2
20	1级	微灰	0.25
40	2级	灰	0.70
60	3级	深灰	1.20
80	4级	灰黑	2.30
100	5级	全黑	4.0~5.0

经测算可知，当林格曼黑度达到2级以上时，按黑度收费额将高于按烟尘收费额。因此，当林格曼黑度达到2级以上时按照林格曼黑度计征。

2.2.1.3 其他方法

对于具有测试条件或具有测试数据的单位，可以利用下式计算烟尘排放量。

$$G_{sd} = Q_y \bar{C_i} h \times 10^{-6} \tag{2-4}$$

式中 G_{sd}——烟尘排放量，kg/a；

Q_y——烟气平均流量，m^3/h；

$\bar{C_i}$——烟气的平均排放浓度，mg/m^3；

h——排放时间，h/a。

2.2.2 燃料燃烧产生二氧化硫量的物料衡算方法

2.2.2.1 燃煤产生的二氧化硫

煤炭中硫的成分可分为可燃硫和非可燃硫，可燃硫约占全硫分的80%。煤燃烧后产生的二氧化硫，不可燃硫进入灰分。通常情况下，可燃性硫氧化为二氧化硫，化学反应方程式为：

$$S + O_2 = SO_2$$

燃煤产生的二氧化硫排放量计算公式如下：

$$G_{SO_2} = 2 \times 80\% BS = 1.6BS \tag{2-5}$$

式中 G_{SO_2}——二氧化硫产生量，kg；

B——耗煤量，kg；

S——煤中全硫分含量，%。

2.2.2.2 燃油产生的二氧化硫的排放量

燃油燃烧产生的SO_2排放量

第2章 燃烧与大气污染

$$G_{SO_2} = 2BS(1-\eta) \tag{2-6}$$

式中 G_{SO_2}——二氧化硫排放量，kg；

B——消耗的燃油量，kg；

S——燃油中的全硫分含量，%；

η——脱硫装置的二氧化硫去除率，%，各种脱硫技术的平均效率见表2-9。

表2-9 各种脱硫技术的平均效率

技术类型	脱硫工艺	脱硫效率/%	备注
洗选	脱除黄铁矿	30	产生固体废物
干法选煤	分风力选、空气中介流化床选、摩擦选、磁选、电选等	20	
燃烧过程脱硫	燃烧时加入固硫剂、加碳酸钙粉吸收剂注入等	50	
烟气脱硫	碱性烟气脱硫；加石灰浆干法涤气脱硫	60	适用于高硫煤

2.2.2.3 天然气中硫化氢燃烧时二氧化硫的产生量

$$G_{SO_2} = 2.857 \times \dot{V} \times A_{H_2S} \times 10^{-3} \tag{2-7}$$

式中 G_{SO_2}——二氧化硫产生量，t；

V——气体燃料的消耗量，m^3；

2.857——每1标准立方米二氧化硫的重量，kg；

A_{H_2S}——气体燃烧中硫化氢的体积百分数，%。

煤中的硫分一般为0.2%~5%，燃煤中硫分高于1.5%的为高硫煤，在城市中使用的燃煤含硫量高于1%的也视为高硫分煤。液体燃料主要包括原油、轻油（汽油、煤油、柴油）和重油。原油硫分为0.3%，原油中的硫分常富集于釜底的重油中，重油的硫分为3.5%，一般轻油中的硫分为0.1%。天然气的硫化氢含量5.2‰。

2.2.3 燃料燃烧产生氮氧化物量的物料衡算方法

天然化石燃料燃烧过程中生成的氮氧化物中，一氧化氮占90%，其余为二氧化氮。燃料燃烧生成的NO_x主要来源于：一是燃料中含氮的有机物在一定温度下放出大量的氮原子，而生成大量的一氧化氮，通常称为燃料型一氧化氮；二是空气中氮在高温下氧化为氮氧化物，称为热力型氮氧化物。燃料含氮量的大小对烟气中氮氧化物浓度的高低影响很大，而温度是影响热力型氮氧化物生成量大小的主要因素。

燃料燃烧生成的氮氧化物量可用下式计算：

$$G_{NO_x} = 1.63 \times B \times (N \times \beta + 0.000938) \tag{2-8}$$

2.2 燃烧过程污染物排放量的计算

式中 G_{NO_x}——氮氧化物排放量,kg;

B——消耗的燃煤（油）量,kg;

N——燃料中的含氮量,%,见表2-10;

β——燃料中氮的转化率,%,见表2-11。

表2-10 燃料中氮的含量

燃料名称	含氮质量百分比/%	
	数值	平均值
煤	0.5~2.5	1.5
劣质重油	0.2~0.4	0.2
一般重油	0.08~0.4	0.14
轻油	0.005~0.08	0.02

表2-11 燃料中氮的NO_x转化率

炉 型	NO_x的转化率/%
层燃煤	50
煤粉炉	25
燃油炉	40

2.2.4 燃料燃烧产生一氧化碳量的物料衡算方法

燃料燃烧后产生的一氧化碳的排放量计算公式如下：

$$G_{CO} = 2330 \times B \times C_{fh} \times Q \tag{2-9}$$

式中 G_{CO}——一氧化碳排放量,kg;

B——消耗的燃料量,t;

C_{fh}——燃料中的含碳量,%,见表2-12;

Q——燃料的燃烧不完全值,%,见表2-12。

表2-12 燃料的燃烧不完全值

燃料种类	Q	C_{fh}/%	燃料种类	Q	C_{fh}/%
木 材	4	50	焦 炭	3	85
泥 煤	4	60	重 油	2	90
褐 煤	4	70	人造煤气	2	20
烟 煤	3	80	天然气	2	75
无烟煤	3	90	轻 油	1	90

2.2.5 燃料燃烧产生粉煤灰和炉渣的物料衡算方法

煤炭燃烧形成的固态物质，其中从除尘器收集下的称为粉煤灰，从炉膛中排出的称为炉渣。锅炉燃烧产生的灰渣量与煤的灰分含量和锅炉的机械不完全燃烧状况有关。

灰渣产生量常采用灰渣平衡法计算，由灰渣平衡公式可导出如下计算公式：

锅炉炉渣产生量：

$$G_z = d_z BA/(1 - C_z) \tag{2-10}$$

锅炉粉煤灰产生量：

$$G_f = d_{fh} BA\eta/(1 - C_f) \tag{2-11}$$

式中 G_z——炉渣排放量，kg；

G_f——粉煤灰排放量，kg；

B——耗煤量，kg；

A——煤中灰分含量，%；

η——除尘系统的除尘效率，%；

C_z，C_f——分别为炉渣、粉煤灰中可燃物百分含量，%，一般 C_z 可取 25%，煤粉悬燃炉可取 5%；C_f 可取 45%；

d_z，d_{fh}——分别为炉渣中的灰分、烟尘中的灰分各占燃煤总灰分的百分比，%，$d_z = 1 - d_{fh}$。

第3章 大气污染与气象学

气象条件与大气污染的关系密切相关。从污染源排入大气中的污染物，其输送迁移、扩散稀释情况随风向、风速、大气湍流运动、温度垂直变化及大气稳定度等气象因子的变化而千差万别，因此讨论空气污染问题必须考虑气象条件的影响。本章简要介绍大气圈结构、主要气象因素及大气的基本物理性质，风、湍流、稳定度等对大气污染的具体影响，并着重讨论污染物在大气中的扩散规律，污染物浓度的变化特点和估算等。

3.1 大气圈结构及气象要素

3.1.1 大气圈结构

大气是指包围在地球外围的空气层，通常又称之为大气或地球大气。大气圈是地球表面到1000至1400km的高空，之外就是宇宙空间了。

大气层的总质量约为 5.3×10^{15} t，只占地球总质量的百万分之一。大气质量在垂直方向上分布是不均匀的，由于受重力的影响，大气质量主要集中在下部，越往高空，空气就越稀薄，90%集中在30km以下，所以空气并不是无限的。

根据大气在垂直方向上温度、化学成分、荷电等物理性质的差异，同时考虑大气的垂直运动状况，如图3-1所示将大气分为五层：对流层，平流层，中间层，热成层，逸散层。

3.1.1.1 对流层

大气的最低层，底界是地面，其厚度随纬度和季节变化，平均厚度约为12km。在赤道低纬度地区为17~18km，在中纬度地区为10~12km，两极附近高纬度地区为8~9km；夏季较厚，冬季较薄。该层大气的主要特点是有比较强烈的垂直和水平混合。就平均而言，大气的温度是向上递减的，平均每升高100m，大气温度降低0.65K。对流层的厚度比其他层小得多，但它却集中了大气质量的四分之三和全部的水分，云、雾、雨、雪等主要的天气现象都发生在这一层。因此，对流层是对人类生产和生活影响最大的一层，污染物的迁移扩散和稀释转化液主要在这一层进行（图3-2）。

在对流层最下方的大气受到地面的影响最多，表现出一些与其上方大气所不同的特征，经常把距离地面50~100m左右的一层称近地层，地面以上厚度1~2km的大气称为大气边界层，大气边界以上称为自由大气。近地层，因受

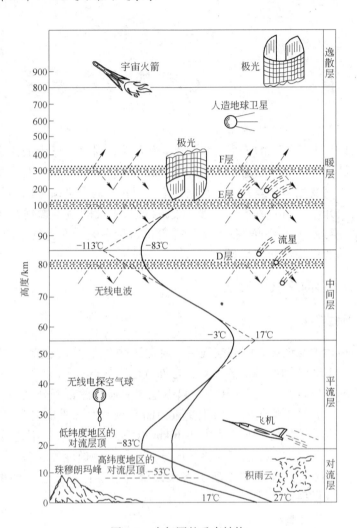

图 3-1　大气圈的垂直结构

图 3-2　大气中的对流层

地表面影响大，大气湍流强烈，热量和动量垂直通量随高度变化甚微，可以近似看做常数；大气边界层是地气系统进行物质、能量交换的通道，也是大气受人类活动影响最剧烈的一层。大气污染物被排放到边界层中，在风和湍流的作用下，向四处输送、扩散，因为大气边界层是空气污染气象学研究的主要对象之一，尤其对局地和中小尺度大气污染预报、大气环境规划管理、城市大气环境等领域的研究有决定性的作用；自由大气层，几乎不受地面的影响，大气可看成没有分子黏性的理想气体，其中的气流具有层流的性质。

3.1.1.2 平流层

对流层以上是平流层（图3-3），该层的上界大约距地面为50～55km，其厚度约为38km。35～40km左右的一层称为同温层，气温几乎不随高度变化，为218K。该层集中了地球大气中大部分的臭氧，并在20～25km高度上达到最大值，形成臭氧层，而臭氧能强烈吸收太阳的（200～300nm）紫

图3-3 大气中的平流层

外线能量，从而使其温度随高度的增加而上升。40～55km为逆温层，温度由218K上升到270K。平流层受地面影响较小，因而几乎没有对流运动，气流主要在水平方向平稳地流动。平流层内的温度随高度上升，开始时变化不大，但到30km高度以上，气温增加很快，到平流层顶附近气温可以达到270～290K，这主要是由于臭氧吸收太阳紫外线所导致。平流层几乎不含水汽，也就没有天气现象，大气很洁净，能见度好，适合飞行。平流层内也可能因为一些严重的污染排放而受到污染，例如，有火山强烈爆发时，大量的火山灰随着高温气体上升，可以进入平流层，并且会停留在其中数月甚至数年。平流层内如果存在大量诸如火山灰一样的气溶胶，将会散射和吸收太阳短波辐射，同时自身也发射红外辐射，从而改变地气系统的辐射收支，影响气候变化。因而平流层的环境也是十分重要的。

3.1.1.3 中间层

从平流层顶到离地80～85km高的大气被称为中间层。在这一层中，温度随高度上升而下降，中间层顶温度降低到160～190K。由于气温垂直递减率很大，使得该层处于强烈的不稳定状态，容易发生垂直对流运动，存在强烈的热力湍流。同时，由于太阳辐射强，在中间层中的气体容易发生电离，并且有强烈的光化学反应。

3.1.1.4 热成层（又称暖层或电离层）

中间层以上称为热成层，上界达800km，厚度约为720km。该层的下部基本上由分子氮组成，上部由原子氧所组成。在太阳辐射的作用下，大部分气体分子

第3章 大气污染与气象学

发生电离，而且有较高密度的带电离子的稠密带，称为电离层。电离层能将电磁波反射回地球，对全球性的无线电通讯有重大意义。电离后的氧能强烈地吸收太阳的短波辐射，温度随高度增加而迅速增加，可以到 1000～2000K。本层出现独特的极光现象：在地球南北两极附近地区的高空，夜间出现的灿烂美丽的光辉。

3.1.1.5 逸散层

大气圈的最外层，高度达 800km 以上，厚度有上万公里。这是大气向星际空间的过渡带，空气分子数密度非常小，自由程度很大。在太阳紫外线和宇宙射线的作用下，大部分分子发生电离。空气极为稀薄，地心引力减弱，气体及微粒之间很少相互碰撞，很容易被碰出地球重力场而进入太空逸散。温度随高度增加而升高，见图 3-4。

图3-4 大气中的逸散层

3.1.2 气象要素

气象要素是指表明大气物理状态、物理现象等的各项要素，主要有：气温、气压、湿度、风、云、降水、蒸发、日照、辐射、能见度以及天气状况等。这些气象要素本身随时都在变化之中，彼此又互相制约。各气象要素的不同组合，出现不同的气象特征，对大气污染物的扩散产生不同的影响。

3.1.2.1 气温

表示大气冷热程度的物理量称作气温。空气冷热的程度，实质上是空气分子平均动能的表现。当空气获得热量时，其分子运动的平均速度增大，平均动能增加，气温也就升高。反之当空气失去热量时，其分子运动平均速度减小，平均动能随之减少，气温也就降低。

气象上讲的地面气温一般是指距地面 1.5m 高处在百叶箱中观测到的空气温度（图3-5）。空气温度记录可以表

图3-5 气温测量

征一个地方的热状况特征，无论在理论研究上，还是在国防、经济建设的应用上都是不可缺少的。表示气温高低常用的温度有两种：摄氏温度 t（℃）和热力学温度 T（K）。两种温度的换算关系：$T = t + 273.15$。

3.1.2.2 气压

气压是指大气的压强。静止大气中某观测高度上的气压值等于单位面积上所承受的垂直空气柱的质量。气压的大小与海拔高度、大气温度、大气密度等有关，一般随高度升高按指数律递减。气压有日变化和年变化。一年之中，冬季比夏季气压高。气压的单位为帕（Pa），与其他单位的关系是：

$$1 \text{atm} = 101326 \text{Pa} = 760 \text{mmHg}$$

3.1.2.3 湿度

湿度表示大气中水气含量的物理量，也可以作为大气干燥程度的物理量。在一定的温度下在一定体积的空气里含有的水气越少，则空气越干燥；水气越多，则空气越潮湿。空气的干湿程度叫做"湿度"（图3-6）。常用绝对湿度、相对湿度、比较湿度、混合比、饱和差以及露点等物理量来表示。大气的湿度是决定云、雾、降水等天气状态的重要因素。

图3-6　湿度计表

下雨的时候，空气湿度是非常大的。在气象学和水文学中湿度是决定蒸发和蒸腾的重要数据。它对不同的气候区的产生起决定性的作用。大气中的水蒸气在水循环过程中也是必不可少的。通过水蒸气，水可以很快地在地球表面运动。水在大气中形成降水、云和其他现象，它们决定了地球的气象和气候。而在天气预报中，更常用到相对湿度，它反映了降雨、有雾的可能性。在炎热的天气之下，高的相对湿度会让人类（和其他动物）感到更热，因为这妨碍了汗水的挥发。人类可以从而制定出酷热指数。

3.1.2.4 风

气象上把水平方向的空气运动称为风。风是一个矢量，具有大小和方向。形成风的直接原因，是水平气压梯度力。风受大气环流、地形、水域等不同因素的综合影响，表现形式多种多样，如季风、地方性的海陆风、山谷风、飓风等。

风向是指风的来向，例如风从北边吹来，则称北风。风向的表示方法有两种：可用16个方位表示，相邻两方位的夹角为22.5°；也可用角度表示，正北与风向的反方向的顺时针方向夹角为风向角，北为0°，东为90°，南为180°，西为270°。如图3-7所示。

第3章 大气污染与气象学

风速是指单位时间内空气在水平方向运动的距离,单位用 m/s 或 km/s 表示。通常气象台站所测定的风向、风速,都是指一定时间(如 2min 或 5min)的平均值。有时也需要测定瞬时风向、风速。大气中水平风速一般为 $1.0 \sim 10 \text{m/s}$,台风、龙卷风有时达到 120m/s。而农田中的风速可以小于 0.1m/s。根据风对地上物体所引起的现象将风的大小分为 13 个等级,称为风力等级,简称风级。以 0~12 等级数字表示,如表 3-1 所示。

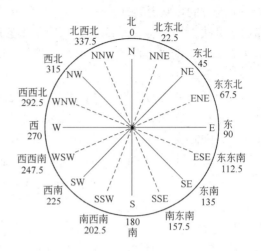

图 3-7 风向的十六方位

表 3-1 风力的等级划分

风 级	风的名称	风速/m·s^{-1}	陆地地面物体征象	海面状态
0	无 风	0~0.2	静,烟直上	平静如镜
1	软 风	0.3~1.5	烟能表示风向,但风向标不能转动	微 浪
2	软 风	1.6~3.3	人面感觉有风,树叶有微响,风向标能转动	小 浪
3	微 风	3.4~5.4	树叶及微枝摆动不息,旗帜展开	小 浪
4	和 风	5.5~7.9	能吹起地面灰尘和纸张,树的小枝微动	轻 浪
5	清劲风	8.0~10.7	有叶的小树枝摇摆,内陆水面有小波	中 浪
6	强 风	10.8~13.8	大树枝摆动,电线呼呼有声,举伞困难	大 浪
7	疾 风	13.9~17.1	全树摇动,迎风步行感觉不便	巨 浪
8	大 风	17.2~20.7	微枝折毁,人向前行感觉阻力甚大	猛 浪
9	烈 风	20.8~24.4	建筑物有损坏(烟囱顶部及屋顶瓦片移动)	狂 涛
10	狂 风	24.5~28.4	陆上少见,见时可以使树木拔起,将建筑物损坏严重	狂 涛
11	暴 风	28.5~32.6	陆上少见,有则必有重大损毁	非凡现象
12	飓 风	>32.6	陆上极少,其摧毁力很大	非凡现象

3.1.2.5 云

云是大气中的水汽凝结现象,它是由飘浮在空中的大量小水滴、小冰晶或两者的混合物构成的,是地球上庞大的水循环形成的结果。太阳照在地球的表面,水蒸发形成水蒸气,一旦水汽过饱和,水分子就会聚集在空气中的微尘(凝结核)周围,由此产生的水滴或冰晶将阳光散射到各个方向,这就产生了云的外观。从污染物扩散考虑,主要是关心云量及云高。

3.1 大气圈结构及气象要素

云量是云遮蔽天空的层数。我国将天空分为 10 等份，云遮蔽了几份，云量就是几。例如，碧空无云，云量为零；阴天云量为 10。

云状可分为：卷云、积云、层云、雨层云四种形式。云高是指云底距地面的高度。

3.1.2.6 降水

地面从大气中获得的水汽凝结物，总称为降水，它包括两部分，一是大气中水汽直接在地面或地物表面及低空的凝结物，如霜、露、雾和雾凇，又称为水平降水；另一部分是由空中降落到地面上的水汽凝结物，如雨、雪、霰雹和雨凇等，又称为垂直降水。但是单纯的霜、露、雾和雾凇等，不作降水量处理。

3.1.2.7 蒸发

蒸发是指液态水转化为气态水，逸入大气的过程。大气中的水分经常处于没有饱和的状态，于是无论是海洋还是陆地都缓慢进行着水分"蒸发"而进入大气的物理过程。自然界中蒸发现象颇为复杂，影响蒸发速度的主要因子有：水源、热源、饱和差、风速与湍流扩散强度。

3.1.2.8 日照

日照是表示太阳照射时间的量。有可照时间和实照时间两种，分别以可照时数和实照时数表示，均以小时为单位。可照时数是一天内可能的太阳光照时数。也即一天内太阳中心从东方地平线升起，直到进入西方地平线之下的全部时间，完全由该地的纬度和日期决定。实照时数（即日照时数）是太阳直射光线不受地物障碍及云、雾、烟、尘遮蔽时实际照射地面的时数（由纬度、日期、天气、地形等所决定），可用日照计测定。日照百分率（实照时数与可照时数的百分比），可用来比较不同季节不同纬度的日照情况。

3.1.2.9 辐射

气象上常测定以下几种辐射：(1) 太阳辐射，又称日射，指太阳放射的辐射；(2) 地球辐射，指由地球（包括大气）放射的辐射；(3) 地表辐射，指由地球表面放射的辐射；(4) 大气辐射，指地球大气放射的辐射；(5) 全辐射，指太阳辐射与地球辐射之和；(6) 太阳直接辐射，指来自太阳圆面的立体角内投向与该立体角轴线相垂直的面上的太阳辐射；(7) 天空辐射（或太阳漫射辐射），指地平面上接收到的来自 2π 立体角（除去日面所张之立体角）范围内的向下的散射和反射的太阳辐射；(8) 太阳总辐射，指水平面接受的，来自 2π 立体角范围内的太阳直接辐射与散射辐射之和；(9) 反射的太阳辐射，指从地表所反射的太阳辐射以及从地表与观测点之间的空气层向上空漫射的太阳辐射之和；(10) 净辐射，指向下和向上（太阳和地球）辐射之差，即一切辐射的净通量。气象上，通常称太阳辐射为短波辐射，地球表面辐射和大气辐射为长波辐射。单位面积接收、通过或放射的辐射能，其单位一般用 $cal/(cm^2 \cdot min)$，也有

用 W/m^2 和 $J/(m^2 \cdot s)$ 的。在地面气象观测中，通常测量的是太阳总辐射。测量各种辐射分量的仪器有：绝对日射表、天空辐射表、直接日射表、净辐射仪等。

3.1.2.10 能见度

能见度是反映大气透明度的一个指标，定义为具有正常视力的人在当时的天气条件下还能够看清楚目标轮廓的最大距离（表3-2）。能见度和当时的天气情况密切相关。当出现降雨、雾、霾、沙尘暴等天气过程时，大气透明度较低，因此能见度较差（图3-8、图3-9）。测量大气能见度一般可用目测的方法，也可以使用大气透射仪、激光能见度自动测量仪等测量仪器测量。

表3-2 能见度级数与白日视程

能见度级	白日视程/m
0	<50
1	50~200
2	200~500
3	500~1000
4	1000~2000
5	2000~4000
6	4000~10000
7	10000~20000
8	20000~50000
9	>50000

图3-8 强沙尘暴致能见度为0

图3-9 能见度好时视野较清晰

3.1.2.11 天气状况

大气中冷热、阴晴、风雨、雷电等天气现象的短时间综合表现，即构成不同的天气状况。它也是气象要素之一。天气状况按国际分类有100多种，较重要的有：毛细雨、雨、雷雨、阵雨、雪、雹、雾、霜、露等。很多大气污染事件的发生，都与当时的天气状况有关。

3.2 大气热力学运动

大气中一切运动均是由于冷、热分布不均匀造成的。大气中的基本热力过程有如下过程：(1) 包括太阳短波辐射与地-气系统长波辐射的加热过程；(2) 由于水蒸气在大气中发生相变而产生的潜热；(3) 由于大气的下垫面（洋面与路面的表面）向大气输送的热量。这里先介绍宏观上大气的热力学过程及应遵从的基本规律。

(1) 热力学第一定律。历史上无数次试图制造出永动机的失败，以及自然现象之间存在的普遍联系的无数事实，使我们相信能量守恒定律是一个最普遍的自然规律。根据这一定律，能量既不能凭空产生，也不会凭空消失，而只能由一种形式转化成另一种形式，如由机械能转化成热能，由热能转化成化学能等等。

能量守恒定律应用在热力学系统中时，就表现为热力学第一定律。热力学第一定律指出：对某一热力学系统输入的热能应该等于该系统内能的变化与该系统所做功的和，即

$$\Delta Q = \Delta U + \Delta W \tag{3-1}$$

式中，ΔQ 为对单位质量热力学系统所加的热量，ΔU 为单位质量热力学系统的内能变化，ΔW 是单位质量热力学系统所做的功。

(2) 大气热力学定律。下面我们将热力学第一定律应用到大气中。在大气热力学中，讨论系统所做的功时只需考虑由于大气系统膨胀或压缩过程所做的功。在大气中，实际膨胀过程是由于系统与外界发生了力的不平衡，如外界减压，此时系统内的压强大于外界的压强，从而使系统膨胀；而在系统膨胀的同时，系统内部也会出现力的不平衡，这就是说，系统在实际膨胀过程中，并不处于平衡态，因而不能利用状态参量来描述，这将引起功的计算复杂化。为简单起见，引进一个理想过程，使系统在膨胀或压缩过程中的每一步都处于平衡态，于是，可以利用状态参量描述系统，系统所做的功也就可以根据状态参量的变化来进行计算。当然，一切实际过程都不会是这种理想过程，系统内部一旦出现力的不平衡，那么即使系统与外界达成力的平衡，系统也必须经过一定时间之后才能达到新的平衡，更何况系统与外界之间存在着力的不平衡状态。但是，我们可以假想使过程进行得非常缓慢，以至于过程进行的每一时刻，系统都可被看作近似地处于平衡态，膨胀或压缩过程就是这一无限缓慢过程的总和。于是就有：即任何空气块的体积增加量为 ΔV 时，其做功应为

$$\Delta W = p\Delta V$$

式中，p 是大气的气压。若只考虑单位质量气体所占有的体积 α，则其做功应为

$$\Delta W = p\Delta\alpha \tag{3-2}$$

英国物理学家焦耳发现气体的内能唯一与气体温度有关，即

$$\Delta U = C_V \Delta T \tag{3-3}$$

式中，C_V 为定容比热。把式（3-2）与式（3-3）代入式（3-1），于是，在大气中热力学第一定律可以写出

$$\Delta Q = C_V \Delta T + p\Delta\alpha \tag{3-4}$$

利用大气状态方程，又可以将上述热力学第一定律改写成

$$\Delta Q = C_P \Delta T + \alpha\Delta p \tag{3-5}$$

式（3-5）是大气运动必须遵循的热力学规律，式中 Q 是大气的热源，它包括辐射加热、地球表面输送的热和大气中因水汽凝结而释放的潜热，C_P 是定压条件下的比热。式（3-5）说明了外部对大气所加的热量就会引起大气温度和压力的变化。因此，大气受热时，若大气的压力保持不变，则大气的温度要上升；若温度保持不变，则气压要降低。因为在气象上，气压的变化比体积的变化更容易测量，因而上式的应用最广。

3.2.1 太阳、大气和地面的热交换

太阳是一个炽热的球形体，表面温度约为 6000K，不断地以电磁波方式向外辐射能量。太阳（热核辐射波长 0.15～4μm 之间）→地面吸收（以 3～120μm 波长向大气辐射）→大气（水气、二氧化碳吸收长波辐射的能力很强），而且近地面 40～50m 厚的气层中就被全部吸收。低层大气吸收了地面辐射后，又以辐射的方式传给上部气层，地面的热量就这样以长波辐射方式一层一层地向上传递，致使大气自下而上的增热（图3-10）。

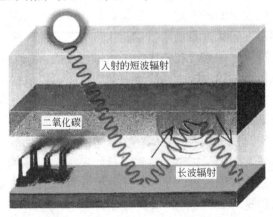

图 3-10　太阳、大气和地面的热交换

3.2.2 气温的垂直变化

气温随高度的变化可以用气温垂直递减率 γ 来表示。气温垂直递减率 γ 指单位高度（通常取 100m）气温的变化值。若气温随高度增加是递减的，γ 为正值，反之，γ 为负值。

$$\gamma = -\frac{\partial T}{\partial Z} \tag{3-6}$$

气温沿垂直高度的分布，可用坐标图上的曲线表示，如图 3-11 所示，这种曲线称为气温沿高度分布曲线或温度层结曲线，简称温度层结。

大气的温度层结主要有四种类型：（1）若气温随高度增加而递减，即 $\gamma > 0$，为正常分布层结或递减层结；（2）气温直减率等于或近似等于干绝热直减率，即 $\gamma = \gamma_d$，为中性层结；（3）若气温不随高度变化，即 $\gamma = 0$，为等温层结；（4）若气温随高度增加而增加，即 $\gamma < 0$，为气温逆转层结，简称逆温。

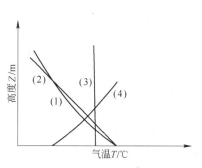

图 3-11 温度层结曲线

3.2.3 大气稳定度

污染物在大气中的扩散与大气稳定度有极其密切的关系。大气稳定度是指在垂直方向上大气稳定的程度，即是否易于发生对流。对于大气稳定度可以作如下理解，如果一空气块由于某种原因受到外力的作用，产生了上升或下降运动后，可能产生三种情况：（1）当外力去除后，气块就减速并有返回原来高度的趋势，则称这种大气是稳定的；（2）当外力去除后，气块被外力推到哪里就停到哪里或做等速运动，称这种大气是中性的；（3）当外力去除后，气块加速上升或下降，称这种大气是不稳定的。

3.2.4 逆温

辐射到地球表面的太阳辐射主要是短波辐射。地面吸收太阳辐射的同时也向空中辐射能量，这种辐射主要是长波辐射。大气吸收短波辐射的能力很弱，而吸收长波辐射的能力却极强。因此，在大气边界层内特别是近地层内，空气温度的变化主要是受地表长波辐射的影响。近地层空气温度，随着地面温度的增高而增高，而且是自下而上的增高；反之，空气温度随着地表温度降低而降低，亦是自下而上的降低。大气温度层结一般是 $\gamma > 0$，即气温随高度增加是递减的。但在特定条件下也会发生 $\gamma = 0$ 或 $\gamma < 0$ 的现象，即气温随高度增加而不变或增加。一

般将气温随高度增加而增加的气层称为逆温层。根据前面对大气稳定度的分析,当发生等温或逆温时,大气是稳定的,所以逆温层(等温层可视为逆温层的一个特例)的存在,大大阻碍了气流的垂直运动,所以也将逆温层称为阻挡层。若逆温层存在于空中某高度,由于上升的污染气流不能穿过逆温层而积聚在它的下面,则会造成严重的大气污染现象。事实表明,有许多大气污染事件多发生在有逆温及静风的气象条件下,所以在研究污染物的大气扩散时必须对逆温给予足够的重视。

逆温可发生在近地层中,也可能发生在较高气层(自由大气)中。根据逆温生成的过程,可将逆温分为辐射逆温、下沉逆温、平流逆温、锋面逆温及湍流逆温等五种。

3.2.4.1 辐射逆温

在晴朗无云(或少云)的夜间,当风速较小(<3m/s)时,地面因强烈的有效辐射而很快冷却。近地面气层冷却最为强烈,较高的气层冷却较慢,因而形成了自地面开始逐渐向上发展的逆温层,称为辐射逆温。图3-12示出辐射逆温在一昼夜间从生成到消失的过程。图中(a)是下午时递减温度层结;(b)是日落前1h逆温开始生成的情况。随着地面辐射的增强,地面迅速冷却,逆温逐渐向上发展,黎明时达到最强(图中的(c))。日出后太阳辐射逐渐增强,地面逐渐增温,空气也随之自下而上的增温,逆温便自下而上的逐渐消失(图中的(d))。大约在上午10点左右逆温层完全消失(图中的(e))。

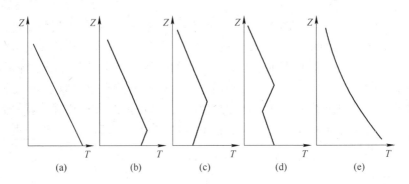

图3-12 辐射逆温的生消过程

辐射逆温在陆地上常年可见,但以冬季最强。在中纬度地区的冬季,辐射逆温层厚度可达200~300m,有时可达400m左右。冬季晴朗无云和微风的白天,由于地面辐射超过太阳辐射,也会形成逆温层。辐射逆温与大气污染的关系最为密切。

3.2.4.2 下沉逆温

由于空气下沉受到压缩增温而形成的逆温称为下沉逆温。下沉逆温的形成原因可用图 3-13 说明。假定某高度有一气层 ABCD，其厚度为 h，当它下沉时，由于周围大气对它的压力逐渐增大，以及由于水平辐散，该气层被压缩成 $A'B'C'D'$，厚度减小为 h'。若气层下沉过程是绝热的，且气层内各部分空气仍保持原来的相对位置。则由于顶部 CD 下沉到 $C'D'$ 的距离比底部 AB 下沉到 $A'B'$ 的距离大，使气层顶部的绝热增温大于底部。若气层下沉距离很大，就可能使顶部增温后的气温高于底部增温后的气温，从而形成逆温。例如有一厚 500m 的气层，

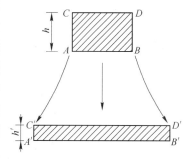

图 3-13 下沉逆温形成示意图

顶高 3500m，底高 3000m，气温分别为 -12℃ 和 -10℃。下沉后厚度变薄成 200m，顶高为 1700m，底高为 1500m。如果气温按干绝热直减率变化，则顶部增温 18℃，成为 6℃；底部增温 15℃，成为 5℃，结果顶部比底部气温高 1℃，形成了逆温。这是下沉逆温形成的基本原因，而实际情况要复杂得多。

下沉逆温多出现在高压控制区内，范围很广，厚度也很大，一般可达数百米。下沉气流一般达到某一高度就停止了。所以下沉逆温多发生在高空大气中。

3.2.4.3 平流逆温

由暖空气平流到冷地表面上而形成的逆温称为平流逆温。这是由于低层空气受地表面影响大、降温多，上层空气降温少所形成的。暖空气与地面之间温差越大，逆温越强。当冬季中纬度沿海地区海上暖空气流到大陆上，暖空气平流到低地、盆地内积聚的冷空气上面时，皆可形成平流逆温。

3.2.4.4 湍流逆温

低层空气湍流混合形成的逆温称为湍流逆温。实际空气的运动都是一种湍流运动，其结果将大气中包含的热量、水分和动量以及污染物质得以充分的交换和混合，这种因湍流运动引起的混合称为湍流混合。

湍流逆温的形成过程如图 3-14 所示。图 3-14(a) 中的 AB 是气层在湍流混合

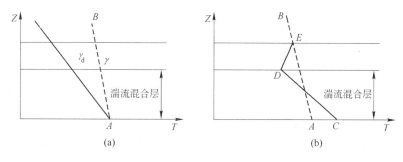

图 3-14 湍流逆温的形成过程

前的气温分布,气温直减率 $\gamma < \gamma_d$;低层空气经湍流混合后,气层的温度将按干绝热直减率变化,如图3-14(b)中的 CD,混合层与不受湍流混合影响的上层空气之间出现了一个过渡层 DE 是逆温层。

3.2.4.5 锋面逆温

在对流层中的冷空气团与暖空气团相遇时,暖空气因其密度小就会爬到冷空气上面去,形成一个倾斜的过渡区,称为锋面。在锋面上,如果冷暖空气的温差较大,也可以出现逆温,这种逆温称为锋面逆温(图3-15)。锋面逆温仅在冷空气一边可以看到。

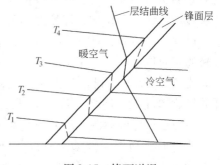

图 3-15　锋面逆温

在实际大气中出现的逆温,有时是由几种原因共同形成的,比较复杂,所以必须作具体的分析。

3.2.5　烟流形状与大气稳定度的关系

烟流扩散的形状与大气稳定度有密切的关系,图3-16 示出五种典型的烟流形状。

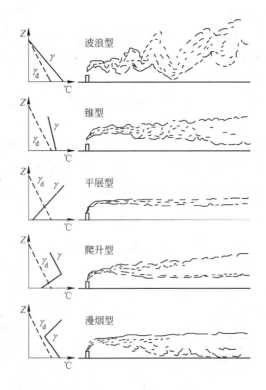

图 3-16　温度层结与烟流形状

3.2.5.1 波浪型

这种烟流呈波浪状,污染物扩散良好,发生在全层不稳定的大气中,即 $\gamma - \gamma_d > 0$ 时,多发生在晴朗的白天,地面最大浓度落地点距烟囱较近,浓度较大。

3.2.5.2 锥型

这种形状的烟流呈圆锥形,发生在中性条件下,即 $\gamma - \gamma_d \approx 0$。垂直扩散比下面介绍的平展型好,比波浪型差。

3.2.5.3 平展型

平展型烟流垂直方向扩散很小,像一条带子飘向远方。从上面看,烟流呈扇形展。它发生在烟囱出口处于逆温层中,即该层大气 $\gamma - \gamma_d < -1$。污染情况随着烟囱高度不同而发生相应的改变。当烟囱很高时,近处地面上不会造成污染,而在远方造成污染;当烟囱很低时,会造成近处地面上的严重污染。

3.2.5.4 爬升型(屋脊型)

爬升型烟流的下部是稳定的大气,上部是不稳定的大气。一般在日落前后出现,地面由于有效辐射的放热,低层形成逆温,而高空仍然保持着递减层结。它持续的时间较短,对近处地面的污染影响较小。

3.2.5.5 漫烟型(熏蒸型)

对于辐射逆温,日出后由于地面增温,低层空气被加热,使逆温从地面向上逐渐消失,即不稳定大气从地面向上逐渐发展,当到达烟流的下边缘或更高一点时,烟流便发生了向下的强烈扩散,而上边缘仍处于逆温层中,漫烟型就发生了。这种烟流多发生在上午 8~10 点,持续时间很短。

对上述五种典型的烟流,这里只从温度层结合大气静力稳定度的角度做了粗略分析。实际的烟流要复杂得多,影响因素也复杂得多。例如,应该考虑动力因素的影响,在近地层主要考虑风和地面粗糙度的影响。

3.3 大气扩散浓度计算模式

烟气从烟囱冒出来以后,在大气里扩散、稀释要受到气象因素的影响。本节利用前面介绍的主要气象因子的基础知识,选择适当的数学模式估算烟气中污染物扩散的浓度及其在地面和空间分布规律,对进行大气环境影响评价以及大气污染物的控制都是十分重要的。

高斯在大量实测资料分析的基础上,应用湍流统计理论得到了正态分布假设下的扩散模式,即通常所说的高斯模式。高斯模式是目前应用较广的模式,下面即对其作进一步介绍。

3.3.1 高斯模型的普遍性

烟气是从烟囱接连不断冒出来的,故称为连续源。选用高斯模型估算连续源的污染物浓度最为普遍,其原因是:(1)它估算污染浓度的结果和其他任何模型一样与实验资料相吻合;(2)根据常规气象资料应用模型的数学运算相对简单;(3)物理概念明确,适应湍流的性质。

3.3.2 高斯模式坐标系

高斯模式的坐标系如图3-17所示,其原点为排放点(无界点源或地面源)或高架源排放点在地面的投影点,x轴正向为平均风向,y轴在水平面上垂直于x轴,正向在x轴的左侧,z轴垂直于水平面oxy,向上为正向,即为右手坐标系。在这种坐标系中,烟流中心线或与x轴重合,或在xoy面的投影为x轴。

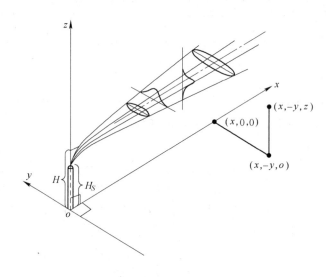

图3-17 高斯模式的坐标系

3.3.3 高斯模型的适用条件

(1)下垫面应平坦开阔,性质均匀。在地面上没有地形起伏和高低不均的建筑物,地面以上的空气是均匀的。

(2)污染物扩散是被动的,它完全随周围空气一起流动,烟气中污染物排放到空气中后状态保持不变,从它排放出来到接受地面之间污染物量没有损失或增加。地面不但对污染物不吸收,而且还将污染完全反射到大气中去。

(3)污染物处在同一类温度层结构的气层之中,计算的扩散范围一般不超过10km。如果计算范围过大,误差相应也会很大。

(4)风在空间分布上是平直均匀,温度不涨落的,平均风速和风向没有显著的变化。虽然风速、风向随时都在变化,但是变化范围不能太大,相应的限定在一定的范围内。

3.3 大气扩散浓度计算模式

（5）应用高斯模型估算污染物浓度，仅用于平均风速大于 1m/s 以上的情况。

（6）污染物在空间的分布规律呈正态分布。烟气中污染物从烟囱冒出来以后，在烟囱的下风向的大气中扩散，在接近烟囱的地方，污染物浓度最小，随着污染物在下风向扩散，其浓度逐渐增大，以致扩散到一定的距离时，污染物浓度达到最大，污染物再进行扩散，其浓度开始逐渐减小，随着在下风向扩散距离增大，浓度达到一个最小值。

3.3.4 无限空间连续点源扩散的高斯模式

由正态分布的假定可以写出下风向任一点 (x,y,z) 的污染物平均浓度的分布函数

$$C(x,y,z) = A(x)e^{-ay^2}e^{-bz^2} \tag{3-7}$$

由概率统计理论可以写出方差的表达式

$$\sigma_y^2 = \frac{\int_0^\infty y^2 C \mathrm{d}y}{\int_0^\infty C \mathrm{d}y}, \quad \sigma_z^2 = \frac{\int_0^\infty z^2 C \mathrm{d}z}{\int_0^\infty C \mathrm{d}z} \tag{3-8}$$

因为假定扩散过程中质量是守恒的，可以写出源强的积分式

$$q = \int_{-\infty}^{\infty}\int_{-\infty}^{\infty} \bar{u} C \mathrm{d}y \mathrm{d}z \tag{3-9}$$

式中 σ_y，σ_z——污染物在 y、z 方向分布的标准差，m；

C——任一点处污染物的浓度，g/m³；

$\bar{u}$——平均风速，m/s；

q——源强，g/s。

由上面四个方程组成的方程组，其中可以测量或计算的已知量有源强 q、平均风速 $\bar{u}$、标准差 σ_y 和 σ_z，未知量有浓度 C、待定函数 $A(x)$、待定系数 a 和 b。因此方程组可以求解。

将式（3-7）代入式（3-8）中，积分后得

$$\left. \begin{aligned} a &= \frac{1}{2\sigma_y^2} \\ b &= \frac{1}{2\sigma_z^2} \end{aligned} \right\} \tag{3-10}$$

将式（3-7）和式（3-10）代入式（3-9），积分后得

$$A(x) = \frac{q}{2\pi \bar{u} \sigma_y \sigma_z} \tag{3-11}$$

再将式(3-10)和式(3-11)代入式(3-7)中,便得到无界空间连续点源扩散的高斯模式

$$C(x,y,z) = \frac{q}{2\pi \bar{u}\sigma_y\sigma_z}\exp\left[-\left(\frac{y^2}{2\sigma_y^2}+\frac{z^2}{2\sigma_z^2}\right)\right] \tag{3-12}$$

3.3.5 高架连续点源扩散的高斯模式

高架连续点源的扩散问题,必须考虑地面对扩散的影响。根据前述的扩散质量守恒假设,可以认为地面像镜面一样,对污染物起全反射作用。按全反射原理,可以用"像源法"来处理这一问题。

如图 3-18 所示,可把 P 点的污染物浓度看成是两部分贡献之和。一部分是不存在地面时 P 所具有的污染物浓度;另一部分是由于地面反射作用所增加的污染物浓度。这相当于不存在地面时由位置在$(0,0,H)$的实源和在$(0,0,-H)$的像源在 P 点所造成的污染物浓度之和(H 为有效源高)。

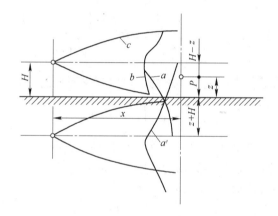

图 3-18 高架连续点源高斯模式推导示意图

3.3.5.1 高架连续点源高斯模式的推导

实源的作用:P 点在以实源为原点的坐标系中的垂直坐标(距烟流中心性的垂直距离)为$(z-H)$。当不考虑地面影响时,它在 P 所造成的污染物浓度按式(3-12)计算,即为

$$C_1(x,y,z) = \frac{q}{2\pi \bar{u}\sigma_y\sigma_z}\exp\left[-\left(\frac{y^2}{2\sigma_y^2}+\frac{(z-H)^2}{2\sigma_z^2}\right)\right]$$

像源的作用:P 点在以像源为原点的坐标系中的垂直坐标(距像源的烟流中心线的垂直距离)为$(z+H)$。它在 P 点产生的污染物浓度也按式(3-12)计算,则为

3.3 大气扩散浓度计算模式

$$C_2(x,y,z) = \frac{q}{2\pi \bar{u}\sigma_y\sigma_z}\exp\left[-\left(\frac{y^2}{2\sigma_y^2}+\frac{(z+H)^2}{2\sigma_z^2}\right)\right]$$

P 点的实际污染物浓度应为实源和像源作用之和，即

$$C = C_1 + C_2$$

$$C(x,y,z,H) = \frac{q}{2\pi \bar{u}\sigma_y\sigma_z}\exp\left(-\frac{y^2}{2\sigma_y^2}\right)\left\{\exp\left[-\frac{(z-H)^2}{2\sigma_z^2}\right]+\exp\left[-\frac{(z+H)^2}{2\sigma_z^2}\right]\right\}$$

(3-13)

式（3-13）即为高架连续点源在正态分布假设下的扩散模式。由此模式可求出下风向任一点的污染物浓度。

3.3.5.2 地面浓度模式

我们时常关心的是地面污染物浓度，而不是任一点的浓度。由式（3-13）在 $z=0$ 时得到地面浓度

$$C(x,y,0,H) = \frac{q}{2\pi \bar{u}\sigma_y\sigma_z}\exp\left(-\frac{y^2}{2\sigma_y^2}\right)\exp\left(-\frac{H^2}{2\sigma_z^2}\right) \tag{3-14}$$

3.3.5.3 地面轴线浓度模式

地面浓度是以 x 轴为对称的，轴线 x 上具有最大值，向两侧（y 方向）逐渐减小。由式(3-13)在 $y=0$ 时得到地面轴线浓度

$$C(x,0,0,H) = \frac{q}{2\pi \bar{u}\sigma_y\sigma_z}\exp\left(-\frac{H^2}{2\sigma_z^2}\right) \tag{3-15}$$

3.3.5.4 地面最大浓度（即地面轴线最大浓度）模式

σ_y、σ_z 是距离 x 的函数，而且随 x 的增大而增大。在式（3-11）中 $\dfrac{q}{2\pi \bar{u}\sigma_y\sigma_z}$ 项随 x 的增大而减小，而 $\exp\left(-\dfrac{H^2}{2\sigma_z^2}\right)$ 项则随 x 增大而增大，两项共同作用的结果，必然在某一距离 x 处出现浓度的最大值。

在最简单的情况下，假设比值 $\dfrac{\sigma_y}{\sigma_z}$ 不随距离 x 变化而为一常数时，把式(3-11)对 σ_z 求导，并令其等于零，即

$$\frac{d}{d\sigma_z} = \frac{q}{\pi \bar{u}\sigma_y\sigma_z}\exp\left(-\frac{H^2}{2\sigma_z^2}\right) = 0$$

再经过一些简单运算，即可求得计算地面最大浓度及其出现距离的公式，即

$$C_{\max} = \frac{2q}{\pi \bar{u}H^2 e}\cdot\frac{\sigma_y}{\sigma_z} \tag{3-16}$$

$$\sigma_z \big|_{x=xC_{\max}} = \frac{H}{\sqrt{2}} \tag{3-17}$$

3.3.5.5 地面连续点源扩散的高斯模式

地面连续点源模式可由高架连续点源模式(3-13)令其有效源高 $H=0$ 而得到，即

$$C(x,y,z,0) = \frac{q}{\pi \bar{u}\sigma_y\sigma_z}\exp\left[-\left(\frac{y^2}{2\sigma_y^2}+\frac{H^2}{2\sigma_z^2}\right)\right] \qquad (3\text{-}18)$$

比较式（3-13）和式（3-18）发现，地面连续点源造成的污染物浓度是无界连续点源所造成的浓度的两倍。

3.4 污染物浓度计算

3.4.1 烟流抬升高度的计算

3.4.1.1 有效源高

连续点源的排放大部分是采用烟囱排放的。具有一定的速度的热烟气从烟囱出口排出后，可以上升至很高的高度。这相当于增加了烟囱的几何高度。因此，烟囱的有效高度 H 应为烟囱的几何高度 H_s 与烟流抬升高度 ΔH 之和，即

$$H = H_s + \Delta H \qquad (3\text{-}19)$$

对某一烟囱来说，几何高度已定，只要能计算出烟流抬升高度 ΔH，有效源高 H 也就随之确定了。从地面最大浓度模式(3-16)中可看到，最大浓度与有效源高的平方成反比。因此，正确估算有效源高，对大气环境质量控制和烟囱高度的设计具有重要意义。

3.4.1.2 烟流抬升高度的计算公式

产生烟流抬升有两方面的原因：一是烟囱出口的烟流具有一定的初始动量；二是由于烟气的温度高于周围气温而产生一定的浮力。初始动量的大小决定于烟流出口流速和烟囱出口内径，而浮力大小则主要决定于烟气与周围大气之间的温差。此外，平均风速、风速垂直切变及大气稳定度等对烟流抬升都有影响。由于影响烟流抬升的因素多而复杂，所以至今还没有一个通用的计算公式。现在所用的经验或半经验公式，都有一定的适用条件或局限性。

A 霍兰德（Holland）公式

$$\Delta H = \frac{v_s d}{\bar{u}}\left(1.5 + 2.7\frac{T_s - T_a}{T_s}d\right) = \frac{1}{\bar{u}}(1.5v_s d + 9.56\times 10^{-3}q_H) \qquad (3\text{-}20)$$

式中 v_s——烟气出口流速，m/s；

d——烟囱出口内径，m；

$\bar{u}$——烟囱出口处的平均风速，m/s；

T_s——烟囱出口处的烟气温度，K；

T_a——环境大气温度，K；

q_H——烟流的热施效率，kW。

式(3-20)适用于中性大气条件。用于非中性的大气条件时，霍兰德建议应作如下修正：对不稳定大气，烟流抬升高度增加10%～20%；对于稳定大气，减少10%～20%。普霍兰德公式是比较保守的，特别是当烟囱高热施放率强时偏差更大。

B 布里吉斯（Briggs）公式

布里吉斯公式是用因次分析方法导出的，用实测资料推算的常数项。它的计算值与实测值比较接近，应用较广。下面给出适用于不稳定和中性大气条件下的计算式。

当 $q_H > 20920$ kW 时：

$$x < 10H_s \qquad \Delta H = 0.362 q_H^{\frac{1}{3}} x^{\frac{2}{3}} \bar{u}^{-1} \qquad (3-21)$$

$$x > 10H_s \qquad \Delta H = 1.55 q_H^{\frac{1}{3}} x^{\frac{2}{3}} \bar{u}^{-1} \qquad (3-22)$$

当 $q_H < 20920$ kW 时：

$$x < 3x^* \qquad \Delta H = 0.362 q_H^{\frac{1}{3}} x^{\frac{2}{3}} \bar{u}^{-1} \qquad (3-23)$$

$$x > 3x^* \qquad \Delta H = 0.332 q_H^{\frac{3}{5}} H_s^{\frac{2}{5}} \qquad (3-24)$$

$$x^* = 0.33 q_H^{\frac{3}{5}} H_s^{\frac{3}{5}} \bar{u}^{-\frac{6}{5}} \qquad (3-25)$$

C 我国的"制订原则和方法"中推荐的公式

当 $q_H \geq 2092$ kW 和 $(T_s - T_a) \geq 35$ K 时：

$$\Delta H = n_0 q_H^{n_1} H_s^{n_2} \bar{u}^{-1} \qquad (3-26)$$

式中，n_0、n_1 和 n_2 按表3-3取值。

表3-3 系数 n_0、n_1 和 n_2 的值

q_H/kW	下垫面状况（平原地区）	n_0	n_1	n_2
>20920	农村或城市远郊区	1.43	1/3	2/3
	城区	1.30	1/3	2/3
20920 > q_H > 2092 (ΔT > 35K)	农村或城市远郊区	0.33	3/5	2/5
	城区	0.29	3/5	2/5

当 $q_H < 2092$ kW 和 $(T_s - T_a) < 35$ K 时，抬升高度 ΔH 取霍兰德公式计算值的2倍。

第3章 大气污染与气象学

式(3-26)是以布里吉斯公式为基础,用我国的实测资料进行比较后提出来的。

3.4.2 帕斯奎尔(Pasquill)扩散曲线法

应用前述的扩散模式估算污染物浓度时,需要确定源强 q、平均风速 $\bar{u}$、有效源高 H、扩散参数 σ_y 和 σ_z。q 值可由计算或实测得到,$\bar{u}$ 值可由多年的风速观测资料得到,H 的计算如上所述,余下的问题仅是如何确定 σ_y 和 σ_z 了。

扩散参数 σ_y 和 σ_z 的确定是很困难的,往往需要进行特殊的气象观测和大量的计算工作。在实际工作中,总是希望根据常规的气象观测资料就能估算出扩散参数。帕斯奎尔在1961年推荐了一种方法,仅需常规气象观测资料就可估算出 σ_y 和 σ_z,吉福德(Gifford)进一步将它做成了应用更方便的图标,所以这种方法又简称为 P-G 曲线法。

3.4.2.1 帕斯奎尔扩散曲线法的要点

这一方法首先根据太阳辐射的情况(云量、云状和日照)和离地面 10m 高的风速,将大气的扩散稀释能力化为 A~F 六个稳定度级别。然后根据大量扩散的实验数据和理论上的考虑,用曲线来表示每一个稳定度级别的 σ_y 和 σ_z 随距离的变化。这样就可用前面导出的扩散模式进行浓度的估算了。

3.4.2.2 帕斯奎尔扩散曲线法的应用

A 根据常规的气象资料确定稳定度级别

帕斯奎尔划分稳定度级别的标准见表3-4所示。

表3-4 稳定度级别划分表

地面风速(距地面10m处)/m·s^{-1}	白天太阳辐射			阴天的白天或夜间	有云的夜间	
	强	中	弱		薄云遮天或低云>5/10	云量<4/10
<2	A	A~B	B	D		
2~3	A~B	B	C	D	E	F
3~5	B	B~C	C	D	D	E
5~6	C	C~D	D	D	D	D
>6	C	D	D	D	D	D

B 利用扩散曲线确定 σ_y 和 σ_z

图3-19和图3-20便是帕斯奎尔和吉福德给出的不同稳定度时的 σ_y 和 σ_z 随下风距离 x 变化的经验曲线,简称为 P-G 曲线图。在按表3-4确定了某地某时属于何种稳定度级别后,便可用这两张图查出相应的 σ_y 和 σ_z 值。此外,英国伦敦

3.4 污染物浓度计算

气象局还给出了表3-5，用内插法可求出20km距离内的σ_y和σ_z值。

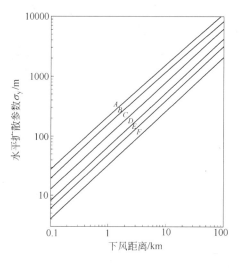

图 3-19 下风距离和水平扩散参数的关系   图 3-20 下风距离和垂直扩散参数的关系

表 3-5 帕斯奎尔曲线的 σ_y 和 σ_z 值　　　　　　　　　　　　　　　　　　　（m）

稳定值	标准值	下风距离/km																				
		0.1	0.2	0.3	0.4	0.5	0.6	0.8	1.0	1.2	1.4	1.6	1.8	2.0	3.0	4.0	6.0	8.0	10	12	16	20
A	σ_y	27.0	49.8	71.6	92.1	112	132	170	207	243	278	313										
	σ_z	14.0	29.5	47.4	72.1	105	153	279	156	674	930	1230										
B	σ_y	19.1	35.8	51.6	67.0	81.4	95.8	123	151	178	203	228	253	278	395	508	723					
	σ_z	10.7	20.5	30.2	40.5	51.2	62.8	84.6	109	133	157	181	207	233	363	493	777					
C	σ_y	12.6	23.3	33.5	43.3	53.5	62.8	80.9	99.1	116	133	149	166	182	269	335	474	603	735			
	σ_z	7.44	14.0	20.5	26.5	32.6	38.6	50.7	61.4	73.0	83.7	95.3	107	116	167	219	316	409	498			
D	σ_y	8.37	15.3	21.9	28.8	35.3	40.9	53.6	65.6	76.7	87.9	98.6	109	121	173	221	315	405	488	596	729	884
	σ_z	4.65	8.37	12.1	15.3	18.1	20.9	27.0	32.1	37.2	41.9	47	52.1	56.7	79.1	100	140	177	212	244	307	372
E	σ_y	6.05	11.6	16.7	21.4	26.5	31.2	40.0	48.8	57.7	65.6	73.5	82.3	85.6	129	166	237	306	366	427	544	659
	σ_z	3.72	6.05	8.84	10.7	13.0	14.9	18.6	21.4	24.7	27.0	29.3	31.6	33.5	41.9	48.6	60.9	70.7	79.1	87.4	100	111
F	σ_y	4.19	7.91	10.7	14.4	17.7	20.5	26.5	32.6	43.3	48.8	54.5	60.5	86.5	102	156	207	242	285	0.37	437	
	σ_z	2.33	4.19	5.58	6.98	8.37	9.77	12.1	14	17.2	17.2	19.1	20.5	21.9	27.0	31.2	37.7	42.8	46.5	50.2	55.8	60.5

3.4.2.3 浓度计算

当确定了 σ_y 和 σ_z 值之后，扩散方程中其他的参数也就相应确定了下来，利用前述的一系列扩散模式，就可估算出各种情况下的浓度值。

当估算地面最大浓度 C_{max} 和它出现的距离 $x_{C_{max}}$ 时，虽然从曲线或表中查出的 σ_y 和 σ_z 的比值不满足不随距离的变化而改变的条件，但进行粗略的估算时，一般仍用式（3-16）和式（3-17）计算。

第4章 大气污染的检测

环境监测是采用现代科学技术方法测取、运用环境质量数据资料的科学活动，使用科学的方法监视和检测反映环境质量及其变化趋势的各种数据过程。用监测数据表征环境质量的变化趋势及污染的来龙去脉，它是环境保护的基础工作。

大气环境监测的基本步骤如下：

（1）现场调查与资料收集，制订大气采样方案。环境污染随时间、空间变化，受气象、季节、地形地貌等因素的影响。应根据监测区域的特点，调查该区域内各种污染源及其排放情况和自然与社会环境特征，收集区域内地理位置、地形地貌、气象气候、土壤利用情况以及社会经济发展状况等。

（2）确定监测项目。监测项目应根据国家规定的环境质量标准、本地区内主要污染源及其主要排放物的特点来选择，同时还要进行一些气象及水文测量项目。

（3）监测点布设及采样时间和方法。采样点布设得是否合理，是能否获取有代表性样品的前提。对环境污染物进行分析前，必须用合适的方法在合适的采样时间取到能代表被测污染物的平均组成的样品。

（4）大气环境样品的保存。环境样品在存放过程中，由于吸附、沉淀、氧化还原、微生物作用等影响，样品的成分可能发生变化。因此，必须按要求严格保存，从采样到分析测试的时间间隔应尽可能缩短。

（5）大气环境样品的分析测试。根据样品特征及所测组分特点，选择适宜的分析测试方法。

（6）数据处理和结果上报。由于测试误差存在于环境监测的全过程，因此，必须运用数理统计的方法处理数据，才可得到符合客观要求的数据。

大气污染物监测通常分为两部分：一部分是常规大气污染物监测；另一部分是大气污染源监测。两部分的采样方法也稍有不同。

4.1 大气污染物的时空分布

大气污染物的时空分布与污染源的分布、排放量、地形、地貌、气象条件密切相关，其浓度随时间、空间的变化不断发生变化。了解大气污染物的时空分布特点，对于获取正确反映大气污染实况的监测结果有重要意义，是大气环境监测

第4章 大气污染的检测

中安排采样时间、采样频率和布设采样点的主要依据及获得代表性数据的基础。

4.1.1 时间性

所谓污染物的时间分布，是指在大气污染物的排放量和污染因素的强度都呈现随着时间变化而变化的特点。污染因素包括污染源、气候条件和大气性质等。污染物分布的时间性产生的原因与以下三方面相关：（1）污染排放量源随时间变化，例如生产单位向大气环境排放污染物随时间和生产过程的不同而不同，在生产高峰期排放的污染物明显高于生产间歇期；城市内车流量在白天和夜间是不同的，汽车排放的尾气量昼夜变化大；不同的季节居民生活区空调等家用电器的使用量相差也比较明显。因此，同一污染源对同一地点在不同时间所造成的地面空气污染程度往往相差数倍至数十倍。（2）大气环境条件随时间变化。进入大气的污染物的扩散和稀释，因气象条件（包括风向、风速、大气湍流、温度、大气压、湿度和大气稳定度等）和大气湍流等因素随着季节和昼夜的变化而变化。例如，在有风的环境中，大气内的污染物稀释和扩散速度极快，可以在很短的时间内向周围地区扩散，使污染源附近污染物浓度迅速降低，而在无风条件下污染物浓度扩散和稀释较慢；一次污染物因受逆温层及气温、气压等限制，清晨和黄昏浓度较高，中午较低；二次污染物如光化学烟雾，因在阳光照射下才能形成，故中午浓度较高，清晨和夜晚浓度低。（3）与污染物在大气环境中的性质有关，例如，大部分含硫的酸性气体容易发生反应，当酸性气体排放到地面附近或扩散到地表面时，被大气中的粗大粒子（例如2mm以上的土壤粒子等）捕获而很快消减，滞留时间为1天左右；而硫氧化物被氧化（氧化速度为每小时0.4%～3.0%）变成硫酸微小粒子（$2\mu m$以下）时，可在大气中滞留3～10天左右。在研究大气污染时还应注意到，有些污染物或污染因素在相当长的时间里起作用。

以上因素导致同一污染源在不同的时段内其排放的污染物量有较大的变化。由于污染物浓度（强度）不是稳定不变，而是不停地变化着，因此，在大气环境监测时，要测定污染物浓度（强度）在一定时间内的平均浓度、最高浓度与相应的出现时间。

为反映污染物浓度随时间的变化，在大气污染监测中提出时间分辨率的概念，以求在规定的时间内反映出污染物浓度变化。例如，要了解污染物对人体的急性危害和化学烟雾对呼吸道的刺激反应均需要求分辨率。在《环境质量标准》（GB 3095—1996）中，要求测定污染物的瞬时最大浓度及日平均、月平均、年平均浓度，也是为了反映污染物随时间变化的情况。

4.1.2 空间性

污染物的空间分布是指进入大气环境的污染物浓度或污染因素强度随空间不

同而不同。在大气中的污染物随空气运动而迁移和扩散。各种污染物的迁移和扩散速度与气象条件、地理环境和污染物的性质有关。同时在迁移扩散的过程中，又会由于化学和物理的变化而使污染物浓度发生变化。因此污染物浓度就存在着空间上的分布不均匀。

不同的污染源类型、排放规律及污染物性质，导致污染物空间分布特点的不同。点污染源（如烟囱）或线污染源（如交通道路）排放的污染物可形成一个较小的污染气团或污染线。局部地方污染浓度变化较大，涉及范围较小的污染，称为小尺度空间污染或局地污染。大量地面小污染源，如工业区炉窑、分散供热锅炉及千家万户的炊炉，则会给一个城市或一个地区形成面污染源，使地面空气中污染物浓度比较均匀，并随气象条件变化有较强的规律性。这种面源所造成的污染称为中尺度空间污染或区域污染。

大气污染物浓度的空间分布，首先，与污染源种类及其空间分布位置有关。按照污染源的运动状况可分为固定源（如工厂、矿山、烟囱等）与流动源（如汽车、飞机等）。大气环境中的污染物空间分布与距污染源的距离有关，一般地说，距污染源越近的大气环境中污染物浓度越高。汽车、飞机等流动性污染源与大气环境介质流动性密切相关。其次，污染物分布与气象条件有关，通常在污染源下风向污染物浓度高于上风向的污染物浓度；大气运动强的地区污染物扩散速度快，相反扩散速度慢。第三，与污染物自身性质有关。在大气污染中，稳定性较强、相对分子质量较小的分子状化学物质或粒度较小的飘尘可以被大气流扩散到很远，而质量较重的尘、汞蒸气等，扩散能力差，影响范围较小。另外水蒸气在高空大气中凝结成小水滴时或在发生降水时也会溶解某些大气污染物。前苏联切尔诺贝利核电站事故以及日本核电厂爆炸引起的放射性污染，就是以上因素综合作用。2011年3月份，日本发生9.0级地震，福田核电站机组发生爆炸事故，放射性物质泄漏并随着大气运动飘浮到美国夏威夷、阿拉斯加、西海岸等地区。但是由于美国距离日本距离远，因此核物质浓度远远低于日本本土检测浓度。

4.2 大气污染监测目的和项目

大气监测是指对健康和环境参数进行的日常监视和测量工作，主要包括空气污染物监测和室内空气中有害物质检测，这在整个空气质量管理过程中具有关键性的作用，为政策和战略的制定、环境空气质量控制目标的设立、监督检查污染物的排放和环境标准的实施情况等提供了必要的科学依据。

4.2.1 大气污染监测的分类

大气环境监测的分类方法不止一种，可按目的、对象、污染物性质等进行分类。按照检测对象可以分为以下三种：

(1) 污染源的监测。如对烟囱,汽车排气口的检测。目的是了解这些污染源所排出的有害物质是否达到现行排放标准的规定,分析其对大气污染的影响,以便对其加以限制;对现有的净化装置的性能进行评价;通过对长期监测数据的分析,可为进一步修订和充实排放标准及制定环境保护法规提供科学依据。

(2) 环境污染监测。监测对象不是污染源而是整个大气。目的是了解和掌握环境污染的情况,进行大气污染质量评价,并提出警戒限度;研究有害物质在大气中的变化规律,二次污染物的形成条件;通过长期监测,为修订或制定国家卫生标准及其他环境保护法规积累资料,为预测预报创造条件。此外,制定城市规划、防护距离等,均需要以监测资料为依据。

(3) 特定目的的监测。选定一种或多种污染物进行特定目的的监测。例如,研究燃煤火力发电厂排出的污染物对周围居民呼吸道的危害,首先应选定对上呼吸道有刺激作用的污染物 SO_2、H_2SO_4、雾、飘尘等做监测指标,再选定一定数量的人群进行监测。由于目的是监测污染物对人体健康的影响,所以测定每人每日对污染物接受量,以及污染物在一天或一段时间内的浓度变化,就是这种监测的特点。

4.2.2 环境监测的目的

由于情况和要求的不同,大气环境监测的具体目的也不完全一样,总体可归纳为以下几个方面:

(1) 根据环境质量标准,评价环境质量,判断大气环境质量是否符合国家制定的大气质量标准,定期提出环境质量报告。

(2) 确定大气污染物质的浓度、分布现状、发展趋势和速度,以探求污染物的污染途径和污染源,并判断污染物在时间和空间上的分布、迁移、转化和发展规律。

(3) 确定污染源所造成的污染影响,建立污染物空间分布模型;为大气环境质量评价提供准确数据;研究污染扩散模式和规律,为预测预报大气环境质量,控制大气环境污染和大气坏境治理提供依据。

(4) 确定污染源造成的污染影响,掌握污染物作用于大气、水体、土壤和生态系统的规律性,判断浓度最高和问题潜在最严重的区域所在,以确定控制和防治的对策,评价防治措施的效果。

(5) 收集大气环境本底值及其变化趋势的数据,积累长期监测资料。为保护人类健康和合理使用自然资源,制定、修订环境标准、环境法律和法规以及为确切掌握大气环境容量,实施总量控制、目标管理,为大气质量标准的制订或修改提供科学依据。

(6) 揭示新的大气环境问题,确定新的污染因素,为大气环境科学研究提供方向。

4.2.3 监测项目

空气污染监测的主要任务之一是监测和检测空气中的污染物及其含量，目前已认识的空气污染物约有100多种，这些污染物以分子和离子状两种形式存在于空气中。大气中的污染物监测过程应根据优先监测原则，选择那些危害大、涉及范围广、已建立成熟的测定方法及空间范围内实际情况，并有标准可比的项目进行监测。由于空气污染浓度与气象条件密切相关，因此在监测空气的过程中还要测定风速、风向、气温、气压等气象参数。我国《环境监测技术规范》中规定的例行监测项目如表4-1所示。

表4-1 检测项目

分析条件	必测项目	选测项目
连续采样实验室分析	二氧化硫、氮氧化物、总悬浮颗粒物、硫酸盐化速率、灰尘自然沉降量	一氧化碳、可吸入颗粒物PM10、光化学氧化剂、氟化物、铅、苯并芘、总烃、非甲烷烃
大气环境自动监测系统监测	二氧化硫、氮氧化物、总悬浮颗粒物、可吸入颗粒物PM10、一氧化碳	臭氧、总碳氢化合物

4.3 大气监测试样的采样

大气监测是为了调查一个区域或一个城市的大气污染现状，是观察分析大气中有害物质的来源、分布、数量、迁移转化及消长规律的重要手段。如何获得有代表性、能符合实际状况的大气样品，是保证监测数据准确可靠的重要环节。根据大气污染物的时空分布规律，通过正确地确定采样点数目、正确地选择采样点的位置、正确地确定采样时间和频率等手段，保证获取具有代表性的大气样品。

4.3.1 环境调查

大气污染背景调查是制定保证正确采样调查的前提，其主要包括以下内容：

（1）污染源分布及排放情况。通过调查，将监测区域内的污染源类型、数量、位置、排放的主要污染物及排放量一一弄清楚，同时还应了解所用原料、燃料及消耗量。注意要将由高烟囱排放的较大污染源与由低烟囱排放的小污染源区别开来，因为小污染源的排放高度低，对周围地区地面大气中污染物浓度影响比大型工业污染源大。另外，对于交通运输污染较重和有石油化工企业的地区，应区别一次污染物和由于光化学反应产生的二次污染物。因为二次污染物是在大气中形成的,其高浓度可能在远离污染源的地方,在布设监测点时应加以考虑。

(2) 气象资料。污染物在大气中的扩散、输送和一系列的物理、化学变化在很大程度上取决于当时当地的气象条件。因此,要收集监测区域的风向、风速、气温、气压、降水量、日照时间、相对湿度、温度的垂直梯度和逆温层底部高度等资料。

(3) 地形资料。地形对当地的风向、风速和大气稳定情况有影响,因此是设置监测网点应当考虑的重要因素。例如,工业区建在河谷地区时,出现逆温层的可能性大;位于丘陵地区的城市,市区内大气污染物的浓度梯度会相当大;位于海边的城市会受海、陆风的影响,而位于山区的城市会受山谷风的影响等。为掌握污染物的实际分布状况,监测区域的地形越复杂,要求布设监测点越多。

(4) 土地利用和功能分区情况。监测区域内土地利用情况及功能区划分也是设置监测网点应考虑的重要因素之一。不同功能区的污染状况是不同的,如工业区、商业区、混合区、居民区等。还可以按照建筑物的密度、有无绿化地带等作进一步分类。

(5) 人口分布及人群健康情况。环境保护的目的是维护自然环境的生态平衡,保护人群的健康。因此,掌握监测区域的人口分布、居民和动植物受大气污染危害情况及流行性疾病等资料,对制订监测方案、分析判断监测结果是有益的。

此外,对于监测区域以外的大气监测资料等也应尽量收集,供制定监测方案参考。

4.3.2 大气监测采样点的布设

4.3.2.1 采样点布设的原则和要求

(1) 采样点应设在整个检测区域的高、中、低三个不同污染物浓度的地方。

(2) 在污染源比较集中、主导风向比较明显的情况下,应将污染源的下风向作为主要监测范围,布设较多的采样点,上风向布设少量点作为对照。

(3) 工业较密集的城区和工矿区,人口密度及污染物超标地区,要适当增设采样点,城市郊区和农村,人口密度小及污染物浓度较低的地区,可酌情少设采样点。

(4) 采样点的周围应开阔,采样口水平线与周围建筑物高度的夹角应不大于30°。测点周围无局部污染源,并应避开树木及吸附能力较强的建筑物。交通密集区的采样点应设在距人行道边缘至少1.5m远处。

(5) 采样点的设置条件要尽可能一致或标准化,使获得的检测数据具有可比性。

(6) 采样高度根据检测目的而定,研究大气污染对人体的危害,应将采样器或测定仪器设置于常人呼吸带高度,即采样口应在距离地面1.5~2.0m处;研究大气污染对植物或器物的影响,采样口应与植物或器物的高度相近。连续采样例行监测采样口高度应距地面3~15m;若置于屋顶采样,采样口应与基础面有1.5m以上的相对高度,以减少扬尘的影响。特殊地形区可视实际情况选择采样高度。

4.3.2.2 采样点的数目

在一个监测区域内,采样点设置数目应根据监测范围大小、污染物的空间分布特征、人口数量和密度、气象条件、地形以及经济发展等因素综合确定。根据世界卫生组织(WHO)、世界气象组织(WMO)和我国环境监测的相关资料,采样点数目可根据表4-2和表4-3确定。

表4-2　WHO和WMO推荐的城市大气自动监测站数目

市区人口/万人	飘尘	SO_2	NO_x	氧化剂	CO	风速风向
≤100	2	2	1	1	1	1
100~400	5	5	2	2	2	2
400~800	8	8	4	3	4	2
>800	10	10	5	4	5	3

表4-3　我国大气环境污染例行监测采样点设置数目

市区人口/万人	SO_2, NO_x, TSP	灰尘自然降尘量	硫酸盐化速率
≤50	3	≥3	≥6
50~100	4	4~8	6~12
100~200	5	8~11	12~18
200~400	6	12~20	18~30
>400	7	20~30	30~40

4.3.2.3 采样点的布设方法

A　功能区布点法

按功能区划分布点法多用于区域性常规监测。先将监测区域划分为工业区、商业区、居住区、工业和居住混合区、交通稠密区、清洁区等,再根据具体的污染情况和人力、物力条件,在各功能区设置一定数量的采样点。各功能区的采样点数不要求平均,一般在污染较集中的工业区和人口密集的居住区多设采样点。

B　网格布点法

该方法是将监测区域地面划分成若干均匀网状方格,采样点设在两条直线的交点处或方格中心。污染源强度、人口分布及人力、物力等条件影响网格的密集程度。通常主导风向下风向采样点多于上风向采样点。对于有多个污染源,且污染源分布较均匀的地区,常采用这种布点方法。它能较好地反映污染物的空间分布；采用此方法，将监测结果绘制成污染物浓度空间分布图，对指导城市环境规划和管理具有极其重要的意义。

C 同心圆布点法

该方法主要用于多个污染源构成的污染群，且污染源集中的地区。首先以污染群为中心，分别在地面上画若干个同心圆，再从圆心作若干条放射线，将放射线与圆周的焦点作为采样点。不同的圆周上采样点数目不一定相等或均匀分布，常年主导风向的下风向采样点较上风向密集。

D 扇形布点法

扇形布点法适用于高架点源，且主导风向明显的地区。以点源所在位置为顶点，主导风向为轴线，在下风向地面画出一个 $45°\sim90°$ 的扇形区作为布点范围。采样点设在扇形平面内距点源不同距离的若干弧线上。每条弧线设 3~4 个采样点，相邻两点与顶点连线的夹角一般取 $10°\sim20°$。

在实际工作中，为做到因地制宜，使采样网点布设得完善合理，往往采用以一种布点方法为主，兼用其他方法的综合布点法。

4.3.3 采样时间和频率

采样时间指每次采样从开始到采样结束所经历的时间，也称采样时段。不同污染物的采样时间要求不同，我国大气质量分析方法对每一种污染物的采样时间都有明确规定。采样频率指在一定时间范围内（一天、一月或一年）的采样次数。这两个参数要根据监测目的、污染物分布特征及人力物力等因素决定。显然采样频率越高，监测数据越接近真实情况。

采样时间分为：（1）短期采样，常用于环境事故后的调查或某些特殊需求，结果只能作为参考。（2）长期采样，在较长时间（一年、一季度、一月、一天）内连续采样，结果可有效反应污染物浓度随时间变化规律。（3）间歇性采样，在监测时间范围内，分次采样进行分析，以多次测定的平均值为代表值。

不同的污染物采样时间和采样频率的要求不同，均可按标准规定进行或用连续自动采样仪器连续采样。目前我国许多城市建立了空气质量自动监测系统，自动小时自测仪器在线工作，可以比较真实地反映当地的大气质量。若人工采样，一要在污染最严重时采样；二要保证每日监测次数不少于 3 次；三要测定最高的平均浓度全年不得少于 20 天，最大一次浓度样品不得少于 25 个。

采样时间短，试样缺乏代表性，监测结果不能反映污染物浓度随时间的变化，仅适用于事故性污染、初步调查等情况的应急监测。为增加采样时间，目前采用两种办法，一是增加采样频率，即每隔一定时间采样测定一次，取多个试样测定结果的平均值为代表值。例如，在一个季度、一月、一周或一天内间隔等时间采样测定一次，求出日平均、月平均和季度平均监测结果。这种方法适用于受

4.3 大气监测试样的采样

人力、物力限制而进行人工采样测定的情况,是目前进行大气污染常规监测、环境质量评价现状监测等广泛采用的方法。第二种增加采样时间的办法是使用自动采样仪器进行连续自动采样。若再配用污染组分连续或间歇自动监测仪器,其监测结果能很好地反映污染物浓度的变化,得到任何时间段的代表值(平均值),这是最佳采样和测定方式。显然,连续自动采样监测频率可以选得很高,采样时间很长,如一些发达国家为监测空气质量的长期变化趋势,要求计算年平均值的积累采样时间在6000h以上。我国监测技术规范对大气污染例行监测规定的采样时间和采样频率列于表4-4。

表4-4 我国大气环境污染例行监测采样时间和采样频率

监测项目	采样时间和频率
二氧化硫	隔日采样,每天连续采(24±0.5)h,每月14~16d,每年12个月
氮氧化物	同二氧化硫
总悬浮颗粒物	隔双日采样,每天连续采(24±0.5)h,每月5~6d,每年12个月
灰尘自然沉降量	每月采样(30±2)d,每年12个月
硫酸盐化速率	每月采样(30±2)d,每年12个月

4.3.4 采样方法

大气样品的采集方法一般分为直接采样法和富集(浓缩)采样法两种。直接采样法适用于污染物浓度高,分析方法灵敏,用样量少的情况。直接采样法测得的结果反映大气污染物在采样瞬时或者短时间内的平均浓度。富集(浓缩)采样法适用于大气中污染物的浓度很低,直接取样不能满足分析测定要求的情况,此时需要将大气中的污染物进行浓缩,使之满足检测方法灵敏度的要求。

大气污染采样方法较多,其选择的依据是污染物的理化特性、浓度高低、监测方法的使用范围和灵敏度。

4.3.4.1 直接采样法

直接采样法按采样容器不同分为玻璃注射器采样法、塑料袋采样法、球胆采样法、采气管采样法和采样瓶采样法等。

A 玻璃注射器采样

用大型玻璃注射器直接抽取一定体积的现场气体,密封进气口,在实验室条件下分析。注意:取样前应必须用现场气体冲洗注射器3次,然后抽取100mL气体,样品需当天分析完毕。

B 塑料袋采样

用塑料袋直接取现场采集气体,取样量以塑料袋略呈正压为宜。注意:应选择与采集气体中的污染物不起化学反应、不吸附、不渗漏的塑料袋,如聚四氟乙烯袋、聚乙烯袋等。为减少对被测组分的吸附,可在袋子内壁衬银、铝等金属膜。取样前应先用二联橡皮球打进现场空气冲洗塑料袋2~3次,再充满气体,密封保存并分析。

C 球胆采样

要求采集的气体不与橡胶发生反应,不吸附。球胆使用前先试漏,取样时同样先用现场空气冲洗球胆2~3次后方可采集封口。

D 采气管采样

采气管是两端具有旋塞的管式玻璃容器,容积为100~500mL。采样时,打开两端旋塞,将二联球或抽气泵接在管的一端,迅速抽进比采样管容积大6~10倍的欲采气体,使采气管中原有气体被完全置换出,关上两端旋塞,采气体积即为采气管的容积。

E 采样瓶采样

采样瓶是一种耐压玻璃制成的固定容器。采样前先将瓶内抽成真空并测量剩余压力为1.33kPa左右,携带至现场打开瓶塞,被测空气在压力差的作用下自动充进瓶中,则采样体积为真空采样瓶的溶剂,关闭瓶塞,带回实验室分析。

4.3.4.2 富集(浓缩)采样法

浓缩采样时间较长,所得到的分析结果反映大气污染物在浓缩采样的时间内的平均浓度。

A 溶液吸收法

该方法可用于采集大气中气态、蒸气态及某些气溶胶态污染物。采样时,用抽气装置使待测空气以一定的流量通入装有吸收液的吸收管,待测组分与吸收液发生化学反应或物理作用,使待测污染物溶解于吸收液中。采样结束后,取出吸收液,分析吸收液中被测组分含量。根据采样体积和测定结果计算大气污染物浓度。

溶液吸收法的吸收效率主要决定于吸收速率和吸收液的接触面积。如果要提高吸收速率,必须根据被吸收物的性质选择吸收液。常用的吸收液有水溶液、有机溶剂等。吸收液吸收污染物的原理分为两种:一种是气体分子溶解于溶液中的物理作用;另一种是基于发生化学反应的吸收。伴有化学反应的吸收速度明显大于只有溶解作用的吸收速度。因此,除溶解度非常大的气体外,一般都选用伴有化学反应的吸收液。

对吸收液的要求:一是对大气污染物溶解度大,与之发生化学反应的速度快;二是污染物质在吸收液中有足够的稳定时间;三是利于后续分析测定工作;四是价格便宜,易于得到且可回收利用。

根据吸收原理不同,常用的吸收管分为气泡式吸收管、冲击式吸收管、多孔筛板吸收管。

B 填充柱阻留法

填充柱一般用玻璃管或塑料管，内装颗粒状或纤维状填充剂制成。采样时，让气样以一定流速通过填充柱，预测组分因吸附、溶解或化学反应等作用被阻留在填充剂上，达到浓缩采样的目的。采样后，通过解吸或溶剂洗脱，使被测组分从填充剂上释放出来进行测定。根据填充剂阻留作用原理，填充柱可分为吸附型、分配型和反应型3种类型。

（1）吸附型填充柱。填充剂是固体颗粒状吸附剂，具有较大的比表面积，吸附性强，对气体、蒸气分子具有较强的吸附性。一般来说，吸收剂与被吸收物质之间符合相似相容原理。选用吸附剂时，应综合考虑吸附剂对被测物质的吸附和解吸两方面的因素。

（2）分配型填充柱。填充柱内填充剂是表面涂有高沸点的有机溶剂的惰性颗粒物，其中有机溶剂称为固定液，惰性多孔颗粒物称为固定相。采样时，气体通过填充柱，在有机溶剂中分配系数大的组分保留在填充剂上而被富集。

（3）反应型填充柱。填充柱内填充剂可以是能与被测物反应的纯金属细丝或细粒，也可以是惰性固体颗粒物或纤维状物表面涂一层能与被测物反应的化学试剂制成。气体通过反应型填充柱时，被测物质在填充剂表面上发生化学反应而被阻留下来。

C 滤料采样法

滤料采样法是将滤料夹在采样夹上。采样时，用抽气装置抽气，气体中的颗粒物质被阻留在过滤材料上。根据过滤材料采样前后的质量和采样体积，即可算出空气中颗粒物的浓度。

D 低温冷凝采样法

低温冷凝采样法是将U形管或蛇形采样管插入冷阱中，大气流经采样管时，被测组分因冷凝从气态转变为液态凝结于采样管底部，达到分离和富集的目的。常用的制冷剂有水-盐水、干冰-乙醇、液态空气、液氮等。

E 自然积集法

自然积集法是利用物质的自然重力、空气动力和浓差扩散作用采集大气中的被测物质，如自然降尘量、硫酸盐化速率、氟化物等大气样品的采集。这种方法不需要动力设备，简单易行，采样时间长，测定的结果好。

4.3.5 采样效率及分析方法

采样效率是指在一定条件下，样品采集量占其总量的百分比，一般要求在95%以上。在实践中，由于污染物形态和浓度的变化，会影响采样效率，故需进行采样效率的评价。

4.3.5.1 绝对比较法

配置一已知浓度的标准气体,以需要进行评价的样品进行采样效率分析,该方法准确度高,但是由于施行起来较为困难,方法的应用受到一定的限制。理论计算公式如下:

$$K = \frac{C_1}{C_0} \times 100\% \qquad (4-1)$$

式中　K——采样效率;
　　　C_1——样品浓度;
　　　C_0——标准气体浓度。

4.3.5.2 相对比较法

配制浓度恒定但是未知的标准气体,串联两只以上的采样管采样,分别测试样品浓度。

$$K = \frac{C_1}{C_1 + C_2 + \cdots + C_n} \times 100\% \qquad (4-2)$$

式中,C_1,C_2,…,C_n 为第1、第2、第 n 次采样样品浓度。

采样公式表明,第一次采样管浓度所占比例越高,采样效率越高。一般情况下要求 K 大于90%以上。当采样效率过低时,应当更换采样管、吸收剂、降低抽气速度等措施提高采样效率。

4.4　气态污染物的测定

大气中气态污染物的种类繁多,我国现行规范要求主要的检测对象是二氧化硫、氮氧化物和一氧化碳。此外根据实际要求,可以选择性测定总碳氢化合物、氟化物、光化学氧化剂等污染物。

4.4.1　二氧化硫的测定

大气中的含硫污染物主要有 H_2S、SO_2、SO_3、CS_2、H_2SO_4 和各种硫酸盐,主要来源于煤和石油燃料的燃烧、含硫矿石的冶炼等生产过程。二氧化硫对人体健康的主要影响是造成呼吸道疾病。作为大气污染的主要指标之一,二氧化硫在大气中广泛存在,且影响最大,因此,在硫氧化物的检测中常常以二氧化硫为代表。

二氧化硫的测定方法很多,实际工作中应根据分析目的、时间和实验室条件等因素选择合适的方法。下面主要介绍甲醛缓冲溶液吸收-盐酸副玫瑰苯胺分光光度法(GB/T 15262—1994)和四氯汞钾溶液吸收-盐酸副玫瑰苯胺分光光度法(GB 8970—1988)。

4.4.1.1 甲醛缓冲溶液吸收-盐酸副玫瑰苯胺分光光度法

该方法由于避免使用含汞的吸收液,因此毒性较低,但是灵敏度高,选择性和检出性较好。

A 基本原理

大气中的二氧化硫被甲醛缓冲溶液吸收后,生成稳定的羟甲基磺酸加成化合物。在溶液中加入氢氧化钠使得加成化合物分解,释放出的二氧化硫与副玫瑰苯胺、甲醛作用,生成紫红色化合物,在分光光度计上测得相应吸光度后计算出二氧化硫含量。

B 注意事项

该方法测定二氧化硫含量时,容易受到大气中氮氧化物、臭氧和某些重金属元素的干扰。因此在测定过程中,可以加入氨磺酸钠溶液和环己二胺四乙酸二钠分别消除氮氧化物和金属离子的干扰,样品放置一段时间臭氧即可自动分解。另外当一定量样品(10mL)中含有的金属离子量小于50μg时,试验测定结果受到的干扰可以忽略不计。

C 采样分析

采用本方法采集大气中二氧化硫时,应保持环境温度为19~23℃,如果采样时间较短,流速宜为0.5L/min,当需要24h连续采样时,流速应当控制在0.2~0.3L/min。

4.4.1.2 四氯汞钾溶液吸收-盐酸副玫瑰苯胺分光光度法

A 基本原理

二氧化硫被四氯汞钾溶液吸收后,生成稳定的二氯亚硫酸盐配合物,该配合物与甲醛及盐酸副玫瑰苯胺作用,生成红色配合物。在一定浓度范围内,符合比尔定律,其色泽深浅与吸收液中二氧化硫含量成正比,可用分光光度计测量二氧化硫含量。

B 采样分析

采用该方法测定大气中的二氧化硫时有两种方法,一种是显色液含有较高浓度的磷酸(pH值为1.2±0.1),显色后溶液呈现蓝紫色,最大吸收峰在575nm处,试剂的空白值较低,检出限为0.015mg/m^3;另外一种显色剂含有较低浓度的磷酸溶液(pH值为1.6±0.1),显色后为红紫色,最大吸收峰为548nm,试剂空白值较高,检出限为0.025mg/m^3。

液体样品经分光光度计检测出浓度后,可以按下式计算出气体样品中二氧化硫含量:

$$C_{SO_2} = \frac{\alpha - \alpha_0}{V} \times D \tag{4-3}$$

式中 V——参比状态下的气体体积,L;

α——液体样品中二氧化硫含量，μg；

α_0——空白样中二氧化硫含量，μg；

D——液体样品稀释因次。

C 注意事项

在测定样品时需要加入氨基磺酸铵，消除氮氧化物的影响；加入磷酸和EDTA二钠盐以消除重金属影响；样品静止一段时间（20min）后臭氧分解，消除其对二氧化硫分析的影响。温度对显色影响较大，温度越高空白值越大。温度高时显色快，褪色也快，最好用恒温水浴控制显色温度。为了消除温度、酸度等条件影响，空白试验和水样试验应尽量保持相同的操作条件。

4.4.2 氮氧化物的测定

大气中的氮氧化物包括 N_2O、NO、NO_2、N_2O_3 的氧化物和亚硝酸、硝酸等气溶胶，主要来源于硝酸、硫酸工业、硝化工业等生产过程和汽车尾气排放。大部分氮氧化物不稳定容易分解，因此大部分氧化物为 NO_2 和 NO。大气中的 NO_2 和 NO 毒性大，可直接危害人和动植物，也可经光化学反应，产生光化学烟雾，造成危害更大的二次污染。

氮氧化物的测定主要有盐酸萘乙二胺分光光度法（G·S法）和化学发光法。

4.4.2.1 盐酸萘乙二胺光度法

A 基本原理

气体经收集并氧化后，与由对氨基苯磺酸和盐酸萘乙二胺配成的显色剂发生显色反应，颜色的深浅与溶液中 NO_2 的浓度成正比。液体样品经分光光度计测定吸光度后，可以计算出大气中氮氧化物的含量。

B 采样分析

NO 不与显色剂发生反应，试验过程中，可以制备两份相同样品，一份样品通过三氧化铬-砂子氧化管将 NO 氧化为 NO_2，然后通过吸收液显色；另一份直接通入吸收液显色，两份试样测试出来的氮氧化物浓度差就是 NO 的含量。

采用此方法测定大气中 NO_2 时，由于 NO 不能完全转化为 NO_2，在计算过程中，应用转化系数0.76加以修正。

综合考虑上述原因，配制好的液体样品，使用分光光度计在540nm处测定标准溶液、样品溶液和空白溶液的吸光度，根据下式计算出气体中二氧化氮的含量：

$$C = \frac{(\alpha - \alpha_0)V_s}{V_r V_s'} \times 0.76 \qquad (4-4)$$

式中 α——吸收液中 NO_2 的含量，μg；

α_0——空白液中 NO_2 的含量，μg；

V_s——水样体积，mL；

V_s'——测定用的水样体积，mL；

V_r——参比状态下的气样体积，L；

0.76——转化系数。

C 注意事项

显色剂配制过程中，没有受到 NO_2 污染时溶液无色，否则显微红色，当受到污染时应重新配制显色剂。另外，在采样、运送和保存中应采取避光措施，以避免光照对显色反应的影响。

4.4.2.2 化学发光法

化学发光法的测定原理是利用 NO 和臭氧反应，生成激发态的氮氧化物（NO_2^*），NO_2^* 极不稳定，很快恢复至基态 NO_2，此过程中出现发光现象，而光线强度与 NO 浓度成正比。该方法测试样品的灵敏度高，选择性好，且可以连续自动检测。

试验过程中，直接应用此法可以测出气样中 NO 含量，如果将气样通过装有碳钼等催化剂的装置，可以将 NO_2 还原为 NO，然后再与臭氧反应，可以测出大气中全部氮氧化物含量。因此，在适当条件下，可以测出气样中 NO、NO_2 或者全部氮氧化物的含量。

4.4.3 臭氧的测定

臭氧是大气中的微量气体成分之一，大部分集中在平流层，可以有效吸收太阳的紫外辐射而保护地球环境。少量存在与对流层中，是氧化性光化学烟雾的主要参与者。光化学烟雾中的臭氧对人体有强烈的刺激性和强氧化性，可引起流泪、眼睛刺痛、头痛、目眩等症状。

大气中臭氧的测定方法主要有分光光度法、紫外光度法、化学发光法等。我国主要采用前两种方法测定空气中臭氧含量。

4.4.3.1 靛蓝二磺酸钠分光光度法

A 基本原理

空气中的臭氧在磷酸盐缓冲剂的存在下，与吸收液中的蓝色靛蓝二磺酸钠反应生成靛红色的二磺酸钠，并在 610nm 处测量吸光度。

B 注意事项

空气中的二氧化氮、二氧化硫、硫化氢、氯气、二氧化氯等气体达到一定浓度时，会对臭氧的测定产生不利影响，浓度较低的情况下，这些影响作用可以忽略不计。试验测试材料应选用惰性材料（硅橡胶管），因为聚氯乙烯管、橡皮管会分解臭氧，使测试结果偏低。

4.4.3.2 紫外分光光度法

A 基本原理

臭氧分子中的三个氧原子具有不同的电子键，在紫外光照射下，电子吸收紫外光后产生能级跃迁。臭氧分子在254nm处吸收紫外光，并且吸收程度与臭氧浓度之间符合朗伯-比尔定律。因此采用紫外臭氧分析仪测定紫外光通过臭氧后的减弱程度可以计算出臭氧浓度。

B 注意事项

大气中常见气体不会对臭氧的测定产生干扰，但是少数有机物如苯、苯胺、苯乙烯等以及颗粒物对臭氧的测定产生干扰。臭氧很活泼，与很多物质接触易分解，因此检测仪器的材料宜用惰性材料。

4.4.4 一氧化碳的测定

大气中的一氧化碳主要来源是炼焦、炼钢、炼铁、汽车尾气等过程中燃料不完全燃烧的产物。一氧化碳无色无臭，能与血红蛋白有极强的亲和力，使血液输送氧的能力大大降低而危害人体健康。

监测空气中的一氧化碳含量，主要利用其对特定光线的吸收特性以及其他物理化学性质，常见的分析方法有非色散红外线法、气相色谱法、间接冷原子吸收法等。我国所采用的方法为非色散红外线法（GB 9801—1988）。

4.4.4.1 基本原理

一氧化碳气态分子对特定波长（$1 \sim 25 \mu m$）的红外光吸收强度与一氧化碳的浓度之间的关系遵守朗伯-比尔定律，非色散红外法就是依据此原理使一定浓度的一氧化碳通过测试器，根据红外光线强度的变化而对一氧化碳浓度进行定量分析。

4.4.4.2 采样分析

一氧化碳采样分析可以采取连续采样现场分析和实验室分析两种方法。现场采样分析时，可以将一氧化碳直接通入红外分析仪测定，如将一氧化碳带回实验室，则需要用双联球将气样挤入采样袋（重复3～4次），记录采样地点、采样时间、采样袋编号和采样状态等。

4.4.4.3 注意事项

在测定一氧化碳浓度时，一氧化碳对红外线的吸收峰在$4.5 \mu m$处，而水蒸气在$3 \mu m$和$6 \mu m$附近，二氧化碳在$4.3 \mu m$附近吸收红外线，因此在试验过程中应消除水蒸气和二氧化碳的干扰。

针对上述两种气体的干扰，可以在气体滤波室消除水蒸气和二氧化碳的干扰。或者采取冷却除湿法去除水蒸气，用窄带光学滤光片将红外光限制在一氧化碳吸收的范围内消除二氧化碳的干扰。

4.5 颗粒污染物的测定

大气颗粒物包括总悬浮颗粒物、降尘和飘尘。总悬浮颗粒物含量是大气质量的一个重要指标；降尘是生态环境，特别是农业生态环境的主要污染物之一；飘尘（可吸入颗粒）是居住区大气有害物质的重要限制对象。大气环境除颗粒物的浓度影响外，它的化学成分造成的危害，也不可忽视。因此，大气检测中，测定总悬浮颗粒物、自然沉降颗粒物（降尘）、可吸入颗粒物（飘尘）及其所含的有害成分是有重要意义的。

4.5.1 总悬浮颗粒物的测定

总悬浮颗粒物(TSP)是指悬浮在空气中，当量直径小于 $100\mu m$ 的颗粒物。总悬浮颗粒物可分为一次颗粒物和二次颗粒物。一次颗粒物是由天然污染源和人为污染源释放到大气中直接造成污染的物质，如风扬起的灰尘、燃烧和工业烟尘。二次颗粒物是通过某些大气化学过程所产生的微粒，如二氧化硫转化为硫酸盐。

4.5.1.1 总悬浮颗粒物的测定原理

空气通过具有一定切割特性的采样器，用抽气动力抽取一定体积的空气通过恒重滤膜，则空气中的小于 $100\mu m$ 的颗粒物被阻留在滤膜上，根据采样前后滤膜质量差及采样体积即可计算出 TSP 的质量浓度。滤膜经处理后，可进行化学组分分析。

4.5.1.2 测定步骤

A 准备滤膜

（1）在过滤器上安装滤膜之前，用 X 光看片机检测每张滤膜是否有针孔或缺陷。若滤膜上不存在针孔或缺陷，则在滤膜光滑表面以及相应的滤膜袋上打印相同的编号，否则弃用滤膜。

（2）将滤膜在恒温（15~30℃）恒湿（45%~55%）箱内平衡24h。

（3）滤膜称重，大流量采样器精确值1.0mg，小流量采样器精确至0.1mg。

（4）将称重后的滤膜平整地放在滤膜保存盒中，且存放过程中滤膜不能弯曲或折叠。

B 样品采集

（1）用洁净的干布擦去采样针、滤膜夹上的灰尘。

（2）将已编号的滤膜毛面向上放在滤膜网托上，然后放滤膜夹，使其不漏气。按采样器使用说明操作，记录采样时间，开始采样。

（3）记录采样期间现场平均环境湿度与平均大气压。

（4）采样结束后，打开采样头，用镊子取下滤膜，毛面向里对折滤膜，放入编号相同的滤膜袋内。如若发现滤膜损坏，或滤膜上尘的边缘轮廓不清晰、滤膜安装歪斜等,表示采样时漏气,应重新采样。

C 滤膜称量

(1) 尘膜放在恒温恒湿箱内,用同空白滤膜平衡条件相同的温度、湿度,平衡24h。

(2) 滤膜称重,大流量采样器精确值1.0mg,小流量采样器精确至0.1mg。

(3) TSP含量测定。TSP含量测定可用大流量采样法(70~100m³/h,滤膜直径200mm)或者低流量(7~10m³/h,滤膜直径80mm)。按下式计算TSP浓度(mg/m³):

$$TSP = \frac{W}{Q_n t} \tag{4-5}$$

式中 W——阻留在滤膜上的TSP质量,mg;

Q_n——标准状态下的采样流量,m³/min;

t——采样时间,min。

4.5.1.3 总悬浮颗粒物中组分分析

总悬浮颗粒物中常见的金属元素和非金属元素化合物有铍、铬、铁、铅、铜、锌、镉、镍、钴、锰、砷、硫酸盐、硝酸盐、氯化物等,它们多以气溶胶形式存在。其测定方法分为需要样品预处理和不需要样品预处理两大类。由于不需要样品预处理的测定方法仪器昂贵,样品经预处理后再测量的方法应用广泛。

目前常用的样品预处理方法包括酸式分解法、干式灰化法和水浸取法。它们分别在酸(盐酸、硝酸、硫酸、磷酸、高氯酸等)、高温(400~800℃)和盐(硫酸盐、硝酸盐、氯化物)等环境下消解样品,进而确定颗粒物中的元素。

4.5.2 降尘的测定

降尘是指大气中自然降落于地面上的颗粒物,其粒径多在10μm以上。目前普遍采用重量法测定大气中降尘含量,一般以每月每平方公里面积上沉降的吨数表示,即t/(km²·30d)。

4.5.2.1 基本原理

空气中可沉降的颗粒物沉降在装有乙二醇水溶液中做收集液的集尘缸内,经蒸发、干燥、称重后可计算出降尘总量和降尘中可燃物的量。

4.5.2.2 采样

(1) 采样前。向集尘缸内加入一定量乙二醇60~80mL和适量水。加好后,集尘缸口用塑料袋密封后送至采样点,取下塑料袋开始收集样品。记录集尘缸编号、地点和采样时间。

(2) 样品收集。按月定期更换集尘缸。将集尘缸按照采样顺序罩上塑料袋，带回实验室，在 5 天之内分析完毕。在多雨季节，样品收集过程中应注意不要使水溢出，并且及时更换集尘缸，把采集的样品合并后进行测量。

4.5.2.3 样品测量

A 瓷坩埚准备

将 100mL 的瓷坩埚洗净并编号，在 105℃烘箱内烘 3h，取出放在干燥器内冷却 50min，称重，在 105℃下继续烘 50min，再次冷却 50min 且称重，并记录此时数值 W_0。将瓷坩埚在马弗炉内 600℃条件下灼烧 2h，待温度降至 300℃以下时取出放入干燥器中，冷却 50min 并称重。再次在马弗炉内 600℃条件下灼烧 1h，冷却，称量至质量恒定并记录为 W_c。

B 降尘总量测定

首先用尺子测量集尘缸至少 3 处位置内径取平均值，然后用干净的镊子将集尘缸内杂物取出并用水将杂物上尘粒洗脱至缸内，用淀帚清扫集尘缸内壁，将缸内溶液和尘粒全部转移至 500mL 烧杯中，在电热板上蒸发溶液至 10~20mL，待烧杯冷却后用水和淀帚将烧杯内壁的溶液和尘粒全部转移至已恒重的瓷坩埚内。接着将瓷坩埚放在搪瓷盘内，在电热板上加热，最后放在 105℃烘箱内烘干并称量至恒重，记录此时重量为 W_1。

降尘总量可按下式计算：

$$M = \frac{W_1 - W_0 - W_c}{S \times n} \times 30 \times 10^4 \qquad (4-6)$$

式中 M——降尘总量，t/(km²·30d)；

W_1——降尘、瓷坩埚和乙二醇水溶液蒸发干并在 (105±5)℃恒重后的质量，g；

W_0——在 (105±5)℃烘干后的瓷坩埚质量，g；

W_c——与采样操作等量的乙二醇水溶液蒸发干并在 (105±5)℃恒重后的质量，g；

S——集尘缸缸口面积，cm²；

n——采样天数，精确到 0.1d。

C 降尘内可燃物测量

将上述步骤中已测降尘总量的瓷坩埚放在马弗炉内，在 600℃条件下灼烧 3h，在炉内温度降至 300℃以下时取出放在干燥器内，冷却 50min 后称重。再次在 600℃条件下灼烧 1h，冷却 50min 后称重，记录此时重量为 W_2。

将与采样操作等量的乙二醇水溶液，放入 500mL 的烧杯中，在电热板上蒸发浓缩至 10~20mL，然后将其转移至已恒重的瓷坩埚内，将瓷坩埚放在搪瓷盘中，再放在电热板上蒸发至干，于 (105±5)℃烘干，按上述步骤称量至恒重，

即为 W_d。然后将瓷坩埚放入马弗炉中在 600℃ 灼烧,按上述步骤称量至恒重,即为 W_b。

降尘内可燃物质量可按下式计算。

$$M' = \frac{(W_1 - W_0 - W_c) - (W_2 - W_b - W_d)}{S \times n} \times 30 \times 10^4 \tag{4-7}$$

式中　M'——可燃物,$t/(km^2 \cdot 30d)$;
　　　W_b——瓷坩埚于 600℃ 灼烧后质量,g;
　　　W_2——降尘、瓷坩埚及乙二醇水溶液蒸发残渣于 600℃ 灼烧后的质量,g;
　　　W_d——与采样操作等量的乙二醇水溶液蒸发残渣于 600℃ 灼烧后的质量,g;
　　　S——集尘缸缸口面积,cm^2;
　　　n——采样天数,准确至 0.1d。

4.5.3　可吸入颗粒物的测定

可吸入颗粒物（IP）,指粒径小于 10μm 的颗粒物称为飘尘。它易被吸入人体,引起中毒致癌、恶化视力并影响动植物生长。测定飘尘的方法有质量法、压电晶体振荡法、β 射线吸收法及光散射法等。

4.5.3.1　质量法

根据采样流量不同,分为大流量采样质量法和小流量采样质量法。

大流量法是使一定量的空气通过带有入口分级切割器的方法。该采样器将粒径大于 10μm 颗粒物分离出去,小于 10μm 的颗粒物被收集在预先恒重的滤膜上,根据采样前后滤膜质量之差及采样体积,即可计算出颗粒物的浓度。

小流量法使用小流量采样器,使一定体积的空气通过具有分离和捕集装置的采样器,将大粒径的颗粒物阻留在撞击挡板的入门挡板内,飘尘则通过入口挡板被捕集在预先恒重的玻璃纤维滤膜上,根据采样前后的滤膜质量及采样体积计算飘尘的质量浓度,用 mg/m^3 表示。

4.5.3.2　压电晶体振荡法

这种方法是以石英振荡器为测定飘尘的传感器。气体中颗粒首先经过粒子切割器后,小于 10μm 的飘尘进入测量气室。进样前后石英振荡器的振荡频率发生变化,并且变化量与振荡器上集尘量成正比关系。据此,我们可以通过测量振荡器频率的变化来间接得到飘尘浓度。

4.5.3.3　β 射线吸收法

该方法的测量原理是 β 射线通过特定物质后,其强度衰弱程度仅与所透过的物质质量有关,而与物质的物理、化学性质无关。由此,可以通过测定清洁滤袋和采尘滤袋对 β 射线吸收程度的差异来测定积尘量,并根据气体样品体积进而得知大气中含尘浓度。

4.6 固定污染源监测

大气污染源可以分为固定污染源和流动污染源两种。前者指工业生产和居民生活所用的烟道、烟囱及排气筒等，它们排放的废气包括烟尘、粉尘、气态和气溶胶态物质。后者指柴油机、汽车等交通运输工具，排放的废气包括烟尘和有害气体。

4.6.1 固定污染源样品的采集

采样位置首先应便于工作人员采样，不应对工作人员造成危害。其次，采样点应选择垂直管段，避免管道变径、阀门、弯头的部位。气体在管道中混合均匀，采样较为方便，但是应避开漩涡区；颗粒物采样时应在下游不小于 6 倍管径，在上游不小于 3 倍管径的地方。因此，采样点的位置和数目应考虑烟道的走向、形状、截面积大小等，并根据《固定污染源排气中颗粒物的测定与气态污染物采样方法》中规定的固定污染源中颗粒物的采样、测定、计算方法和固定污染源中气体污染物的采样方法进行固定污染源样品的采集。

4.6.2 固定污染源的监测

4.6.2.1 基本状态参数的测定

烟气的基本状态参数包括温度、压力、流速和含湿量，它们是计算烟尘、烟气中有害物质浓度的依据。

A 温度

测量烟道温度的仪器有热电偶、电阻和玻璃温度计。当测量温度不高时可以使用玻璃温度计，点偶温度计可以测量 800~1600℃ 的烟气。测量时应将温度计放于管道中间，待温度稳定后读数。

B 压力

烟道压力分为全压、静压和动压，分别表示管道气体流动时的总能量、势能和动能，总能量为势能和动能之和。烟气压力可由测压管和压力计测量得到。

C 烟气速度

烟气流速与烟气温度和压力相关，根据采样点的动压、静压和温度等参数，可以计算得到管道烟气流速。

D 烟气量

烟气量指烟气流量管道单位有效截面的通过量，由采样点管道断面面积乘以烟气流速得到。

E 含湿量

烟气含湿量指湿空气中,与1kg干空气同时并存的水蒸气量。烟气中水分常用的测定方法包括冷凝法、重量法和干湿球法。试验过程中可以根据不同的测定对象选择测定方法。

4.6.2.2 烟气浓度的测定

测定原理是让一定体积的烟气通过已知质量的捕尘装置,根据捕尘装置采样前后的质量差和采样体积计算烟尘的浓度。

A 采集样品

气体样品采集方法根据试验的不同目的,可以分别采用定点采样和移动采样。定点采样适用于测定烟道内烟尘的分布状况和确定烟尘的平均浓度,采样时在每个采样点采用等速采样法采集一个样品;移动采样法是用于测定烟道不同断面上烟气中烟尘的平均浓度,采样时在每个采样点上移动采样且要求采样时间相同。

由于气体分子惯性小,容易改变方向,而尘粒惯性大,不容易改变方向,在采样过程中采样速度对最终结果影响很大。如果采样速度小于采样点烟气流速,则结果偏高,否则偏低,只有当采样速度和烟气速度相等时,采集烟气浓度才为实际烟气浓度。常见的采样方法有预测流速法、平行采样法和等速管法。

(1) 预测流速法。在采集样品之前预先测定烟气温度、压力、含湿量等,计算出烟气流速,然后结合采样器直径计算出等速条件下采样量。

(2) 平行采样法。该方法是根据毕托管压力变化与采样量之间的关系,采样量随着毕托管压力的变化而即时调整。

(3) 等速管法。该方法是利用特质的压力平衡型等速采样管采样,不需要预先计算出烟气流速、温度、压力等参数,操作简单且精度较高。

B 浓度计算

一定体积的烟气通过已知质量的捕尘装置,根据采样前后捕尘器质量的变化和烟气体积,计算出烟尘的质量浓度。

定点采样时,烟气平均浓度与各个采样点的面积、烟尘浓度和烟气流速相关,计算公式如下:

$$\bar{\rho} = \frac{\rho_1 v_1 A_1 + \rho_2 v_2 A_2 + \cdots + \rho_n v_n A_n}{v_1 A_1 + v_2 A_2 + \cdots + v_n A_n} \tag{4-8}$$

式中 $\bar{\rho}$——烟气中烟尘平均质量浓度,mg/m³;

v_i——采样点烟气流速,m/s,($i = 1, 2, \cdots, n$);

ρ_i——采样点烟尘的质量浓度,mg/m³,($i = 1, 2, \cdots, n$);

A_i——采样点的界面积,m²。

4.6.2.3 烟气组分的测定

烟气组分分析的主要任务是监测气体的组成和有害气体的含量。主要的气体组分包括碳、氮、氧和水蒸气等。测定这些组分可以考察燃料燃烧的情况和为烟尘测定提供计算的烟气气体常数的数据。有害组分包括一氧化碳、氮氧化物、硫氧化物和硫化氢等。

A 烟气样品的采集

由于气态物质分子质量极轻且在烟道内分布较为均匀，因此采样时不需要多点采样和等速采样，只需要在烟道中心任意点采集代表性气样。

由于烟道中气体温度极高，温度高，并且烟尘和有害气体浓度大容易腐蚀采样器，所以采样管宜采用不锈钢材料并做加热或保温处理，以减轻管道腐蚀和防止由水蒸气冷凝引起的组分损失，并且采样管头部应装有烟尘过滤器。

B 烟气组分的测定

测定烟尘中有害组分时，先用烟尘采集装置将烟尘捕集在滤筒上，再用适当的预处理方法将被测组分浸取出来制备成溶液以供测定。常用的浸取方法包括酸浸、水浸和有机溶剂浸取。例如铅、铍采用酸浸取，硫酸雾和铬酸雾采用水浸取，沥青烟采用有机溶剂浸取。常见的有害组分分析测定方法如表4-5所示。

表4-5 有害组分分析测定方法

组 分	测 定 方 法
一氧化碳	红外线气体分析法 奥氏气体分析器吸收法
二氧化硫	碘量法 甲醛缓冲溶液吸收-盐酸副玫瑰苯胺分光光度法
氮氧化物	中和滴定法 二磺酸酚分光光度法 盐酸萘乙二胺分光光度法
硫化氢	亚甲基蓝分光光度法 碘量法
二氧化硫	碘量法 乙二胺分光光度法
氟化物	硝酸钍容量法 离子选择电极法
有机硫化物	气相色谱法

4.7 大气污染物的生物监测

生物体内的污染物来自生物所处的环境，生物污染监测结果可从一个侧面反映与生物生存息息相关的大气污染的积累性作用。大气污染的生物监测就是利用生物个体、种群或群落对大气污染或变化所产生的反应，即通过生物在环境中的分布、生长、发育状况及生理指标和生态系统的变化来阐明大气污染状况，从生物学角度为大气环境质量的监测和评价提供依据的一种方法。

大气污染的生物监测包括微生物监测、动物监测和植物监测。由于动物具有回避能力，所以大气污染对动物的影响主要是改变局部地区的种群和群落结构，对动物个体发育和健康的影响远比植物小；而微生物较为复杂，因此目前尚未形成一套完整的监测方法。植物分布范围广，容易管理，当植物受到伤害，不少植物表现出明显伤害症状，因此广泛用于大气污染监测。

4.7.1 污染物在植物体内的分布

植物受污染物污染的主要途径包括表面附着和吸收等，而污染物的分布规律与植物吸收污染物的途径、植物和污染物种类等因素相关。

4.7.1.1 表面附着

污染物以物理的方式黏附在植物表面的现象称为表面附着。污染物的附着量与植物的表面积、表面形状、污染物性质和状态有关。表面积大、表面粗糙、有绒毛的植物其附着量大，黏度大或粉状污染物在植物上的附着量也比较大。如茶叶、青菜等叶类植物具有较大的表面积，污染物的附着量比较多。

4.7.1.2 植物吸收

植物对污染物的吸收分为主动吸收和被动吸收。主动吸收指植物利用细胞代谢过程中产生的能量进行的吸收作用，被动吸收是指污染物在植物细胞内外的浓度差引起的扩散作用实现。前者与污染物性质和植物的品种关系密切，后者吸收量的大小与污染物性质、浓度以及与植物的接触时间有关。例如气态氟化物被吸收后主要通过植物叶面的气孔进入叶肉组织，首先溶解在细胞壁水分内，一部分被叶肉细胞吸收，最终在叶尖和叶缘积累。

4.7.1.3 污染物在植物体内的分布

植物吸收大气中的污染物之后，污染物在植物体内的分布与植物种类、污染物性质和吸收污染物的途径等因素有关，例如随着土壤中镉含量的增加，一部分植物根部含镉量高于叶部，但是萝卜和胡萝卜却相反，叶部含量较高。不过通常情况下残留量在叶子内积累量最多。因此常以植物叶子形状的改变作为观测重点。

4.7.2 大气污染对植物的影响

大气中有害气体种类较多，影响较大的有害气体是二氧化硫、氟化氢、氮氧化物等。有害气体对植物的影响主要表现在以下几个方面：

（1）对群落的影响。在有害气体长期存在的情况下，植物群落种类中的敏感种类减少或消失,抗性强的种类保存下来,甚至发展,与生态环境基本相同的植物群落组成相比较,种类组成和面积减少。

(2) 对个体的影响。主要表现在个体生长缓慢、发育受阻、失绿发黄和早衰等症状。

(3) 对组织器官的影响。有害气体能使叶组织坏死、出现伤斑,而且不同气体使叶片出现不同伤斑,因此各种有害气体对叶片上的症状特征是评定空气污染等级的主要依据。

(4) 对细胞和细胞器的影响。在某些有害气体作用下,细胞膜系统的适应性被破坏引起水分和离子平衡失调,光合作用下降。例如大气中臭氧达到一定浓度时,可以使膜类脂发生过氧化,干扰它们的生物合成,进而影响整个细胞的代谢过程。

(5) 对酶系统的影响。污染物通过酶系统的作用而影响生化反应,导致代谢破坏。例如氟化物是多种酶的抑制剂,能显著地抑制糖酵解途径中的烯醇化酶。

4.7.3 大气污染指示植物的选择

对大气污染物具有一定敏感度和抗性的植物,均可作为指示物用于大气污染的检测。敏感程度不同的植物,在大气污染时表现出不同的伤害症状,可以反映大气的污染程度。但是为了能够较为迅速和准确地监测大气环境,常采用敏感性植物作为监测植物。针对不同污染物,选择有效的敏感植物可以依据下列4种方法:

(1) 现场比较评比法。本方法只是作为一种初步筛选监测植物的方法,要求工作人员具有较高的专业知识和工作经验。方法原理是在污染物种类已知的现场,观察污染源影响范围内植物叶片上的伤害症状和伤害面积,评比不同植物的抗性等级,由此选出受害最重的敏感植物作为指示植物。

(2) 栽培比较实验法。栽培法是将经过初步筛选出的敏感植物在污染区进行栽培,包括盆栽和地栽两种方法。盆栽法可以排除土壤系统各种因素的干扰,占用较少的土地,但是要求严格的管理技术。地栽法是把初步筛选的抗性植物栽种于污染环境中,经过一年以上的试验观察,如果植物生长正常,便是抗性极强的植物。

(3) 人工熏气法。该方法是在熏气室内把单一气体或者混合均匀的混合气体通入观察植物的生长环境。熏气实验法包括静态式熏气法、动态式熏气法和开定式熏气法。其中静态熏气法和动态熏气法的区别在于污染气体的流动状态,前者气体保持静止,后者气体保持动态平衡。人工熏气法可以人工控制试验条件,可以准确评价各类植物的敏感性。

(4) 浸熏法。浸熏法使用于对大量植物的初选工作。方法原理是将植物在人工配制的化学溶剂内浸泡1min，然后取出间隔24h后观察植物生长情况，由此来评价出敏感植物和抗性最强的植物。

4.7.4 利用植物检测大气污染

所谓植物的监测作用，就是利用某些植物对有害气体的敏感性，当有害气体在空气中达到一定的含量且此状况持续一段时间后，不同的植物就会表现出不同程度的伤害特性，反映出有害气体的大概浓度，作为大气污染程度的指示。大气污染物对植物的危害一方面决定于污染物的浓度，另一方面决定于植物自身所具有的抗性。

目前主要采用观察植物外观伤害症状（伤斑的部位、形状、颜色、叶龄）来判断植物受害程度。下面介绍几种常见有害气体对植物的伤害。

4.7.4.1 二氧化硫

当环境中二氧化硫浓度高于阈值时，植物表现出伤斑等性状。二氧化硫对植物的危害按照叶片、叶柄、整株植物的顺序发展，在此过程中不同植物的伤斑形状有所差异。例如阔叶颜色由白色变为淡黄色，禾本科植物由淡棕色变为白色等。在一定浓度的二氧化硫范围内，首先受伤害的是成熟叶，然后是老叶，最后为幼叶。这主要是因为幼叶抗性最强，成熟叶对二氧化硫浓度变化最敏感。部分植物的二氧化硫抗性的强弱如表4-6所示。

表4-6　植物对二氧化硫的抗性程度

抗性程度	植物种类
强	大叶黄杨、夹竹桃、女贞、臭桐、凤仙花、菊花、一串红、牵牛花、石竹、扫帚草、金盏菊、西洋白菜花等
较强	蜜橘、广玉兰、香樟、海桐、珊瑚树、龙柏、罗汉松、梧桐、石榴、白蜡、白杨等
弱	落叶松、向日葵、梨、雪松、苹果等

4.7.4.2 氟化物

大气中的氟化物包括HF、SiF_4、H_2SiF_6、F_2等，主要产生于冶炼工业和磷肥工业生产过程。氟化物对植物的刺激性强，且可以在植物体内累积，毒性比二氧化硫大10～100倍。

氟化物对植物的危害主要表现在可以使叶肉细胞产生质壁分离而死亡。当植物吸入HF后，常常在叶片尖端和边缘积累，首先受伤害的是叶尖，有时甚至整个叶片都可以坏死。叶龄越小的叶片对HF的抗性越差，因此一般情况下为幼叶先受害然后是老叶。部分植物的氟化物抗性的强弱如表4-7所示。

4.7 大气污染物的生物监测

表 4-7　植物对氟化物的抗性程度

抗性程度	植 物 种 类
强	夹竹桃、龙柏、罗汉松、小叶女贞、桑树、构树、无花果、丁香、木芙蓉、黄连木、竹叶椒、葱兰等
较强	大叶黄杨、珊瑚树、蚊母树、海桐、杜仲、胡颓子、石榴、枣等
弱	雪松、郁金香、杏、葡萄、紫薇、复叶槭等

4.7.4.3　二氧化氮

二氧化氮对植物的危害伤斑表现为条状或斑状不一的黄化现象，并引起叶片脱落。部分植物的二氧化氮抗性的强弱如表 4-8 所示。

表 4-8　植物对二氧化氮的抗性程度

抗性程度	植 物 种 类
强	加拿大杨、核桃、泡桐、油松、北京杨、白蜡树、杜仲等
较强	圆柏、侧柏、旱柳、桑树、毛白杨、银杏、栾树、五角枫等
弱	榆叶梅、连翘、复叶槭等

4.7.4.4　臭氧

空气中的臭氧经过气孔进入叶子细胞内部，破坏细胞膜结构进而引起细胞死亡，最终结果与植物种类和暴露的条件相关。部分植物的臭氧抗性的强弱如表 4-9 所示。

表 4-9　植物对臭氧的抗性程度

抗性程度	植 物 种 类
强	青海云杉、侧柏、圆柏、杜松、垂柳、馒头柳、河北杨、加杨、箭杆杨、毛白杨、关杨、刺槐、槐、紫穗槐、白榆、大叶榆、软梨、桑树、五角枫、欧洲丁香、华北丁香、核桃、日蒙柽柳、百日草
较强	油松、水杉、白蜡、桃、山桃杏、黄刺玫、复叶槭、旱柳、祀柳、枣、酸梨、苹果
弱	银白杨、贴梗海棠、连翘等

4.7.4.5　光化学烟雾

光化学烟雾主要引起叶片表皮细胞和叶肉中海绵细胞发生质壁分离，破坏叶绿素，在叶片上出现坏死带，严重时导致整片叶子变色。部分植物的光化学烟雾的强弱如表 4-10 所示。

表 4-10　植物对光化学烟雾的抗性程度

抗性程度	植 物 种 类
强	圆柏、侧柏、桑树、毛白杨、银杏、栾树、五角枫等
弱	紫薇、连翘、白蜡树、复叶槭等

4.7.5 大气污染的植物监测方法

用植物监测大气污染时,应该考虑风向、植物与污染源的相对位置和距离、叶片叶龄和污染物种类等因素的影响,只有这样才能取得可靠的结果。监测方法主要包括现场调查法、盆栽检测法和污染物含量分析法。

4.7.5.1 现场调查法

该方法是以污染区内现有植物为监测植物,在调查和试验的基础上,确定植物的抗性等级,将其分为敏感植物、较强抗性植物和强抗性植物,根据其在污染区内叶片形状的受害程度,分别对大气污染程度作出轻度污染、中度污染和严重污染的判断。

4.7.5.2 盆栽监测法

该方法是在未污染的环境中培养合适的盆栽植物,待植物达到合适生长期时,将其放置在污染区,观测植物的受害症状和程度,进而评定大气污染程度。

4.7.5.3 污染物含量分析法

A 叶片污染分析法

该方法是在监测点放置检测植物,经若干时间后分析被污染的叶片内污染物含量,由此来判断大气污染情况。在一定条件下,该方法还可以分析叶片中硫、氟、铅、镉的含量,以判断大气中相应污染物含量。

B 污染指数法

该方法是在叶片污染分析法的基础上,将被污染的叶片与洁净叶片中污染物含量进行比较,进而求出污染指数,再按照污染指数对空气污染程度分级,评价环境质量。

第5章 大气污染控制技术

　　空气、水、食物是人类生存的基本物质条件。如果断绝这三种物质的供应，则最先导致人类死亡的便是因空气的短缺，所以常说洁净的空气是人类生存的第一物质。近年来，由于人类活动所致，大量的有毒、有害物质排入到空气中，使空气质量急剧恶化，严重影响了人类的健康生存，于是人类便开始着手研究对空气污染进行控制，这便是空气污染控制工程。

　　空气污染的根源是排放源。主要的人为排放源有：工业和居民生活的燃料燃烧、工业生产过程、运输、垃圾焚烧等。同排放源相联的是源控制，它是利用净化设备或源自身处理过程来减少污染源排放到大气中的污染物数量。污染物经源控制设备出来后进入大气中，被大气稀释、迁移、扩散和化学转化。随后污染物就被监测器或人、动植物、材料感应到，发出反馈信息，对污染源进行自动控制或公众施加压力经过立法再进行控制。

　　典型的空气污染控制系统组成，如图5-1所示。

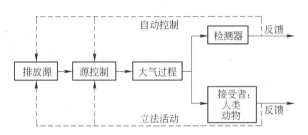

图5-1　空气污染控制系统

　　从图5-1可以看出，控制空气污染应从三个方面着手：（1）对排放源进行控制，以从根本上减少进入大气中的污染物量；（2）直接对大气进行控制，如采用大动力设备改变空气的流向和流速；（3）对接受者进行防护，如使用防尘、防毒面罩。在这三种防治途径中，只有第一种既是可行的又是最实际的。由此可见，控制大气污染的最佳途径是阻止污染物进入大气中。

　　完全、彻底消灭空气传染物的产生是不可能的。最科学、最合理的做法是将大气中的空气污染物削减到人类能承受的水平，那么这个"承受水平"是多少呢？这就需要研究污染物对人类的影响效应，再者由于大气是污染物的载体，它对污染物起着稀释、扩散、转化的作用，所以也必须对污染物在大气中的运动变

第5章 大气污染控制技术

化规律作研究。因此，大气污染工程的研究内容主要分布在三个领域：

(1) 大气污染物从污染源的产生机制及控制技术。

(2) 大气污染物在大气中的迁移、扩散、化学转化。

(3) 大气污染物对人类、生态环境、材料等的影响。

大气污染物从物理状态上可分为两大类：一是颗粒物；二是气态污染物。在空气污染控制工程中，对颗粒物的去除采用除尘技术，对气态污染物的去除采用吸收等方法。

5.1 颗粒污染物的控制

颗粒污染物治理技术是我国大气污染治理的重点，而大气污染治理中涉及的颗粒，一般是指所有大于分子的颗粒。但实际的最小限界为 $0.01\mu m$ 左右。充分认识粉尘颗粒的大小等物理特性和除尘器性能等除尘技术基础，对选择、设计、使用各类除尘装置有很大的帮助。

5.1.1 粉尘的粒径和性质

5.1.1.1 粉尘的粒径及其分布

A 单一颗粒的粒径

粉尘颗粒大小的不同，其物理、化学特性不同，不但对人和环境的危害不同，而且对除尘器的除尘机制和性能影响很大，是粉尘的基本特性之一。

如果粒子是大小均匀的球体，则可用其直径作为粒子大小的代表性尺寸，并称为粒径。但在实际上，不仅粒子的大小不同，而且形状也各种各样，则需按一定的方法确定一个表示粒子大小的最佳的代表性尺寸，作为粒子的粒径。

一般是将粒径分为代表单个粒子大小的单一粒径和代表由各种不同大小的粒子组成的粒子群的平均粒径。粒径的单位一般以微米（μm）表示。

(1) 定向直径 d_F，也称菲雷特（Feret）直径，为各粒子在平面投影图上在同一方向上的最大投影长度（图 5-2（a））。

(2) 定向面积等分直径 d_M，也称马丁（Martin）直径，为各粒子在平面投影图上按同一方向将粒子投影面积二等分的线段的长度（图 5-2（b））。

(3) 投影圆等值直径 d_H，也称黑乌德（Heywood）直径，为与粒子投影面积相等的圆的直径（图 5-2（c））。若粒子的投影面积为 A，则 $d_H = (4A/\pi)^{1/2}$。

根据黑乌德测定分析表明，同一粒子的 $d_F > d_H > d_M$，并随其长短轴之比 l/b 增大，偏差增大。

(4) 筛分直径，系指粒子能够通过的最小方孔的宽度。工业生产中广泛应用筛分法测定较大粒子（一般大于 $60\mu m$）的粒径。

(5) 等体积直径 d_e，为与被测粒子体积相等的球的直径，其定义式为 $d_e =$

5.1 颗粒污染物的控制

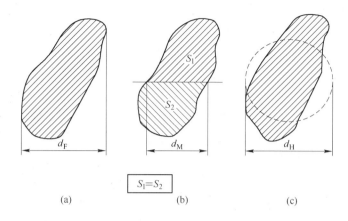

图 5-2 三种表示粒子粒径的方法

$(6V/\pi)^{1/3}$，式中 V 是粒子的体积。等体积直径可用于研究大气的能见度等。

（6）沉降直径（或斯托克斯直径）d_s，为在同一流体中与被测粒子的密度相同、沉降速度相同的球的直径。

（7）空气动力学直径 d_a，为与被测粒子在空气中的沉降速度相同、密度为 $1g/cm^3$ 的球的直径。

沉降直径和空气动力学直径是除尘技术中应用最多的两种直径，原因在于它们与粒子在流体中运动的动力特性密切相关。关于它们的计算将在后面章节介绍。

（8）分割粒径（或称临界粒径）d_c 系指某除尘器能捕集一半的粒子的直径，即除尘器分级效率为 50% 的粒子的直径。这是一种表示除尘器性能的很有代表性的粒径。

粒径的定义方法不同，所得粒径数值不同，应用场合也不同。

B 粉尘粒径分布

粒径分布，简单地说是指某一粒子群中不同粒径的粒子所占的比例，亦称粒子的分散度。若以粒子的个数所占的比例来表示时称为粒数分布；以粒子的质量表示时称为质量分布；以粒子的表面积表示时称为表面积分布。由于质量分布更能反映不同粒径粉尘对环境和除尘器性能的影响，所以在除尘技术中多采用质量分布来表示粒径分布。粒径分布的表示方法有表格法、图形法和函数法。

5.1.1.2 粉尘的物理性质

A 粉尘的密度

单位体积中粉尘的质量称为粉尘的密度，单位为 kg/m^3 或 g/cm^3。

由于粉尘产生的情况不同，测试条件不同，获得的密度值亦不同。所以一般将粉尘的密度分为真密度和堆积密度等不同的概念。

以真实体积所得的密度称为粉尘的真密度,常用符号 ρ_p 表示。粉尘在自然堆积状态下,颗粒之间和颗粒内部都存在空隙。以堆积体积求得的密度称为粉尘的堆积密度,常用符号 ρ_b 表示。

对于一定种类的粉尘,其真密度为一定值,而其堆积密度则随空隙率(是指粉尘粒子间的空隙体积与堆积粉尘的总体积之比值,常用符号 ε 表示)而变化。粉尘的空隙率与堆积粉尘的种类、粒径及粉尘的充填方式等多种因素有关。粉尘愈细,吸附的空气愈多,ε 值愈大;充填过程加压或进行振动,则 ε 值减小。可见,同一种粉尘的 $\rho_b \leqslant \rho_p$。

粉尘的真密度应用于研究尘粒在气体中的运动等方面,而堆积密度则应用于存仓或灰斗的容积的计算等方面。

B　粉尘的比表面积

粉状物料的许多物理、化学性质实质上与其表面积有很大关系,细粒子往往表现出显著的物理、化学活性。

粉尘的比表面积是指单位体积(或质量)粉尘所具有的表面积。粉尘的比表面积增大,其物理和化学活性增强,在除尘技术中,对同一粉尘来说,比表面积越大越难捕集。

C　粉尘的润湿性

粉尘粒子与液体附着的难易程度称为粉尘的润湿性。当尘粒与液体接触时,接触面能扩大而相互附着,就是能润湿;反之,接触面趋于缩小而不能附着,则是不能润湿。一般根据粉尘能被液体润湿的程度将粉尘大致分为两类:容易被水润湿的亲水性粉尘和难以被水润湿的疏水性粉尘。粉尘的润湿性除与粉尘的粒径、生成条件、组成、温度、含水率、表面粗糙度及荷电性等性质有关外,还与液体的表面张力、黏附力和与液体接触方式有关。此外,粉尘的润湿性还随压力的增加而增加,随温度升高而减小,随液体表面张力减小而增强。

粉尘的润湿性是选择除尘器的重要依据之一,亲水性粉尘可选用湿式除尘器,而疏水性粉尘则不宜采用湿式除尘。

某些粉尘如水泥、熟石灰和白云石粉尘等,虽是亲水性的,但一旦吸水后就形成了不溶于水的硬垢。一般将这一类粉尘称为水硬性粉尘。由于水硬性粉尘容易在管道、设备内结垢,造成堵塞,所以不宜采用湿式除尘装置。

D　粉尘的荷电性及导电性

a　粉尘的荷电性

粉尘在其产生及运动过程中,由于相互碰撞、摩擦、放射线照射、电晕放电及接触带电体等原因,几乎总是带存一定量的电荷。粉尘荷电后将改变其某些物理性质,如凝聚性、附着性及在气体中的稳定性等。粉尘的荷电量随温度增高、表面积加大和含水率减小而增大,还与其化学成分及外部的荷电条件等有关。

b 粉尘的比电阻

粉尘的导电性与金属导线类似，也用电阻率表示，单位用 $\Omega \cdot cm$。但粉尘层的导电不仅靠粉尘颗粒内的电子或离子发生的所谓容积导电，还靠颗粒表面吸附的水分和化学膜发生的所谓表面导电。对于电阻率高的粉尘，温度较低时（约为100℃以下）主要靠表面导电；温度较高时（约在200℃以上）主要靠容积导电。因此，粉尘的电阻率与测定时的条件有关。如气体的温度、湿度和成分，粉尘的粒径、成分和堆积的松散度等。所以粉尘的电阻率仅是一种可以相互比较的表观电阻率，通常简称为比电阻。

粉尘的比电阻对电除尘器的除尘性能有重要影响，适宜电除尘器处理的粉尘比电阻的范围是 $10^4 \sim 2 \times 10^{10} \Omega \cdot cm$。

E 粉尘的安息角

粉尘通过小孔连续地下落到水平面上时，堆积成的锥体母线与水平面的夹角称为安息角，也称静止角或堆积角。安息角是粉状物料特有的性质，与物料种类、粒径、形状和含水率等因素有关。对同一种粉尘，粒径大、接近球形、表面光滑、含水率低时，安息角变小。许多粉尘的安息角的平均值约为 35°~40°左右。

安息角是设计料仓的锥角和含尘管道倾角的主要依据。

F 粉尘的黏附性

粉尘颗粒附着在固体表面上或颗粒相互附着的现象称为黏附。后者亦称自黏。附着强度，即克服附着现象所需要的力（垂直作用在粒子重心上）的力称为黏附力。在气体介质中产生的黏附力主要有范德华力、静电引力和毛细管力等。

影响粉尘黏附力的因素很多，现象也很复杂，有很多问题尚待研究。一般情况下，粉尘粒径小、形状不规则、表面粗糙、含水率高、润湿性好及荷电量大时，易于产生黏附现象。黏附现象还与周围介质的性质和气体的运动状态有关。

粉尘的黏附是一种常见现象，既有有利的一面，也有有害的一面。就气体除尘而言，许多除尘装置依赖于粉尘的黏附性。但在含尘气流管道和某些设备中，又要防止粉尘在壁面上的黏附，以免造成管道和设备的堵塞。

G 粉尘的爆炸性

可燃性悬浮粉尘在可能引起爆炸的浓度范围内与空气混合，并受有外界施与明火焰、炽热的物体以及由机械或电能产生的电火花等微量能量的作用，即可发生爆炸。

可燃物爆炸必须具备两个条件：一是由可燃物与空气或氧构成的可燃混合物达到一定的浓度；二是存在能量足够的火源。能够引起爆炸的浓度范围叫做爆炸极限，能够引起爆炸的最高浓度叫做爆炸上限，最低的浓度叫做爆炸下限。低于爆炸浓度下限或高于爆炸浓度上限均无爆炸危险。由于多数粉尘的爆炸上限浓度很高，在多数情况下达不到这个浓度，因而粉尘的爆炸上限浓度无实际意义。

此外，有些粉尘与水接触后会引起自燃或爆炸，如镁粉、碳化钙粉等；有些粉尘互相接触或混合后也会引起爆炸，如溴与磷、锌粉与镁粉等。

5.1.2 除尘器的处理性能

除尘装置性能用技术指标和经济指标来评价。技术指标主要有处理能力、净化效率和压力损失等；经济指标主要有设备费、运行费和占地面积等。此外，还应考虑装置的安装、操作、检修的难易等因素。

5.1.2.1 处理能力

除尘装置的处理能力是指除尘装置在单位时间内所能处理的含尘气体的流量，一般以体积流量 $Q(\mathrm{m}^3/\mathrm{s})$ 表示。实际运行的净化装置，由于本体漏气等原因，往往装置进口和出口的气体流量不同，因此，用两者的平均值表示处理能力见式（5-1）和式（5-2）：

$$Q_N = \frac{1}{2}(Q_{1N} + Q_{2N}) \tag{5-1}$$

式中 Q_{1N}——装置进口气体流量，m^3/s；

Q_{2N}——装置出口气体流量，m^3/s。

净化装置漏风率 δ 可按下式表示：

$$\delta = \frac{Q_{1N} - Q_{2N}}{Q_{1N}} \times 100\% \tag{5-2}$$

5.1.2.2 压力损失

压力损失是代表装置能耗大小的技术经济指标，是指装置的进口和出口气流的全风压之差。净化装置压力损失的大小，不仅取决于装置的种类和结构形式，还与处理气体流量大小有关。通常压力损失与装置进口气流的动压成正比，即

$$\Delta p = \zeta \frac{\rho v_1^2}{2} \tag{5-3}$$

式中 Δp——含尘气流通过除尘装置的压力损失，Pa；

ζ——净化装置的压损系数；

ρ——气体的密度，$\mathrm{kg/m}^3$；

v_1——装置进口气流速度，$\mathrm{m/s}$。

5.1.2.3 净化效率

除尘装置的净化效率是代表装置净化污染物效果的重要技术指标，可用总净化效率、分级除尘效率等方法来表示。总净化效率指在同一时间内净化装置去除的污染物数量与进入装置的污染物数量之比。总净化效率实际上反映装置净化程

5.1 颗粒污染物的控制

度的平均值，亦称为平均净化效率。通常用 η_T 表示：

$$\eta_T = \frac{G_3}{G_1} \times 100\% = \left(1 - \frac{G_2}{G_1}\right) \times 100\% \tag{5-4}$$

因 $G = CQ$，所以

$$\eta_T = \left(1 - \frac{C_{2N}Q_{2N}}{C_{1N}Q_{1N}}\right) \times 100\% \tag{5-5}$$

式中　G_3——装置净化的污染物流量，g/s；
　　　G_2——装置出口的污染物流量，g/s；
　　　G_1——装置进口的污染物流量，g/s；
　　　C_{2N}——装置出口的污染物浓度，g/m³；
　　　C_{1N}——装置进口的污染物浓度，g/m³。

5.1.3 除尘器

颗粒污染物的治理技术通常称为除尘技术，除尘所用设备主要是除尘装置或除尘器，其定义是从含尘气流中将粉尘分离出来并加以捕集的装置。除尘器是除尘系统的重要组成部分，其性能如何对整个系统的除尘效果有直接关系。

除尘器按分离捕集粉尘颗粒的主要机制，可以分为机械式除尘器、电除尘器、过滤式除尘器、洗涤式除尘器等四类。所谓机械式除尘器，是指利用质量力（重力、惯性力和离心力等）作用使粉尘颗粒与气流分离沉降的装置，包括重力沉降室、惯性除尘器和旋风除尘器等。电除尘器，是指利用高压电场使尘粒荷电，在库仑力作用下使粉尘与气流分离沉降的装置。过滤式除尘器，是指使含尘气流通过织物或多孔填料进行过滤分离的装置，包括袋式除尘器、颗粒层除尘器等。洗涤式除尘器，则是指利用液滴或液膜洗涤含尘气流而使粉尘与气流分离沉降的装置。洗涤式除尘器既可用于气体除尘也可用于气体吸收（表5-1 简要地列举了几种主要除尘设备的特性），专用于气体除尘时，通常称之为湿式除尘器。以上的各种除尘器是以除尘机理加以分类的，但在实际应用中，某一种除尘器可能利用一种除尘机理也可能同时利用多种除尘机理，在除尘器命名中往往是按其中主要的除尘机理确定的。

表 5-1　几种主要除尘设备的特性

设备形式	适用粒径 /μm	除尘效率 /%	压力损失 /Pa	优 点	缺 点
重力沉降除尘器	50~100	40~60	98~147	造价低，结构简单，维修方便	除尘效率低
旋风除尘器	3~5（小除尘器）	10~80	490~1471	投资少，占地少，除尘效率高，适于高温工作，运行费用低	压力损失大，不适于湿性或黏着性气体，不适于腐蚀性气体

续表 5-1

设备形式	适用粒径 /μm	除尘效率 /%	压力损失 /Pa	优 点	缺 点
袋式除尘器	0.1～20	90～99	981～1961	除尘效率高，操作方便	最高适用温度250℃，不适用湿性气体，设备费用高
静电除尘器	0.05～20	80～99.9	98～196	除尘效率高，可处理高温气体，压力损失大	设备费用高，需经常维修

除尘过程是在多相气体运动状态下进行的，颗粒物在气流中的分离、沉降涉及许多复杂的物理过程与原理。因此，有关流体力学、气溶胶力学等的基本原理是除尘技术的基础理论。本节仅对除尘装置作一介绍。

5.1.3.1 机械式除尘器

机械式除尘器是利用颗粒的质量力（重力、惯性力和离心力等）的作用使颗粒物与气流分离的装置，它包括重力沉降室、惯性除尘器、旋风除尘器等。

A 重力沉降室

在机械式除尘器中，最简单、廉价和容易操作维修的就是重力沉降室。它利用粉尘和气体的密度不同，使粉尘依靠自身重力从气流中自然沉降，其缺点是体积大、效率低。常见的重力沉降室有单层和多层两种结构，其结构如图 5-3 所示。含尘气流由管道进入重力沉降室内，由于突然扩大了气流流动的截面积，含尘气体流速和压力便迅速降低，使较大的颗粒（直径大于 40μm）因重力作用而缓慢向沉降室底部沉降。

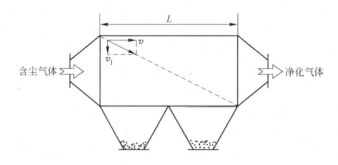

图 5-3 重力沉降室

重力沉降室的设计模式有层流式和湍流式两种。层流式设计模式是假定含尘气流在沉降室内为柱塞流，流动状态保持在层流范围内，颗粒均匀地分布在烟气中。粒子的运动由两种速度组成，在垂直方向上忽略气体浮力只有重力和气体阻力作用，每个粉尘粒子以其自身沉降速度独立沉降；在烟气流动方向，粒子和气流具有相同速度向前运动。湍流式设计模式是假定沉降室中气流呈湍流状态，在垂直于气流方向的每个横断面上粒子完全混合，即各种粒径粒子都均匀分布在气流中。重力沉降室主要用于加工工业，主要是食品加工和冶金工业，安装在其他设备之前，对粉尘进行预处理作用。

B 惯性除尘器

惯性除尘器，是利用粉尘和气体在运动过程中具有不同惯性，使含尘气流冲击挡板后气流方向发生急剧转变，尘粒借助自身惯性力作用与惯性力很小的气流发生分离的一种除尘装置。图 5-4 所示是含尘气流冲击在两块挡板上时尘粒和气流分离的机理。当含尘气流撞击到挡板 B_1 上时，尘粒中的粗尘粒（d_1）由于惯性较大，难以改变运动方向，首先被分离下来；而颗粒直径小于 d_1 的尘粒（d_2）由于惯性较小而被气流带走。当含尘气流撞击挡板 B_2 时，气流方向发生急剧转变，尘粒 d_2 借助于离心力作用也被分离下来。假设该点气流的旋转半径为 R_2、切向速度为 u_t，则尘粒 d_2 所受到的离心力与 $d_2^3 \cdot \dfrac{u_t^2}{R_2}$ 成正比。所以，这种惯性除尘器除借助惯性力作用外，还利用了离心力和重力作用。

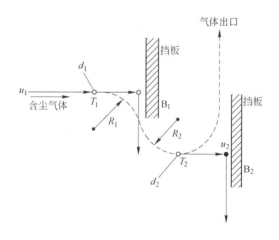

图 5-4 惯性除尘器分离机理图

一般情况下，惯性除尘器的气流速度越高、气流方向转变角度越大、转变次数越多（挡板越多），空气净化效率就越高，但是压力损失也越大。该类型除尘器适用于净化非黏结性和非纤维性粉尘，只能捕集 10～20μm 以上粉尘颗粒。与重力沉降室相比，惯性除尘器的净化效率稍有提高，但在实际除尘运用中仍然不能达到处理要求，一般只用于多级除尘中的第一级除尘，其压力损失因结构形式的不同而不同，一般在 100～1000Pa 之间。

C 旋风除尘器

a 工作原理

旋风除尘器是通过含尘气流的旋转运动产生离心力，使尘粒借助于离心力作用从气流中分离的装置。旋风除尘器具有历史悠久、结构简单、应用广泛、种类繁多等特点。虽然在除尘机理和结构性能上投入了大量研究工作，但由于除尘器内部气流和粒子的流态复杂，难以准确地对相关参数进行测定，因而到目前为止其在理论上仍然不够完善，许多关键问题尚需要实验模拟确定。

普通旋风除尘器由进气管、筒体、锥体和排气管等部分组成，结构和气流流动状况如图5-5所示。从图中可以看出，含尘气流通过进气管进入除尘器后，沿筒体内壁做自上而下的旋转运动，同时有少量气体沿径向运动到中心区域。当旋转气流的大部分到达锥体底部附近时折转向上，沿轴心旋转上升，上升的同时也进行径向离心运动，最后通过排气管排出除尘器外。

通常，将通过进气管进入除尘器后旋转向下运动的外圈气流称为外涡旋，将由锥体底部旋转上升的中心气流称为内涡旋，外涡旋和内涡旋的旋转方向一致，在整个流场中起主导作用。外涡旋转变为内涡旋的锥体底部附近的区域，称为回流区。内外涡旋气流在做旋转运动时，尘粒在离心力作用下逐渐向除尘器壁面移动。到达壁面的粉尘颗粒，在外涡旋气流推动和自身重力共同作用下沿壁面落至灰斗中，从而达到粉尘与气流分离的目的。气流在除尘器顶部向下高速旋转时，顶部的压力下降，一部分气流带着细小尘粒沿筒壁旋转向上，到达顶部后再沿排气管外壁旋转向下，最后达到排气管下端附近被上升的内涡旋带进排气管排出除尘器，这股旋转气流称为上旋流。上旋流的存在对旋风除尘器的除尘效率影响很大，如果上旋流气流量很大，则会带走大量微细尘粒，降低旋风除尘器的除尘效率。因此，在实际运用中应尽量避免出现上旋流，或者尽量减少上涡旋气流量。

b 影响因素

旋风除尘器的除尘效率与粉尘的粒径有关，粒径越大，分离效率越高。一般将除尘器除尘效率为50%时所对应的尘粒颗粒粒径称为分割粒径。分割粒径越小表明除尘器的性能越好。影响旋风除尘器除尘效率的因素还有以下几点：

（1）入口流速。在一定范围内提高 u_0（入口流速）可以提高除尘效率。一般12~20m/s为宜，不低于10m/s，以防入口管道积灰。但速度太高，一

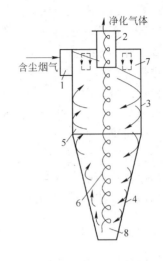

图5-5 旋风除尘器除尘机理
1—气流进口；2—气流出口；3—筒体；
4—锥体；5—外旋流；6—内旋流；
7—上旋流；8—回流区

方面增加了阻力损失,另一方面又会因气流强烈旋流而把已分离的尘粒重新带走。

(2) 除尘器的结构尺寸。筒体直径愈小,除尘效率愈高。减小排出筒直径有利于捕集更细小粒子。适当增加锥体长度有利于提高除尘效率。锥体角度一般以 20°~30°为宜。

(3) 粉尘性质。随粉尘粒径和密度增大而提高。

(4) 除尘器下部的严密性。若除尘器下部不严密,漏入冷空气,则会降低除尘效率。

旋风除尘器的分类按进气方式可以分为切向进入式和轴向进入式。从气流组织上来分,则有回流式、直流式、平旋式和旋流式等四种。而按旋风子的数量多少,则可分为单管旋风除尘器和多管旋风除尘器。

机械式除尘器的除尘效率都不是很高,一般用作高浓度含尘气体的预处理。

c 结构形式

旋风除尘器按处理烟气导入方式可分切向和轴向进入两大类。各种形式见图 5-6。切向进入式入口速度一般为 12~15m/s,阻力损失为 1000Pa 左右。轴向式的入口速度为 10m/s 左右,阻力损失为 400~500Pa。和切向进入式相比,轴向式在相同阻力时,处理烟气量大 3 倍,且粉尘分配均匀。

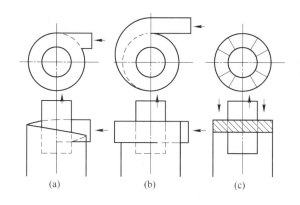

图 5-6 旋风除尘器的入口形式
(a) 直入式;(b) 蜗壳式;(c) 轴向式

当处理烟气量大时,为提高除尘效率,可将许多(几个、几十个乃至上百个)小直径(ϕ100mm,ϕ150mm,ϕ250mm)的旋风管(亦称旋风子)并联组合在一个壳体内,称为多管式旋风除尘。其特点是除尘效率较高,可捕集 5~10μm 的粉尘,也可捕集 1μm 的细尘粒;其压力损失约为 500~1000Pa;处理气体量大。可用于煤气的半精除尘等场合,缺点是结构复杂,金属耗量大。

表 5-2 列出了国内几种常用旋风除尘器的型号。

第5章 大气污染控制技术

表 5-2　几种旋风除尘器的主要尺寸比例

型　号	XLP/A	XLP/B	XLT/A	XLT
入口宽度 b	$\sqrt{A/3}$	$\sqrt{A/2}$	$\sqrt{A/2.5}$	$\sqrt{A/1.75}$
入口高度 h	$\sqrt{3A}$	$\sqrt{2A}$	$\sqrt{2.5A}$	$\sqrt{1.75A}$
筒体直径 D	上 $3.85b$ 下 $0.7D$	$0.33b$ ($b=0.3D$)	$3.85b$	$4.9b$
排除筒直径 d_2	$0.6D$	$0.6D$	$0.6D$	$0.58D$
筒体长度 L	上 $1.35D$ 下 $1.0D$	$1.7D$	$2.26D$	$1.6D$
锥体长度 H	上 $0.50D$ 下 $1.00D$	$2.3D$	$2.0D$	$1.3D$
排灰口直径 d_1	$0.296D$	$0.43D$	$0.3D$	$0.145D$
局部阻力系数 ξ	8.0	5.8	6.5	5.3

5.1.3.2　电除尘器

所谓电除尘器是指含尘气流在通过高压电场时发生电离过程，尘粒荷电在电场静电力（库仑力）作用下使粒子（固体或液体）从气流中分离出来的一种除尘装置。图 5-7 为管式电除尘器的示意图，图中所示的放电极为一用重锤绷直的细金属线，与直流高压电源相接；金属圆管的管壁为集尘极，与地相接。

电除尘过程与其他除尘过程不同的是：分离力（主要是静电力）直接作用在粒子上而不是作用在整个气流上，这一特点便决定了电除尘器具有分离粒子耗能小、气流阻力小的特点。在含尘气流通过高压电场时粒子所受到的静电力相对较大，所以电除尘器的除尘效率非常高，即使是对亚微米级粒子也能有效地去除。除此之外，电除尘器还具有处理高温烟气、捕集腐蚀性强的物质、对不同粒径烟尘进行分类富集等优点。其缺点是一次性投资很高、占地面积较大、应用范围受粉尘比电阻限制、对制造和安装质量技术要求高等。

电除尘器的除尘过程分为四个阶段：气体电离和电晕产生、粉尘粒子荷电、荷电粒子在电场中运动和捕集、清灰过程。

在电除尘器除尘过程中，当除尘器的两电极施以直流电压时，两极间形成一非均匀电场。

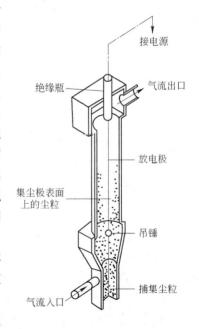

图 5-7　管式电除尘器

当电压升高到一定值时,电晕极和收尘极之间的气体发生电离和导电,使原本处于绝缘状态的气体转变成导电状态,随后产生电晕放电、辉光放电、火花放电和电弧放电等。

粒子的荷电一般有两种方式,粒径 $d_p > 1.0 \mu m$ 的粒子以电场荷电为主;粒径 $d_p < 0.2 \mu m$ 的粒子以扩散荷电为主;粒径 d_p 介于 $0.2 \sim 1.0 \mu m$ 之间的粒子同时具有电场荷电和扩散荷电。所谓电场荷电,是指离子在电场力作用下沿电场电力线方向做有规律的运动,运动过程中与粉尘粒子碰撞并将电荷传给尘粒使其荷电。尘粒荷电后,对后来的粒子产生同性相斥作用。因此,尘粒的荷电率逐渐下降,最终荷电产生的电场与外加电场刚好平衡,这时尘粒荷电达到饱和。扩散荷电是由于粉尘粒子的粒径较小而发生不规则热运动,在运动中与做有规律运动的离子发生碰撞,碰撞离子将电荷传给微粒使粒子荷电。在扩散荷电过程中,粉尘粒子所荷电量多少与粒子热运动强度、碰撞概率、运动速度、粉尘粒子的大小和在电场中的停留时间等因素有关。实际上,在电除尘器的除尘过程中,电场荷电和扩散荷电是同时存在的,只是在粉尘粒子粒径发生变化后荷电方式便发生以电场荷电为主或以扩散荷电为主的转变。

荷电粒子在电场力和空气阻力作用下向收尘极移动,最终到达收尘极板。在运动过程中,荷电粒子由加速运动逐渐变为匀速运动,此时的速度称为粒子驱进速度。驱进速度的大小与粒子荷电量、电场强度、粒径大小和气体黏度有关。粒子的运动方向和电场方向一致,即垂直于收尘极板表面。

被捕集的粉尘粒子大部分积集在收尘极上,也有部分沉积在电晕极上,粉尘厚度可达几毫米甚至几厘米。粉尘沉积在电晕极上,会影响电晕电流的大小和均匀性。

所以,当电晕极上粉尘厚度达到一定程度时,一般采用振打清灰方式使电晕极保持清洁。将粉尘从收尘极上清除的主要目的是防止粉尘重新进入气流,影响除尘效果。清灰方式根据电除尘器的不同而分为湿式清灰和干式清灰。湿式清灰是用水冲洗收尘极板,使极板表面经常保持着一层水膜,粉尘降落在水膜上时随水膜流下,从而达到清灰目的。其优点是粉尘重新进入气流的量很小,还可以净化部分有害气体如 SO_2、HF 等。干法清灰是通过机械撞击或电极振动产生的振动力清除收尘极板上的积灰。现代电除尘器大都采用电磁振打或锤式振打清灰方式。

影响电除尘器除尘效率的因素,除影响电晕放电的主要因素——气体的温度、压力和组成外,主要还有以下几点:

(1) 粉尘的粒径。颗粒粒径不同,其在电场中的荷电机制也不同,其驱进速度也不相同。一般情况下,大于 $1 \mu m$ 的颗粒随着粒径减小,其除尘效率降低。粒径为 $0.1 \sim 1 \mu m$ 的颗粒除尘效率几乎不受颗粒粒径的影响。

(2) 粉尘的比电阻。粉尘比电阻越低，说明粉尘的导电性能越好，容易荷电也易放电。荷电颗粒到达收尘极板后会很快放出电荷，并由于静电感应而获得与收尘极同性的电荷，失去静电引力而被收尘极排斥到气流中，会再次出现荷电、放电等重复过程。结果形成尘粒在极板表面跳动，最后被气流带出除尘器而降低除尘效率。反之，比电阻较高的粉尘颗粒其导电性能很差，既不容易荷电也不容易放电，到达收尘极板后放电很慢。这样会出现两种现象，一是由于同性相斥缘故使后来的荷电粉尘在向收尘极板运动时速度减慢；二是在收尘极板上随着粉尘厚度的增加造成电荷积累，使粉尘表面电位增加，甚至使粉尘层的薄弱部位产生击穿，引起从收尘极到电晕极的反电晕放电，造成除尘效率降低。所以，粉尘的比电阻过高（大于 $2 \times 10^{10} \Omega \cdot cm$）或过低（小于 $10^4 \Omega \cdot cm$）都不利于电除尘器正常运行。

(3) 气流速度和分布。除尘器内的气流速度即电场风速过高，可能会将已经沉积在收尘极板上的粉尘吹离极板回到气流中，即产生二次扬尘。从设备经济性考虑，一般电场风速取 $0.6 \sim 1.5 m/s$ 为宜。气流分布不均，流速低地方增加的除尘效率远不能弥补流速高地方的除尘效率，总除尘效率仍然降低。所以，在电除尘器的进口处和出口处一般均设有布风板。

5.1.3.3 过滤式除尘器

A 除尘技术简介

过滤式除尘器又称为空气过滤器，是利用多孔过滤介质分离捕集气体中固体或液体粒子的除尘装置。因其一次性投资比电除尘器少，运行费用又比高效湿式除尘器低，所以得到人们的重视。

目前在除尘技术中应用的过滤式除尘器可分为内部过滤式和外部过滤式两种基本类型（见图 5-8）。

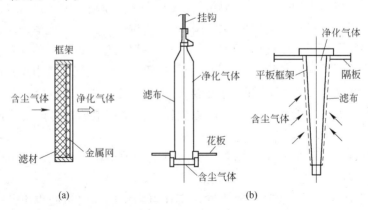

图 5-8 过滤除尘装置的过滤方式
(a) 内部过滤；(b) 外部过滤

5.1 颗粒污染物的控制

内部过滤是把松散多孔的滤料填充框架内作为过滤层，尘粒是在过滤材料内部进行捕集的。由于清除滤料中的尘粒比较困难，因此，当被除下来的尘粒无经济价值时，常常使用价格低廉的一次性滤料。但当滤料价值较贵时，这种除尘方法仅适用于含尘浓度极低的气体。颗粒层除尘器就是利用颗粒状物料（如硅石、砾石、焦炭等）作为填料层的一种内部过滤式除尘装置。其最大的特点是：耐高温（可达400℃）、耐腐蚀、耐磨损、滤材可长期使用、除尘效率高、维修费用低，适用于冲天炉和一般工业炉窑。

外部过滤是用滤布或滤纸等作滤料，以最初黏附在滤料表面上的粒层（初层）作为过滤层，在新的滤料上可阻隔粒径1μm以上的尘粒形成初层，由于初层具有多孔性仍起滤料作用，初层可阻隔粒径小于1μm的尘粒。当滤料上粉尘黏附到一定厚度时，阻力增大，则要进行清灰收尘。清灰后的初层仍敷着在滤料上。这种除尘装置可捕集0.1μm以上的尘粒，效率可达90%~99%。

过滤式除尘装置滤布的形状有圆筒形和平板形等多种形状，一般多用圆筒形。另外，根据所处理的含尘气体的性质和清灰机构，滤布应具有耐酸性、耐碱性、耐热性和一定的机械强度。在袋式除尘器中随着滤布上捕集的粉尘增厚，阻力变大，通常在压力降到1471Pa时，就要进行清灰。过滤式除尘器除尘效率是相当高的，一般可达到95%以上。

B 工作机理

过滤式除尘器让含尘气流通过滤料（用棉、毛或人造纤维制成的），粗大尘粒首先被阻留，并在滤料的网孔之间产生"架桥"现象，这样很快就在滤布表面形成一层所谓粉尘初层，如图5-9所示。依靠这一粉尘初层，尘粒就不断被阻留下来，具体机理如下：

（1）筛滤作用。当粉尘粒径大于滤料纤维间的孔隙或沉积在滤料上的尘粒间孔隙时，粉尘即被阻留。

（2）惯性碰撞。当含尘气流接近滤料纤维或沉积在纤维上的尘粒时，气流将绕过纤维或尘粒，而大于1μm的尘粒，由于惯性作用，仍保持原来的运动方向，撞击到纤维或沉积尘粒上而被捕集，如图5-10所示。

（3）拦截作用。当含尘气流接近滤料纤维或沉积在纤维上的尘粒时，较细尘粒随气流一起绕流，若尘粒半径大于尘粒中心到纤维边缘或沉积粉尘边缘的距离时，尘粒即因接触而被拦截。

（4）扩散作用。小于1μm的尘粒，特别是小于0.21μm的亚微粒子，在气体分子的撞击下脱离流线，像气体分子一样做布朗运动，如果在运动过程中和纤维或沉积尘粒接触，即可被捕集。

（5）静电作用。一般说来，粉尘和滤料都可能带电荷，当两者所带电荷相

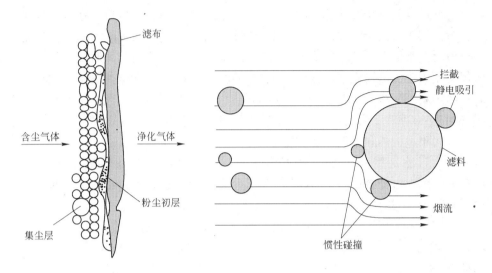

图 5-9　滤布的滤池过程　　　　图 5-10　过滤式除尘器除尘机理

反时，粉尘易被吸附在滤料上。反之，若两者所带电荷电性相同时，则粉尘不易被滤料吸附，这样除尘效率反而会下降。

布袋除尘器则属于外部过滤式，粉尘在滤料表面被截留，其性能不受粉尘浓度、粒度和气体流量变化影响，对于粒径为 $0.5\mu m$ 的尘粒捕集效率可高达 $98\% \sim 99\%$。虽然布袋除尘器是最古老的除尘方法之一，但由于它效率高、性能稳定可靠、操作简单，因而得到越来越广泛的应用。同时，在结构形式、滤料、清灰方式和运行方式等方面亦得到了不断发展。

5.1.3.4　洗涤式除尘器

洗涤式除尘器是利用液体（一般为水）形成液网、液膜或液滴，与尘粒发生惯性碰撞、扩散效应、黏附、扩散漂移和热漂移、凝聚等作用，从废气中捕集分离尘粒并兼有吸收气态污染物作用的装置。

这种洗涤装置捕集尘粒的机理有以下几点：（1）尘粒与液滴碰撞；（2）由于微粒的扩散作用，撞击液滴并黏附其上；（3）由于烟气增湿，使尘粒相互凝聚；（4）因蒸汽以尘粒为核心的凝结，增加了尘粒的凝聚性；（5）尘较易与液膜或气泡接触而被黏附。

在洗涤式除尘装置中，所形成的大量液滴、液膜、雾沫能与烟气很好接触，可提高气体、液体或气体、固体间的分离效能，从而可获得较高的除尘效率。湿式除尘器可以有效地将直径为 $0.1 \sim 20\mu m$ 的液态或固态粒子从气流中除去。

湿式除尘器具有结构简单、造价低、占地面积小、操作及维修方便和净化效率高等优点，能处理高温高湿的气流，使着火和爆炸的可能性减至最低。其缺点是设备和管道易腐蚀，需采取防腐处理；污水和污泥的处理比较麻烦，因而提高

5.2 气态污染物的控制

了除尘运行费用；若安装在室外冬天还要考虑设备和管道的冻结问题。

湿式除尘器的设备样式很多，从总体上可以将湿式除尘器分为低能和高能两种。低能湿式除尘器的压力损失为 0.25~1.5kPa，在一般运行条件下的耗水量（液气比）为 0.5~3.01L/m³，对粒径 10μm 以上粉尘的净化效率可达 90%~95%，常用于焚烧炉、化肥制造和石灰窑除尘。高能湿式除尘器的压力损失为 2.5~9.0kPa，净化效率可达 99.5% 以上，常用于燃煤电站、冶金和造纸等行业的烟气处理。

目前，最常用的湿式除尘器有 7 大类：重力喷雾洗涤器、旋风洗涤器、自激喷雾洗涤器、板式洗涤器、填料洗涤器、文丘里洗涤器和机械诱导喷雾洗涤器。几种主要的湿式除尘装置的性能和操作范围如表 5-3 所示。

表 5-3 主要湿式除尘装置性能和操作范围

装置名称	气体流速/m·s⁻¹	液流比/L·m⁻³	压力损失/Pa	分割直径/μm
喷淋塔	0.1~2	2~3	100~500	3.0
填料塔	0.5~1	2~3	1000~2500	1.0
旋风洗涤器	15~45	0.5~1.5	1200~1500	1.0
转筒洗涤器	300~750r/min	0.7~2	500~1500	0.2
冲击式洗涤器	10~20	10~50	0~150	0.2
文丘里洗涤器	60~90	0.3~1.5	3000~8000	0.1

5.2 气态污染物的控制

气态污染物的处理方法有高空稀释排放和净化处理。净化处理又分为物理方法、生物方法和化学方法。物理方法包括水洗法、冷凝法、吸附法、电子束照射法。化学方法包括燃烧法、氧化法、药液吸收法（含酸碱中和）、化学吸附法、覆盖法。

5.2.1 吸收法

吸收法是控制气态污染物的重要技术措施之一，它是用液体处理被污染的气体，将其中一种或几种气态污染物除去。工业生产中排出的硫氧化物、氮氧化物、氨、硫化氢、氯化氢和氟化氢等都可以采用吸收法加以净化处理，特别是当需要处理的气体量大时，吸收法更具有优越性。

5.2.1.1 吸收法概念

吸收法是指利用气体混合物中不同组分在吸收剂中的溶解度不同，或与吸收剂发生选择性化学反应，从而将有害组分从气体中分离出来的过程。该法具有捕集效率高、设备简单、一次性投资低等特点，因此，广泛地用于气态污染物的处理,例如含 SO_2、H_2S、HF 和 NO_x 等污染物的废气,都可以采用吸收净化处理。

吸收分为物理吸收和化学吸收。物理吸收指有害气体溶解吸收集中而无化学变化发生;化学吸收是指有害气体溶解后与溶剂或其他物质发生化学反应。

在废气净化处理中,化学吸收通常指气体中有害溶质溶于作为吸收剂的溶剂后,即与其中不挥发的反应剂进行化学反应的过程,在这一过程中,由于在吸收的同时液相有化学变化,使其中游离的溶质转化为反应产物,就具有了下述的两个主要优点:(1)吸收剂的容量(单位体积液体能吸收的溶质量)可以大为增加,故能大大减少吸收剂的用量或循环量(用于循环操作处理工艺中稀释剂的用量),从而降低能耗,提高处理效率;(2)加快有害物质的吸收传质速率,从而降低传质设备的投资,并能提高吸收率。因此,在一般大气污染控制过程中,因废气量大、成分复杂、吸收组分浓度低,靠物理吸收难达到排放标准,因此大多采用化学吸收法。

5.2.1.2 吸收的基本原理——亨利定律

物理吸收时,常用亨利定律来描述气液相间的相平衡关系。当总压不高(一般不超过 $5 \times 10^6 Pa$)时,在恒定的温度下,稀溶液上方溶质的平衡压力与它在溶液中的摩尔分数成正比,这就是有名的亨利定律,其表达式为:

$$p_e = Hx \tag{5-6}$$

式中 p_e——溶质气体的平衡分压,kPa;

H——亨利系数,单位与 p_e 取法相同;

x——溶质在溶液中的摩尔分数。

亨利系数 H 是平衡曲线上直线部分的斜率,因此易溶解气体的 H 值较小,而难溶解气体的 H 值较大。

亨利定律是吸收工艺操作的理论基础之一,它说明了根据溶质、溶剂的性质在一次温度和压力下,溶质在两相平衡中的关系。亨利定律只适用于难溶、较难溶的气体,对于易溶和较易溶的气体,只能用于液相浓度甚低的情况。

5.2.1.3 吸收法工艺

典型的吸收净化流程如图 5-11 所示,它包括吸收剂的冷却、新吸收剂的加入以及吸收液取出去再生加工或经处理后排放。为了降低吸收温度,还常在吸收塔内安置冷却管,以移走热量。

由于处理的气态污染物各异,因而在工艺上宜考虑不同的配置。例如,燃烧烟气往

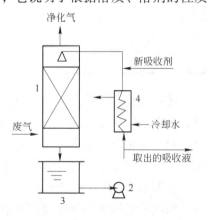

图 5-11 典型吸收净化流程图
1—吸收塔;2—泵;3—液槽;4—冷却器

5.2 气态污染物的控制

往有烟尘，这些烟尘带入吸收塔内很可能造成堵塞，因而要考虑先除尘。若烟气温度较高，直接进入吸收塔会使塔内液相温度升高，不利于吸收操作，这时应考虑先冷却。吸收前设一顶洗涤塔既可降温又可除尘，是常用的方法。

由于吸收后排放气温度较低，使热力抬升作用减少，扩散能力降低，尤其在不利的气象条件下，容易加重对地面空气的污染。因此，在有条件的情况下，应尽量升高吸收后尾气的排放温度，例如有废热可供利用时，可将吸收后尾气加热后排空，以增加废气的热力抬升高度，有利于污染物在大气中的扩散。

5.2.1.4 吸收剂

吸收剂性能的优劣，往往成为决定吸收去除废气中有害物质效果是否良好的关键。因此，在选择吸收剂时，应注意考虑以下几个方面的问题：

（1）溶解度。吸收剂对于溶质组分应具有较大的溶解度，这样可以提高吸收速率并减小吸收剂的耗用量。当吸收剂与溶质组分间有化学反应发生时，溶解度可以大大提高，但若要循环使用吸收剂，则化学反应必须是可逆的。对于物理吸收也应选择其溶解度随着操作条件改变而有显著差异的吸收剂，以便回收。

（2）挥发度。在净化处理的温度条件下吸收剂的蒸汽压要低，因为离开吸收设备的气体往往为吸收剂蒸汽所饱和，吸收剂的挥发度愈高，其损失量便愈大。

（3）黏性。操作温度下吸收剂的黏性要低，这样可以改善吸收塔内的流动状况，从而提高吸收速率，且有助于降低泵的功能，还能减小传热阻力。

（4）其他。所选用的吸收剂还应尽可能无毒性，无腐蚀性，不易燃，不发泡，冰点低，价廉易得，并具有化学稳定性。

从大气污染控制角度看，用吸收法净化气态污染物，不仅是减少或消除气态污染物向大气排放的重要途径，而且能将污染物转化为有用的产品。大多数的吸收过程只是将污染物由气相转入液相，并没有完全从污染大气中去除，还需要对吸收液进行进一步处理，以免造成二次污染。

5.2.1.5 吸收法特点

（1）处理的废气量大，污染物浓度低，有较高的吸收率和吸收速度，常伴有气液相化学反应。

（2）吸收了污染物的溶液需要处理，以免造成二次污染。

（3）吸收过程中得到的副产品，往往是价格低廉的产品，难以补偿吸收的费用。

5.2.2 吸附法

吸附净化处理有害气体时，需结合生产的特点和有害气体的性质，恰当地选择吸附剂，可达到较好的处理效果。例如，二氧化硫可用活性炭吸附、氨气可用分子筛吸附、氟化氢可用活性氧化铝或含有γ型氧化铝的工业氧化铝吸收等。吸附法处理的主要优点是气体净化得相当彻底，可以吸附去除浓度很低的气态污染物，从而能得到较清洁的空气。因此，吸附法净化处理得到日益广泛的应用。

5.2.2.1 吸附概念

吸附是指用多孔性固体与气体混合物接触，利用固体表面存在的未平衡的化学键力或分子引力，使混合物中所含的一种或多种组分吸留在固体表面而与其他组分分开的过程。被吸附到固体表面的物质称为吸附质，吸附质附着于其上的物质称为吸附剂。

吸附质被吸附到吸附剂表面后，其中的一部分还可以从吸附剂表面上脱离，这种现象称为脱附。吸附剂使用一段时间后，其表面上的吸附质浓度已足够大时，吸附剂就不再有吸附作用。此时，需要恢复吸附剂的吸附能力，即对吸附剂进行再生处理，方法是改变操作使吸附质脱附，降低吸附剂表面上吸附质的浓度，使吸附剂恢复活性。

由于吸附法具有分离效率高、能回收有效组分、设备简单、操作方便、易于实现自动化控制等优点，现已成为环境污染物治理的主要方法之一。特别是在净化有毒、有害气体和处理工业废水等环境工程领域，吸附净化法得到大量应用。在大气污染控制中，吸附法常用于中低浓度废气的净化，如回收或净化废气中有机污染物、治理含低浓度二氧化硫的烟气和废气中氟氧化物等。作为工业上的一种分离过程，吸附已经广泛应用于化工、冶金、石油、食品、轻工以及高纯气体制备等工业部门。

吸附分为物理吸附和化学吸附两种。

（1）物理吸附。也称为范德华吸附，是由吸附质分子和吸附剂之间的静电引力或范德华引力而导致的。例如，当固体和气体（或蒸气）之间的分子引力大于气体分子之间的引力时，即使气体的压力低于与操作温度相对应的饱和蒸气压，气体分子也会冷凝在固体表面上。物理吸附无选择性，吸附剂本身的性质在吸附过程中保持不变且吸附过程可逆，吸附质与吸附剂之间不发生化学变化，当系统温度升高或被吸附气体压力降低时，被吸附的气体可从固体表面逸出而并不改变吸附剂和吸附质分子原来的性状。物理吸附受温度的影响较小，在低温条件下也能发生且吸附速率相当快，参与吸附的各相之间迅速达到平衡。物理吸附是一种放热过程，所放热量相当于被吸附气体的升华热，一般为20kJ/mol左右。

（2）化学吸附。化学吸附是由吸附质分子与吸附剂表面的分子发生化学反应而引起的一种吸附，通常靠化学键的亲和力来实现，涉及分子中化学键的破坏和重新结合。因此，化学吸附过程的吸附热比较大，与化学反应热相当，一般为83.74～418.68kJ/mol。化学吸附的速率随温度升高而显著增加，特别适宜在较高温度下进行。与物理吸附相比，化学吸附有较强选择性，只能吸附与吸附剂发

5.2 气态污染物的控制

生化学反应的某些气体且吸附是不可逆的。化学吸附的速率与物理吸附相比也比较慢,需要较长时间才能达到平衡。

物理吸附和化学吸附并不是孤立的,往往相伴发生。所以说,物理吸附和化学吸附并没有严格界限。物理吸附对温度要求不高,所以低温时物理吸附占主导地位;高温时则以化学吸附为主,因为吸附剂必须具备足够高的活化能才能发生化学吸附。它们的不同特点如表5-4所示。

表5-4 物理吸附和化学吸附的比较

比较项目	物理吸附	化学吸附
吸附热	小(21~63kJ/mol),相当于1.5~3倍凝聚热	大(42~125kJ/mol),相当于化学反应热
吸附力	范德华力（分子间力）,较小	未饱和化学键力,较大
可逆性	可逆,易脱附	不可逆,不能或不易脱附
吸附速度	快	慢（因需要活化能）
被吸附物质	非选择性	选择性
发生条件	如适当选择物理条件（温度、压力浓度）,任何固体、流体之间都可发生	发生在有化学亲和力的固体、流体之间
作用范围	与表面覆盖程度无关,可多层吸附	随覆盖程度的增加而减弱,只能单层吸附
等温线特点	吸附量随平衡压力（浓度）正比上升	关系较复杂
等压线特点	吸附量随温度升高而下降（低温吸附、高温脱附）	在一定温度下才能吸附（低温不吸附,高温下有一个吸附极大点）

5.2.2.2 吸附理论

A 吸附平衡

不论吸附力的性质如何,在一定温度下,气、固两相经过充分接触后,终将达到吸附平衡。这时,被吸附组分在固相中的浓度和与固相接触的气相中的浓度之间有一定函数关系。下面简要介绍两种常见的函数关系。

a 弗罗德里希方程

根据大量实验,弗罗德里希（Froundlich）得出如下指数方程:

$$\frac{x}{m} = ap^{\frac{1}{n}} \tag{5-7}$$

式中　x——被吸附组分的质量,kg;

m——吸附剂的质量,kg;

$\frac{x}{m}$——吸附剂的吸附容量;

p——平衡时被吸附组分在气相中的分压,Pa;

a, n——经验常数,与吸附剂和吸附质的性质及温度有关,通常 $n > 1$,由实验确定。

弗罗德里希吸附方程只适用于吸附等温线的中压部分,在使用中经常取它的

对数形式，即

$$\lg \frac{x}{m} = \lg a + \frac{1}{n}\lg p \tag{5-8}$$

以 $\lg \frac{x}{m}$ 对 $\lg p$ 作图，可得一直线，直线斜率为 $\frac{1}{n}$，截距为 $\lg a$，因此根据实验数据就可以得到 n 和 a 的实验值。

b　朗格缪尔等温方程式

应用范围较广的实用方程式是朗格缪尔（Langmuri）根据分子运动理论导出的单分子层吸附理论及其吸附等温式。朗格缪尔认为，固体表面均匀分布着大量具有剩余价力的原子，此种剩余价力的作用范围大约在分子大小范围内，即每个这样的原子只能吸附一个吸附质分子，因此吸附是单分子层的。朗格缪尔假定：(1) 吸附质分子之间不存在相互作用力；(2) 所有吸附剂表面具有均匀的吸附能力；(3) 在一定条件下吸附和脱附可以建立动态平衡。由此朗格缪尔导出下列吸附等温方程式：

$$\frac{x}{m} = \frac{V_m Ap}{1 + Ap} \tag{5-9}$$

式中　A——吸附质的吸附平衡常数；

V_m——全部固体表面盖满一个单分子层时所吸附的气体体积。

A 的值视吸附剂及吸附质的性质和温度而定。当吸附质的分压力很低时，$Ap \ll 1$，式中分母的 Ap 项可以略去不计，则 $\frac{x}{m} = V_m Ap$，说明吸附量与吸附质在气相中的分压成正比；当吸附质的分压很大时，$Ap \gg 1$，式中分母的 1 可以略去，成为 $\frac{x}{m} = V_m$，吸附量趋于一定的极限值。所以朗格缪尔方程式较弗罗德里希方程更能符合实验结果，可以应用于分压从零到饱和分压的全部压力范围。

B　吸附速率

吸附量取决于吸附速率，而吸附速度与吸附过程有关。吸附过程可分为以下三步（见图 5-12）：(1) 外扩散，吸附质从气流主体穿过颗粒周围气膜扩散至外表面；(2) 内扩散，吸附质由外表面经微孔扩散至吸附剂微孔表面；(3) 吸附，到达吸附剂微孔表面的吸附

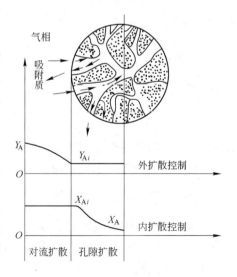

图 5-12　吸附过程

质被吸附。

脱附的吸附质再经内外扩散至气相主体。对于化学吸附，第三步之后还有化学反应过程发生。

下面讨论物理吸附速率：

（1）外扩散速率。吸附质 A 的外扩散传质速率计算式为：

$$\frac{\mathrm{d}M_A}{\mathrm{d}t} = K_y a_p (Y_A - Y_{Ai}) \tag{5-10}$$

式中 M_A——$\mathrm{d}t$ 时间内吸附质从气相扩散至固体表面的质量，kg/m^3；

K_y——外扩散吸附分系数，$kg/(m^2 \cdot s)$；

a_p——单位体积吸附剂的吸附表面积，m^2/m^3；

Y_A，Y_{Ai}——分别为 A 在气相中及吸附剂外表面的浓度、质量分数。

（2）内扩散速率。吸附质 A 的内扩散传质速率计算式为

$$\frac{\mathrm{d}M_A}{\mathrm{d}t} = K_x a_p (X_{Ai} - X_A) \tag{5-11}$$

式中 K_x——内扩散吸附分系数，$kg/(m^2 \cdot s)$；

X_A，X_{Ai}——分别为 A 在固相外表面及内表面的浓度、质量分数。

（3）总吸附速率方程式。由于表面浓度不易测定，吸附速率常用吸附总系数表示：

$$\frac{\mathrm{d}M_A}{\mathrm{d}t} = K_y a_p (Y_A - Y_A^*) = K_x a_p (X_A^* - X_A) \tag{5-12}$$

式中 K_y，K_x——分别为气相及吸附相吸附总系数，$kg/(m^2 \cdot s)$；

Y_A^*，X_A^*——分别为吸附平衡时气相及吸附相中 A 的浓度、质量分数。

与吸收类似，分吸附系数与总吸附系数的关系为：

$$\frac{1}{K_y a_p} = \frac{1}{k_y a_p} + \frac{m}{k_x a_p} \tag{5-13}$$

$$\frac{1}{K_x a_p} = \frac{1}{k_x a_p} + \frac{1}{k_x a_p m} \tag{5-14}$$

可见

$$K_y = m K_x \tag{5-15}$$

式中，m 为 y-x 相图中平衡曲线的平均斜率。

5.2.2.3 吸附剂

从广义而言，一切固体表面都有吸附作用，但实际上，只有多孔物质或很小的物质，由于具有巨大的表面积，所以才有明显的吸附能力。作为净化处理废气中有害物质的吸附剂，应满足以下要求：

（1）比表面积[每克吸附剂具有的表面积(m^2/g)]和孔隙率大，具有良好的

吸附性能;

(2) 选择性好,能对某些组分优先吸附;

(3) 具有一定的颗粒度、较好的力学性能、化学稳定和热稳定性;

(4) 使用寿命长,易于再生和活化;

(5) 制备简单,价格低廉、原料来源充足。

要同时满足以上要求通常是困难的,需在全面分析后,根据具体情况加以选择。在废气净化处理中常用的吸附剂有:活性炭、活性氧化铝、硅胶和沸石分子筛等。它们的物理性质见表5-5。

表5-5　几种常见吸附剂的物理性质

物理性质	吸附剂种类			
	活性炭	活性氧化铝	硅　胶	沸石分子筛
比表面积/$m^2 \cdot g^{-1}$	700~1500	150~350	200~600	400~750
平均孔径/$\times 10^{-10} m$	15~50	40~120	10~140	
堆积密度/$g \cdot m^{-3}$	0.35~0.60	0.50~1.00	0.50~0.75	0.60~0.75
操作温度上限/K	423	773	673	873
再生温度/K	373~413	437~523	393~423	473~573

从表5-5可以看出:各种吸附剂均具有各自的物理性质,因此在吸附处理废气中有害组分时,要充分考虑吸附剂的物理性质和处理对象的性质。如活性炭是一种具有非极性表面、为疏水性和亲有机物的吸附剂,故活性炭常常用吸附有机物;活性氧化铝、硅胶和分子筛等类型的吸附剂属于极性吸附剂,对极性分子具有较强的吸附能力。表5-6列举了常见吸附剂可去除的污染物质。

表5-6　吸附剂可去除的污染物

吸附剂	可去除的污染物
活性炭	苯、甲苯、二甲苯、丙酮、乙醇、乙醚、甲醛、苯乙烯、氯乙烯、恶臭物质、硫化氢、氯气、氯仿、一氧化碳、硫氧化物、氮氧化物
活性氧化铝	硫化氢、二氧化硫、氟化氢、烃类
硅　胶	氮氧化物、二氧化硫、乙炔
沸石分子筛	氮氧化物、二氧化物、硫化氢、氯仿、烃类

5.2.3　燃烧净化法

燃烧净化处理过程实际上是过热氧化过程。通过过热氧化作用将废气中可燃组分(如烃类等)转化成二氧化碳和水,或将废气中的其他有害组分(如含硫的有机物、卤素等)转化成为可向大气环境排放或容易回收的组分,此外燃烧净

5.2 气态污染物的控制

化处理还可以消烟、除臭。

某些气态污染物,例如各种带臭味的物质,一些低浓度的有机蒸气等,它们或者是由于能被接受的浓度很低(例如臭味),需要较高的脱除率(达99%);或者是由于回收困难,较好的治理办法只有将其销毁,或转化成其他无害且不难闻的物质,这就是燃烧净化法。采用燃烧法净化处理应先了解气态污染物的温度、体积、化学组成、露点和起始浓度、排放标准等,以便准确确定处理、燃烧条件、净化要求和是否需要预处理。

5.2.3.1 燃烧法

燃烧净化法可以分为直接燃烧净化法、热力燃烧净化法和催化燃烧净化法。

A 直接燃烧净化法

直接燃烧净化法是利用浓度高于爆炸下限的可燃废气做燃料,在常用的炉、窑中直接燃烧并回收热能的方法。直接燃烧净化法适用于与空气混合后浓度接近于燃烧下限,或不混入空气即可燃的气态污染物。也适用于可燃组分浓度较高,或燃烧后放出的热量较高的气态污染物。只有燃烧放出的热量能够补偿各种失热,才能维持一定的温度,使燃烧连续进行。

B 热力燃烧净化法

热力燃烧净化法是指当废气中可燃物含量较低时,利用其作为助燃气和燃烧对象,依靠辅助燃料产生的热量将废气温度提高,从而在燃烧室使废气中可燃有害组分氧化分解而达到净化的方法。

在充分供氧的条件下,反应温度 T、停留时间 t 和湍流混合是热力燃烧的3个要素,也称为"三T条件",是热力燃烧的必要条件。

废气在燃烧炉内的总停留时间 $t(s)$ 或燃烧室体积 $V_s(m^3)$ 可按下式估算:

$$V_s = Qt = Q_T \frac{T}{273} t \tag{5-16}$$

式中 Q——在燃烧室反应的温度 T 时气体的体积流量,m^3/s;

t——停留时间,s;

Q_T——气体在273K时的体积流量,m^3/s;

T——燃烧室反应的温度,K。

燃烧不同的气态污染物,反应温度和停留时间有所差异。对一般的碳氢化合物及有机废气燃烧炉的工程设计,常取 $T=1033K$ 和 $t=0.5s$ 较合适。根据经验,可将燃烧温度控制在比可燃组分的自燃点高几百度的范围。

热力燃烧的优点是结构简单、占用空间小、维修费用低。缺点是操作费用高、有回火及火灾的可能。

C 催化燃烧净化法

催化燃烧净化法是在催化剂作用下将有机物完全氧化为二氧化碳和水。例

第5章 大气污染控制技术

如,当废气中含有烃类物质时,可以通过燃烧将其氧化成无害的二氧化碳和水。催化燃烧和热力燃烧一样,需将待处理的气态污染物和催化剂先混合均匀并预热到催化剂的起燃温度,使其中的可燃组分开始氧化放热反应。

通常催化燃烧的处理温度为 200～400℃,空速取 15000～25000 h^{-1},滞留时间取 0.24～0.14s。催化燃烧适用范围,即可用此法净化处理的物质见表 5-7 及表 5-8。

表 5-7 催化燃烧法的适用范围

适用行业	工 序	废气主要成分
化 工	各种装置排放的尾气,真空喷射器废气	甲醇、甲乙酮、苯酚、丙烯
印 刷	胶版印刷机、照相印刷机排出的废气	甲苯、甲乙酮、甲基异丁基甲酮、甲醇、醋酸乙酯
铸 造	壳型铸造排出的废气	酚、苯酚
汽车制造	喷漆室、烘干室排出的废气	甲醛、甲基异丁基甲酮、甲醇、溶纤剂、甲烷
纤维加工	加工、干燥排出的废气	甲苯、甲醇、丙酮、甲乙酮、醋酸乙酯
建筑材料	铝合金窗框烘干室废气,石板制造工序排出的废气	甲醇、苯酚、异丙醇、甲基异丁基甲酮、甲苯、二甲苯、丙酮、甲乙酮
合成树脂加工	制造及干燥工序废气	苯乙烯、甲苯、丁二烯、丙烯腈、异丙醇
水处理	粪、尿贮存槽	硫醇、三甲胺
其他行业	薄膜磁化工序废气,纸加工工序废气,清漆制造工序废气	甲苯、二甲苯、甲醇、醋酸乙酯

表 5-8 可用催化燃烧净化处理的物质

序号	物质类别	物质名称	序号	物质类别	物质名称
1	烷烃类	甲烷、乙烷、丙烷等	9	有机酸及脂类	醋酸、乳酸、丙烯酸等
2	炔、烯烃类	乙炔、乙烯、丙烯等	10	酚 类	苯酚、甲酚
3	环烷烃类	环戊烷、环己烷等	11	可燃气体	氢、一氧化碳等
4	芳香族	苯、甲苯、二甲苯等	12	含氮化合物	氨、氰酸、丙烯腈、苯胺
5	醇类	甲醇、乙醇、丙醇等	13	胺类化合物	甲胺、乙胺、三甲胺
6	醚 类	甲醚、乙醚等	14	含氮化合物	吲哚、粪臭素等
7	醛 类	甲醛、乙醛、丙烯醛	15	含硫化合物	硫化氢、甲硫醇、乙硫醇、甲硫醚等
8	酮 类	丙酮、甲乙酮、甲基异丁酮			

注:1. 表中序号 12、13、14 物质,在高浓度时会生成 NO_x,必须注意;
　　2. 表中序号 15 物质,在高浓度时会生成 SO_x,必须注意。

催化燃烧法的常见流程(图 5-13)。含有有机物组分的废气经预处理除去粉

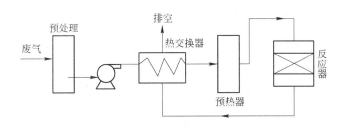

图 5-13　催化法工艺流程

尘或兼除去其他催化剂毒物后，由风机送入预热器预热至起燃温度以上，再进入催化床反应器，反应器也要在启动阶段加热至燃烧温度以上。

催化燃烧的主要优点是操作温度低、燃料耗量少、保温要求不严格、能减少回火及火灾的危险。其缺点是催化剂相对较贵、基建投资高。大颗粒液油应预先去除，不能使用能使催化剂中毒的气体。

燃烧净化法由于具有工艺简单、操作方便、可回收含烃废气的热能等优点，已广泛应用于石油化工、有机化工、食品工业、涂料和油漆生产、金属漆包线生产、纸浆造纸、城市废弃物干燥焚烧处理等主要含有机污染物的废气处理。

5.2.4　催化转化法

催化转化法是利用催化剂的催化作用将废气中的污染物质转化成非污染物质或转化为容易去除的物质的一种废气治理技术。在这一过程中，催化剂可发挥重要作用，其定义是能加速化学反应速度或改变化学反应方向而自身又不参与最终产物反应的物质。

催化转化法与吸收吸附法不同，利用催化转化法治理污染物不需要将污染物与主气流分离，可直接将有害物质转变为无害物质，可避免产生二次污染且操作过程非常简单。催化转化法还具有工业催化的基本优点，由于污染物初始浓度不高、反应的热效应不大，一般可以不考虑催化床层的传热问题，从而使催化反应器的加热装置和温度控制装置大为简化。这些优点都有力促进了催化转化法净化气态污染物的应用研究。虽然气态污染物净化的特点对催化剂的基本性能提出了更高要求，继而增加了研制实用型催化剂的难度，但是人们在较短时间内仍然研制出了多种用来净化气态污染物的催化剂并已成功地应用于诸如脱硫、脱氮、净化汽车尾气和净化恶臭气体等方面。

根据催化转化法的净化机理，可以将其简单地分为催化氧化和催化还原两大类。

5.2.4.1　催化氧化转化法

催化氧化转化法是指将废气中各种气态污染物在催化剂作用下被氧化。例如，用活性炭作催化剂先将 NO 氧化成 NO_2，然后用水或碱性溶液加以吸收，从而实现净化过程。

5.2.4.2 催化还原转化法

催化还原转化法是指将污染物在催化剂作用下与还原性气体反应，从而转化为非污染物。例如，废气中的氮氧化物在铂、钯等催化剂作用下可与 CH_4、H_2、NH_3 等发生还原反应转化为 N_2。

根据催化剂和反应物的物相，催化转化又可分为均相（单相）催化转化和非均相（多相）催化转化。对于均相催化转化来说，催化剂和反应物的物相相同，废气中的污染物为气态，而能促进转化的气态催化剂并不多，因而在实际中很少使用。对于非均相催化转化，由于一般催化剂均为固态，可通过载体制成各种形状，如颗粒状、蜂窝状等，它们与气态污染物的物相截然不同，所以在气态污染物的催化转化中得到了广泛应用。

5.2.5 冷凝法

冷凝法是利用物质在不同温度下具有不同饱和蒸汽压这一性质，采用降低系统温度或提高系统压力而使处于蒸汽状态的污染物冷凝并从废气中分离出来以达到净化或回收目的的方法。冷凝法在理论上可以达到很高的净化程度，但对于有害物质要求控制到百万分之几费用可能很高，所以冷凝法不适宜处理低浓度废气。该方法通常作为吸附、燃烧等净化高浓度废气的预处理，以便减轻这些方法的负荷。蒸气压比较低的污染物可用水冷或气冷冷凝器处理；对于稍有挥发性的溶剂，可采用二级冷凝：第一级用水冷却，第二级进行冷冻。冷凝法一般很少单独用来进行废气处理。冷凝回收净化可采取表面冷却器的间接冷却方法和接触冷凝的直接冷却方法。

冷凝法在有机废气的回收方面应用也较多，特别是对于污染物浓度在 10000×10^{-6} 以上的有机废气的处理，如焦化厂回收沥青蒸气、氯碱生产中回收汞蒸气等。

5.2.6 生物净化法

气态污染物的生物净化法是指利用微生物的生物化学作用使废气中气态污染物分解而转化为少害甚至无害物质的一种处理方法。与其他处理方法相比，生物净化法具有处理效果好、设备简单、运行费用低、安全可靠和无二次污染等优点，但缺点是不能回收利用气态污染物。

由于自然界中存在各种各样微生物，几乎所有的无机和有机污染物都能被微生物转化，所以生物净化法已经逐渐应用于废气治理和控制。例如废气中硫化氢（H_2S）的生物净化，就是利用硫杆菌属的氧化亚铁硫杆菌、脱氮硫杆菌和排硫杆菌（其中，最主要的是利用氧化亚铁硫杆菌的间接氧化作用，其次则是脱氮硫杆菌和排硫杆菌等直接氧化作用）将 H_2S 氧化为单质硫后从废气中去除。而对于废气中有机污染物的生物净化,则是利用微生物新陈代谢需要营养物质这一特点,把废气中的有害物质转化成无害物质。微生物分解有机物时,将一部分分解物化合成为新细胞,而另一部分则产生能量供其生长、运动和繁殖,最后转化成为无害或少害物质。根据微生物在净化时对氧的利用情况,可把生物净化分为好氧生物氧化和厌氧生物氧化两大类。

用来进行污染物降解的微生物可分为自养菌和异养菌两类。自养菌可在有无机碳和氮的条件下,靠硫化氢、硫和铁离子氧化获得能量。其生存所必需的碳,由二氧化碳通过卡尔文循环提供。自养菌适于进行无机物转化,但由于能量转换和生长速度慢,难以实际使用,而仅有少数工艺找到了适当种类的细菌;异养菌是通过有机物氧化获得营养物和能量,适合进行有机污染物转化。适当的温度(一般范围较窄)、酸碱度和必需的氧量是微生物生长的重要条件。

生物净化废气有两种方式,一是生物吸收方法,即先把污染物从气相转移到水中,然后进行废水的微生物处理。二是生物过滤法,用附着在固体过滤材料表面的微生物来完成。

生物吸收装置主要包括吸收器和废水生物处理反应器,图 5-14 是一般流程示意图。废气从吸收器底部通入,与水逆流接触,污染物被水(或生物悬浮液)吸收后由吸收器顶部排出。污染了的水从吸收器底部流出,进入生物反应器经微生物再生后循环使用。

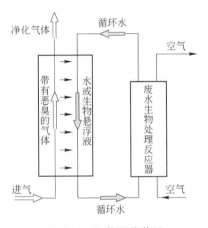

图 5-14 生物吸收装置

生物过滤法常用于有臭味废气的降解。采用生物过滤法必须满足:(1)废气中所含污染成分必须能被过滤材料所吸附;(2)这些污染物可以被微生物降解;(3)生物转化的产物不妨碍主要的转化过程。

用于生物滤池的最好过滤材料常常是可供微生物生长的培养基,如纤维状泥炭、固体废弃物和堆肥等,但这些材料也要被微生物所分解,因而在一定时间后要更换。为了使床层稳定,并增长接触时间,必须使气流速度很低(1~10cm/s),并定期松动过滤材料。

现阶段,生物净化法的另一个应用领域是用来净化挥发性有机气体化合物(VOC)特别是除臭,用生物净化法处理和控制煤炭燃烧产生的 SO_2 等方面也取得了很大进展。

5.2.7 膜分离法

目前,膜分离技术已从"海水淡化"逐渐渗入到化工、医药、食品、环境保护（污水处理，气体分离）等领域内。气体膜分离的基本原理是由于混合气体在压力梯度作用下，透过薄膜时，不同的气体具有不同的透过速度，从而使不同组分离气体达到分离的效果。膜分离技术是20世纪60年代以后发展起来的一项新技术，可以分离废气中的SO_2、NO_x、H_2S和CO_2。

不同结构的薄膜分离的气态污染物也不同。根据构成膜物质的不同，气体分离膜可以分为固体膜和液体膜两种。固体膜是工业部门应用较多的一种，按膜的孔隙率大小可分为多孔膜和非多孔膜。多孔膜的孔径一般为$0.50\sim3\mu m$，非多孔膜实际上也有小孔，只是孔径很小。

按膜的结构又可分为均质膜和复合膜，复合膜一般是由非多孔质体与多孔质体组成的多层复合体。

按膜的形状又可分为平板式、管式、中空纤维式和螺旋式。

按膜的制作材质还可分为无机膜和高分子膜。

5.2.8 电子束照射法

电子束照射法是20世纪80年代末90年代初发展起来的一种同时脱硫脱氮的烟气净化方法，其工艺由废气冷却、加氨、电子束照射和粉尘捕集等四部分组成。其工作的具体过程如下：温度为150℃左右的排放气体通过冷却装置冷却至70℃，根据排放气体中SO_2和NO_x的浓度确定加入氨量，然后将含有氨的混合气体导入反应器，在电子束照射下，氨将SO_2和NO_x转化为硫酸铵$[(NH_4)_2SO_4]$和硝酸-硫酸铵$[(NH_4)_2SO_4\text{-}NH_4NO_3]$粉粒，粉粒经粉尘收集装置回收作为肥料，净化后的气体经烟囱排入大气。

电子束照射法处理废气有其区别于其他处理方法的特点：是一种能同时脱硫脱氮的烟气净化技术；系统结构简单、操作容易；副产物可做肥料，无二次污染。电子束照射净化法目前已经取得一定进展，1987年美国印第安纳州普列斯燃煤发电所完成中试，最大处理量为$24000m^3/h$（约相当于发电量8000kW），同时脱硫、脱氮效率分别达90%和80%以上。20世纪90年代，日本在原制作所又建成电子束照射的示范装置，其硫氧化物的去除率达94%，脱氮效率达80%以上。

我国自行设计和建造的第一套电子束照射脱硫脱氮工业化试验装置建于四川绵阳科学城热电厂，其处理烟气量为$3000\sim12000m^3/h$，粉尘进口浓度$300\sim10000mg/m^3$，粉尘出口浓度小于$50mg/m$；NO去除效率不小于70%，SO_2去除效率不小于90%。从运用情况可知，电子束照射法脱硫脱氮技术具有良好的技术经济性和良好的市场前景。

5.3 硫氧化物的污染控制

硫氧化物（SO_x）主要是指二氧化硫和三氧化硫。在对大气质量造成影响的

5.3 硫氧化物的污染控制

各种气态污染物中,二氧化硫烟气的数量最大,而影响也最广,因此,二氧化硫成为影响大气质量的最主要的气态污染物。

SO_2 是无色具有刺激性的气体,比空气重,是空气的 2.26 倍。在水中具有一定溶解度,能与水和水蒸气结合形成亚硫酸,腐蚀性强。一定条件下被进一步氧化形成三氧化硫。

5.3.1 SO_2 的来源

硫是地壳中 16 大元素之一,主要存在形式为硫酸盐,像石膏($CaCO_3 \cdot H_2O$)和无水石膏($CaCO_3$)。石膏是惰性、无毒、微溶的矿物。人类使用的有机燃料(煤、石油、天然气、木材等)包含硫。木材中硫的含量很少(0.1% 或更少),在煤中含量 0.5%~3%,石油一般在两者之间。燃烧时:

$$S + O_2 \longrightarrow SO_2$$

SO_2 排入大气,最后随着降水,大部分进入海洋(因为世界大部分雨落在海中),然后经过时间和地理进程,进入泥土,最终进入化石燃料和含硫矿物,而人类利用化石燃料和矿物,又排出 SO_2。如果要控制 SO_2 的产生,就要用各种方法使 SO_2 转化为石膏,回到土壤,通常的反应是:

$$CaCO_3(石灰石) + SO_2 + \frac{1}{2}O_2 \longrightarrow CaSO_4 + CO_2$$

在这个反应中,用开产的岩石(石灰石)生成另一种岩石(石膏或无水石膏),并产生 CO_2。

SO_2 还有另一个重要来源是冶金,主要的铜矿是 $CuFeS_2$,制铜的基本反应是其高温下的熔化反应:

$$CuFeS_2 + \frac{5}{2}O_2 \longrightarrow Cu + FeO + 2SO_2$$

其中 Fe 转化为 FeO 浮在 Cu 上,就可以从水中分离出来,而 S 转化为 SO_2。其他冶金如铅、锌、镍的反应类似。

美国 1997 年总共排放 SO_2(以硫计)2031.7 万吨,其中 71% 来自煤燃烧,煤和石油燃烧(包括汽车尾气)占了 86%,冶金过程由于得到很好控制,只占 2.7%。

SO_2 在大气中只能存留几天,除被降水冲洗和地面物质吸收部分外,都被氧化为硫酸雾和硫酸盐气溶胶。SO_2 在大气中氧化机制复杂,大体归纳为两个途径:SO_2 的催化氧化和 SO_2 的光化学氧化。

控制二氧化硫是除颗粒污染物之外人们最关心的大气污染净化问题。因此,很多国家和地区,往往也把二氧化硫作为衡量本国、本地区大气质量状况的主要指标之一。

通过燃料燃烧和工业生产过程所排放的二氧化硫废气,有的浓度较高,如有

第5章　大气污染控制技术

色冶炼厂的排气，一般将其称为高浓度 SO_2 废气；有的废气浓度较低，主要来自燃料燃烧过程，如火电厂的锅炉烟气，SO_2 浓度大多为 0.1%~0.5%，最多不超过 2%，属低浓度 SO_2 废气。对高浓度 SO_2 废气，目前采用接触氧化法制取硫酸，工艺成熟。对低浓度 SO_2 废气来说，大多废气排放量很大，加之 SO_2 浓度很低，工业回收不经济。但它对大气质量影响却很大，因此必须给予治理。

SO_2 污染的控制方法主要有：采用低硫燃料和清洁替代能源、燃料脱硫、燃烧过程脱硫和烟气脱硫。重金属冶炼厂、硫酸厂等工业尾气的 SO_2 的浓度通常在 2%~40% 之间的高浓度，一般采用接触法回收烟气中 SO_2 制硫酸。

目前常用的脱除 SO_2 的方法有抛弃法和回收法两种。抛弃法是将脱硫的生成物作为固体废物抛掉，方法简单、费用低廉，并且同时用于除尘。回收法是将 SO_2 转变成有用的物质回收，成本高，所得副产品存在着应用及销路问题，而且通常需在脱硫系统前配套高效除尘系统。在我国，从国情的长远观点考虑，应以回收法为主。

5.3.2　燃料燃烧过程硫氧化物的形成

5.3.2.1　化石燃料中硫的形态和含量

A　煤炭

煤中含有四种形态的硫，即黄铁矿硫、硫酸盐硫、有机硫和元素硫。煤中硫的分类见表 5-9，其中有机硫的组成十分复杂，表中所列只是某些类型。

表 5-9　煤中含硫的分类

类　型	煤中含硫组成或含硫官能团	燃烧性质	备　注
无机硫	硫铁矿 FeS_2	可燃烧	可洗选脱硫
	元素硫 S_2	可燃烧	
	硫酸盐：石膏 $CaSO_4 \cdot 2H_2O$ 绿矾 $FeSO_4 \cdot 7H_2O$	不燃烧	
有机硫	硫醇类 R—SH 硫醚类 R—S—R′ 二硫化物 R—S—S—R′	均可燃烧	硫与碳、氢结合成化合物，且在煤中分布均匀，洗选不能脱除

煤的含硫量称为全硫，其中硫铁矿硫、有机硫、元素硫是可燃硫。硫酸盐硫是不可燃硫，不可燃硫是灰分组成的一部分。

煤炭使用可按含硫量分为：低硫煤含硫低于 1.5%；中硫煤含硫量 1.5%~2.5%；高硫煤含硫 2.5%~4%，富硫煤含硫大于 4%。我国煤的含硫量多数为 0.5%~3%。我国探明储量中，硫分小于 1% 的低硫煤占 23%。华北、华东浅层煤硫分低，深层煤硫分高。南方各煤田，包括西南和江南的煤田，除滇东各矿烟煤外,一般硫分较高。

B 石油

石油中含的硫绝大部分以有机硫形式存在,主要的含硫化合物如表 5-10 所示。此外石油中大部分氧、氯、硫都以胶状沥青状物质的形态存在,它们是一些分子量大,分子中杂原子不止一种的复杂化合物,石油中的沥青质集中在渣油中,渣油直接作燃料油或脱沥青后作燃料油。

表 5-10 原油中主要含硫物质分类

原油中的含硫化合物及官能团	备 注
硫化氢 H_2S	多存于低沸点馏分中,具有难闻的臭味
硫醇类 R—SH	
硫醚类 R—S—R′	含量较多,分布随沸点上升而增加,高沸点馏分中可占总硫量的 70%
硫酚类	在油中易变质生胶
二硫化物 R—S—S—R′	较集中于高沸点馏分,热稳定性较差,高于 200℃ 开始分解为硫醇、硫醚及 H_2S 等

石油中硫的含量因产地不同变化很大,一般为 0.1%~7%。我国已开采的油田大都含硫量不高,大庆原油含硫低于 0.5%,胜利原油含硫为 0.5%~1%,均属中低硫原油。中东地区的原油一般含硫较高。原油中约有 80% 多的硫含于重质馏分中,用直馏法获得的渣油(燃料油)其含硫量一般为原油的 1.5~1.6 倍或更高。

C 天然气及油田伴生天然气

天然气中的含硫主要是硫化氢。国外的一些商品天然气中硫化氢控制含量多为 5~23mg/m³,我国根据《天然气》(GB 17820—1999)规定,民用燃料和工业原料或燃料的一类、二类天然气中硫化氢含量分别不大于 6mg/m³ 和 20mg/m³。

5.3.2.2 燃烧过程硫氧化物的形成

在正常燃烧条件下,空气过剩系数高于 1.1,可燃硫化物虽然形成一些中间产物,但最后生成 SO_2。由于 O_2 的过量,约有 0.5%~5.0% 的 SO_2 进一步氧化成 SO_3。

A 二氧化硫的形成

燃料中的可燃硫完全燃烧时,其原则反应式如下

$$S + O_2 \longrightarrow SO_2$$

燃烧产生 SO_2 的量可按下式计算:

$$G_{SO_2} = 2BS\eta \tag{5-17}$$

式中 G_{SO_2}——SO_2 产生量,t;

B——消耗燃料量，t；

S——燃料中全硫含量的百分比，如含硫为3%，则以 $S=3\%$ 代入；

η——全硫中可燃硫所占的百分比。

煤炭的 η 值根据实际情况确定，一般 η 在60%~90%的范围。石油、天然气的 η 值可视为1。

B 三氧化硫的形成

燃烧过程中部分 SO_2 进一步氧化成 SO_3。其转化历程一般认为：氧分子在高温下首先离解为氧原子O，氧原子再与 SO_2 生成 SO_3。

$$O_2 \rightleftharpoons 2O$$

$$SO_2 + O \underset{k_2}{\overset{k_1}{\rightleftharpoons}} SO_3$$

式中 k_1——正向反应速度常数；

k_2——逆向反应速度常数。

SO_3 的生成速度可表达为

$$\frac{d(SO_3)}{dt} = k_1[SO_2][O] - k_2[SO_3] \tag{5-18}$$

当 SO_3 达到最大浓度时，$\dfrac{d(SO_3)}{dt}=0$，则

$$[SO_3]_{max} = \frac{k_1}{k_2}[SO_2][O] \tag{5-19}$$

由式（5-18）和式（5-19）可以看出：SO_3 生成速度及 $[SO_3]_{max}$ 的值均随 $[O]$、$[SO_2]$ 的增加而增加，而在 $[SO_2]$ 一定的前提下，$[O]$ 则起着决定的作用。一般认为空气过剩系数大，燃烧温度高，火焰区停留时间长，O 原子的浓度就大，因而 SO_3 的浓度增加。因此在保证完全燃烧的前提下，降低空气过剩系数有利于抑制 SO_3 的生成。

SO_3 的形成还与锅炉对流受热面上的积灰和金属氧化膜及悬浮颗粒的催化作用有关，V_2O_5、Fe_2O_3、SiO_2、Al_2O_3、Na_2O 对 SO_2 的氧化有催化作用，其直接后果是锅炉尾部受热面发生腐蚀。

SO_3 与烟气中的水蒸气在温度低于200℃时，能形成硫酸蒸气，当排烟进入大气且温度降至露点以下时，硫酸蒸气凝结在烟尘粒子上，即形成酸性尘雾。

5.3.3 烟气脱硫

5.3.3.1 二氧化硫烟气脱硫现状

A 国外脱硫现状

据统计，全世界 SO_2 的大气排放量约为140~150Mt/a，形成的烟雾和酸雨已

5.3 硫氧化物的污染控制

造成极其严重的危害。因此，各国政府十分重视 SO_2 的大气污染问题，纷纷制订了控制排放法规。美国于1997年修订《洁净空气法（CAA）和新污染源实施标准》，规定73MW以上的燃煤电站必须配备烟气脱硫装置；欧洲各国要求 SO_2 的排放浓度在 $135mg/m^3$ 以下。1994年6月13～14日，削减 SO_2 排放的新国际协定在挪威奥斯陆签字。各国科技人员都在致力于烟气脱硫（FGD）的研究工作，先后开发出了200多种工艺。目前，世界上已有2500多套FGD装置，总能力已达200000MW（以电厂的发电能力计），处理烟气量 $700Mm^3/h$，年脱 SO_2 近10Mt，这些装置有90%在美国、日本以及德国。尽管各国在FGD方面取得了很大的进步，但费用也相当惊人。如石灰石-石膏法和其他湿式洗涤法，1982年费用为220美元/kW，现虽已降到170美元/kW，仍过高。为此迫使人们开发更为经济的FGD系统。

B 国内脱硫现状

现今酸雨对我国自然环境的危害日益严重。酸雨比较严重的南宁、柳州、桂林、河北地区森林损失率达10.9%，重庆高达22.1%。这些地区因酸雨的破坏每年导致粮食减产5%～10%。每年我国因酸雨造成的直接经济损失高达24.5亿元，生态效益损失约130亿～140亿元。因此，遏制 SO_2 的污染，减轻酸雨的危害程度，非常紧迫。

烟气脱硫是控制 SO_2 污染的重要手段之一。我国烟气脱硫起步较早，早在20世纪50年代就开始研究烟气硫回收，先后开发出了石灰石或石灰湿式洗涤法、钠盐循环吸收法（Wellman-Lord法）、氨吸收法、氨-硫酸法等20余种工艺（表5-11列出了主要烟气脱硫过程方法分类及比较）。但由于如下种种原因，进展缓慢。(1) 因原料来源和产品销路的限制，使一些较为成熟的技术在我国难以推广应用，如碱式硫酸铝-石膏法、石灰石-石膏法、亚硫酸钠法等。(2) 我国的经济基础较差，投资较大的治理方法难以实施，即使某些已采用的脱硫装置的企业，也运行困难，如重庆珞磺电厂引进的石灰石-石膏法烟气脱硫装置，由于石膏销路不好，大量堆弃，费用巨大。可见，综合考虑环境效益和经济效益，开发符合我国国情的烟气脱硫新技术势在必行。

表5-11 烟气脱硫方法分类及比较表

方 法	操作原理	产 物
湿法抛弃流程	利用化学吸收原理；产物抛弃	
石灰/石灰石法	$CaO/CaCO_3$ 浆液吸收	$CaSO_3/CaSO_4$
双碱法	Na_2SO_3 溶液吸收，$CaO/CaCO_3$ 再生	$CaSO_3/CaSO_4$
加镁的石灰/石灰石法	$MgSO_3$ 溶液吸收，$CaO/CaCO_3$ 再生	$CaSO_3/CaSO_4$

续表 5-11

方　法	操 作 原 理	产　物
湿法回收流程	利用化学吸收；再生吸收液；产品回收	
氨法	氨水吸收	$(NH_4)_2SO_4$、石膏、SO_2、硫磺
钠碱法	Na_2SO_3 溶液吸收	SO_2、Na_2SO_3
氧化镁法	$Mg(OH)_2$ 浆液吸收	SO_2
碱式硫酸铝法	$Al_2(SO_4)_3 \cdot Al_2O_3$ 溶液吸收	$CaSO_4$、SO_2
液相催化氧化法	在溶液中 SO_2 催化氧化为 SO_3，再形成 H_2SO_4	稀 H_2SO_4、$CaSO_4$
干法流程	吸附、吸收或催化氧化	
活性炭吸附法	活性炭吸附后洗落或加热再生	稀 H_2SO_4、SO_2、硫磺
喷雾干燥法	将碳酸钠溶液或石灰浆液喷入烟气	Na_2SO_3/Na_2SO_4 或 $CaSO_3/CaSO_4$
催化氧化法	用 V_2O_5 为主催化剂，SO_2 氧化为 SO_3，再吸收	H_2SO_4

5.3.3.2 烟气脱硫的分类

当前应用的烟气脱硫方法，按脱硫剂是液态还是固态分为湿法和干法两种。

(1) 干法脱硫。该法是使用粉状、粒状吸收剂、吸附剂或催化剂去除废气中的 SO_2。该法无论加入的脱硫剂是干态的还是湿态的，脱硫的最终产物都是干态的。该工艺与常规湿式工艺相比有以下优点：无废水、废酸排出，减轻了二次污染；投资费用较低；脱硫产物呈干态，并与飞灰相混；无需装设除雾器及烟气再热器；设备不易腐蚀，不易发生结垢及堵塞。该工艺的缺点是：吸收剂的利用率低于湿式烟气脱硫工艺，用于高硫煤时经济性差；飞灰与脱硫产物相混可能影响综合利用；对干燥过程控制要求很高。

干法脱硫工艺包括活性法、氧化法、炉内喷钙法、电子束法、非平衡等离子体法、石灰石炉内喷射和钙活化脱硫技术以及金属氧化物吸收法等。

(2) 湿法脱硫。该法是采用液体吸收剂，如水或碱溶液洗涤含 SO_2 的烟气，通过吸收去除其中的 SO_2。湿法烟气脱硫技术的特点是整个脱硫系统位于烟道的末端、除尘系统之后，脱硫过程在溶液中进行，脱硫剂和脱硫生成物均为湿态，其脱硫过程的反应温度低于露点，所以脱硫以后的烟气将要经过再加热才能排空。湿法烟气脱硫过程是气液反应，其脱硫反应速率大，脱硫效率高，钙利用率高，在钙硫比等于1时，可达到90%以上的脱硫率，适合于大型燃煤电站锅炉和烟气脱硫。

湿法工艺包括氨法、石灰石/石灰法、双碱法、氧化镁法、柠檬酸盐法、钠碱法、海水法等。由于使用不同的吸收剂可获得不同的副产物而加以利用，因此湿法是研究最多的方法。

5.3.3.3 烟气脱硫处理技术

下面介绍几种较为常见的处理方法。

A 石灰/石灰石法

石灰/石灰石是最早使用的烟气脱硫剂之一,因石灰石价廉易得,目前用作 FGD 的脱硫剂仍然以石灰石为主,占脱硫市场 80% 左右的份额。用石灰石或石灰浆等作为吸收烟气中的二氧化硫的吸收剂,并生成副产品石膏。用于脱硫的方法有湿式石灰/石灰石法、直接喷射法。日本、美国应用湿式石灰/石灰石法约占烟气脱硫总容量的一半以上。石灰/石灰石法脱硫主要有干法、湿法、半干法三种脱硫方式。最初采用的是干法,它投资和运行费用最低,但存在脱硫效率低、增加除尘设备的负荷等缺点,近年来重点转向湿法和喷雾干燥法。

a 湿式石灰/石灰石-石膏法烟气脱硫技术

湿式石灰/石灰石-石膏法烟气脱硫是用含石灰石的浆液洗涤烟气,以中和(脱除)烟气中的 SO_2,形成的产物为石膏。本法的优点是采用的吸收剂价格低廉、易得,SO_2 的脱除率高,效率可达 90% 以上,能适应大气量、高浓度 SO_2 烟气的脱硫。缺点是易发生设备堵塞或磨损。

湿式石灰石-石膏法脱硫反应的机理如下:

(1) 气相 $SO_2(g)$ 溶解在水中生成 $SO_2(aq)$,并进一步反应:

$$SO_2(g) \longrightarrow SO_2(aq)$$

$$SO_2(aq) + H_2O \longrightarrow H_2SO_3$$

$$H_2SO_3 \longrightarrow H^+ + HSO_3^-$$

$$HSO_3^- \longrightarrow H^+ + SO_3^{2-}$$

(2) 产生的 H^+ 促进了 $CaCO_3$ 的溶解,生成 Ca^{2+} 离子:

$$H^+ + CaCO_3 \longrightarrow Ca^{2+} + HCO_3^-$$

Ca^{2+} 与 SO_3^{2-} 或 HSO_3^- 结合,生成 $CaSO_3$:

$$Ca^{2+} + HSO_3^- + 2H_2O \longrightarrow CaSO_3 \cdot 2H_2O + H^+$$

$$Ca^{2+} + SO_3^{2-} + 2H_2O \longrightarrow CaSO_3 \cdot 2H_2O$$

$$H^+ + HCO_3 \longrightarrow H_2CO_3$$

$$H_2CO_3 \longrightarrow CO_2 + H_2O$$

由上述反应机理可见,在 $CaCO_3$ 脱硫系统中,Ca^{2+} 离子的产生和 H^+ 浓度以及 $CaCO_3$ 的存在有关。美国环保局的实验结果表明,$CaCO_3$ 脱硫的最佳 pH 值为 5.8~6.2。

用石灰石作脱硫吸收剂必须考虑其纯度和活性,脱硫反应的活性主要取决于石灰石粉的粒度和颗粒的比表面积。一般要求石灰石粉 90% 通过 44μm(325 目筛)或 63μm(250 目筛),并且 $CaCO_3$ 大于 90%,用含石灰石质量百分数

10%~15%的浆液吸收SO_2。吸收液中存在的$CaSO_3$可通过鼓入空气进行强制氧化转化为石膏。

该法所用吸收剂价廉易得,吸收效率高,回收的产物石膏可用作建筑材料,因此成为目前吸收脱硫应用最多的方法。该法存在的最主要问题是吸收系统容易结垢、堵塞;另外,由于石灰乳循环量大,使设备体积增大,操作费用增高;水的消耗量大,投资费用占燃煤电厂总费用的14%~20%。

b 喷雾干燥吸收法

这是20世纪70年代后期发展起来的。该法是将$Ca(OH)_2$浆液或碱性溶液如$NaCO_3$溶液雾化喷入烟气中,吸收介质在烟气中分散较均匀。吸收剂若为石灰乳雾滴则与SO_2反应生成$CaSO_3 \cdot 1/2H_2O$。由于烟气中有氧存在,会氧化生成部分$CaSO_4 \cdot 2H_2O$。在化学反应同时,雾滴中的水分蒸发,最后产物为干粉物料,并随烟气进入除尘器与飞灰一起脱除。除尘后的烟气经烟囱排放。整个过程的主要反应如下:

$$SO_2(1) + H_2O \longrightarrow H^+ + HSO_3^-$$

$$HSO_3^- \longrightarrow H^+ + SO_3^{2-}$$

$$Ca^{2+} + SO_3^{2-} \longrightarrow CaSO_3$$

$$CaSO_3 + \frac{1}{2}O_2 \longrightarrow CaSO_4$$

$$CaO + H_2O \longrightarrow Ca(OH)_2$$

$$SO_2 + Ca(OH)_2 + H_2O \longrightarrow CaSO_3 \cdot \frac{1}{2}H_2O + \frac{3}{2}H_2O$$

$$CaSO_3 \cdot \frac{1}{2}H_2O + \frac{3}{2}H_2O + O_2 \longrightarrow CaSO_4 \cdot 2H_2O$$

上述反应在气-液界面间完成,整个过程的速率由气膜传质控制。当钙硫比(Ca/S)为1.2~1.5时能达到70%的脱硫效率。由于该法使用的吸收剂是湿态的,而副产物是干态的,又被称为半干法。

喷雾干燥法界于湿法和干法之间,和湿式石灰石/石灰法相比具有如下优点:(1)流程简单,设备少,省去了一整套处理装置;(2)运行可靠,生产过程中不发生结垢和堵塞现象;(3)只要排气温度适宜,不产生腐蚀;(4)能量消耗低,投资及运行费用小;(5)对烟气量和烟气中SO_2浓度的适应性大。

该法流程简单,运行可靠,操作费用低,系统能耗低,是一种有发展前途的烟气脱硫方法,但其固体废弃物的应用或处置是推广此法时需要予以重视的。

c 石灰石炉内喷射和钙活化脱硫技术

石灰石炉内喷射和钙活化脱硫工艺是将石灰石粉($CaCO_3$含量大于92%,

80%的粒度为42μm）用气力喷射到锅炉炉膛上部温度为900~1250℃的区域，发生$CaCO_3$分解和脱硫反应，未反应的吸收剂再与烟气一起进入位于锅炉后面的增湿活化器，通过喷水使吸收剂活化生成$Ca(OH)_2$，达到进一步脱硫的目的。该工艺包括炉内喷钙和炉后增湿活化两个阶段，发生的主要反应如下。

炉内喷钙阶段：

$$CaCO_3 \longrightarrow CaO + CO_2$$

$$CaO + SO_2 + \frac{1}{2}O_2 \longrightarrow CaSO_4$$

$$CaO + SO_3 \longrightarrow CaSO_4$$

炉后增湿活化阶段：

$$CaO + H_2O \longrightarrow Ca(OH)_2$$

$$SO_2 + Ca(OH)_2 \longrightarrow CaSO_3 + H_2O$$

$$CaSO_3 + \frac{1}{2}O_2 \longrightarrow CaSO_4$$

该法是一种干法脱硫工艺，当钙硫比（Ca/S）为2:1~2.5:1时，系统的脱硫效率可达75%以上，利用增湿后的脱硫灰再循环使用，脱硫效率有可能达到90%。

B 其他湿法脱硫法

a 氨吸收法

氨法是用氨水洗涤含二氧化硫的废气，形成亚硫酸铵和亚硫酸氢铵的吸收液体系，该溶液中的亚硫酸铵对二氧化硫具有很好的吸收能力，它是氨法中的主要吸收剂。吸收二氧化硫以后的吸收液可用不同的方法处理，获得不同的产品，从而也就形成了不同的脱硫方法。其中比较成熟的为氨-酸法、氨-亚硫酸铵法和氨-硫铵法等。在氨法的这些脱硫方法中，其吸收的原理和过程是相同的，不同之处仅在于对吸收液处理的方法和工艺技术路线。

氨法是烟气脱硫各方法中较为成熟的方法，较早地被应用于工业。该法脱硫费用低，氨可留在产品内，以氮肥的形式提供使用，因而产品实用价值较高。但氨易挥发，因而吸收剂的消耗量较大，另外氨的来源受地域及生产行业的限制较大。尽管如此，氨吸收法仍是一个治理低浓度二氧化硫的有前途的方法。

(1) 氨吸收法吸收原理。氨法是用氨水在吸收塔中与含二氧化硫的废气接触，发生如下反应

$$NH_3 + H_2O + SO_2 \longrightarrow NH_4HSO_3$$

$$2NH_3 + H_2O + SO_2 \longrightarrow (NH_4)_2SO_3$$

$$(NH_4)_2SO_3 + SO_2 + H_2O \longrightarrow 2NH_4HSO_3$$

在吸收过程中会生成酸式盐亚硫酸氢铵，亚硫酸氢铵对二氧化硫不具有吸收能力，随着吸收液中亚硫酸氢铵的增多，吸收液的吸收能力降低，此时需要向吸

第5章 大气污染控制技术

收液补充氨,使部分亚硫酸氢铵转化成亚硫酸铵,亚硫酸铵对 SO_2 具有更好的吸收能力,氨法的实质是以循环的 $(NH_4)_2SO_3$-NH_4HSO_3 水溶液吸收 SO_2 的过程:

$$NH_4HSO_3 + NH_3 \longrightarrow (NH_4)_2SO_3$$

为保证脱硫操作的正常进行,补加氨水的量应使循环吸收液的 pH 值保持在 6 左右进行脱硫。同时吸收液分流出一部分,根据需要,以下列几种方法回收副产品:

1) 回收硫酸铵的方法。分流出的吸收液用氨水中和,使吸收液中 NH_4HSO_3 全部转化为 $(NH_4)_2SO_3$,然后将其在氧化塔中加压缩空气进行氧化,使之转化成硫酸铵。其反应如下:

$$NH_4HSO_3 + NH_4OH \longrightarrow (NH_4)_2SO_3 + H_2O$$

$$(NH_4)_2SO_3 + \frac{1}{2}O_2 \longrightarrow (NH_4)_2SO_4$$

2) 回收亚硫酸铵法。将分流出的吸收母液用氨或固体碳酸氢铵(NH_4HCO_3)中和,使吸收液中的亚硫酸氢铵转化为 $(NH_4)_2SO_3$,将其作为副产品就近供造纸厂使用,或作为液体肥料,亦可加工成固体亚硫酸铵。加入 NH_4HCO_3 的反应如下:

$$NH_4HSO_3 + NH_4HCO_3 \longrightarrow (NH_4)_2SO_3 \cdot H_2O + CO_2\uparrow$$

3) 氨-酸法。氨-酸法在 20 世纪 30 年代用于生产,目前我国化工系统广泛应用此法处理硫酸尾气,如南京化学工业公司氮肥厂、上海硫酸厂、大连化工厂等。该法需消耗大量的氨和硫酸,对不具备这些原料的冶金、电厂等部门,应用有一定困难。

氨-酸法可选用硫酸、硝酸、磷酸来分解分流出的吸收母液,分别得到副产品硫酸铵、硝酸铵、磷酸铵。同时都得到高浓度 SO_2。这一方法具有工艺成熟,操作方便及副产品可做化肥的优点。由于国际上硫酸铵化肥过剩,有的国家改用磷酸和硝酸来分解吸收液,以获得磷酸铵和硝酸铵。

氨-酸法可分为吸收、分解及中和三个主要工序。

① 吸收。含有二氧化硫的尾气与氨水溶液接触,二氧化硫即被吸收,反应式如下:

$$2NH_4OH + SO_2 \longrightarrow (NH_4)_2SO_3 + H_2O$$

$$(NH_4)_2SO_3 + SO_2 + H_2O \longrightarrow 2NH_4HSO_3$$

$$NH_4OH + SO_2 \longrightarrow NH_4HSO_3$$

实际上,进行 SO_2 吸收的是循环的 $(NH_4)_2SO_3$-NH_4HSO_3 水溶液,随着吸收过程的进行,循环液 NH_4HSO_3 增多,吸收能力下降,需补充氨使部分 NH_4HSO_3 转变为 $(NH_4)_2SO_3$:

$$NH_4HSO_3 + NH_3 \longrightarrow (NH_4)_2SO_3$$

若烟气中有 O_2 和 SO_2 存在，可能发生如下副反应：

$$(NH_4)_2SO_3 + \frac{1}{2}O_2 \longrightarrow (NH_4)_2SO_4$$

$$NH_4HSO_3 + \frac{1}{2}O_2 \longrightarrow NH_4HSO_4$$

$$2NH_4OH + SO_3 \longrightarrow (NH_4)_2SO_4 + H_2O$$

以氨溶液吸收 SO_2 时，传质过程主要受气相阻力所控制，其传质系数取决于吸收液的化学组成、温度及气流速度，而溶液的喷淋密度仅有微弱的影响。随着气流速度的增大、吸收液中碱度的增高及吸收温度的降低，传质系数增大。

②分解。含有亚硫酸氢铵和硫酸铵循环吸收液，当其达到一定的浓度（密度 $1.17\sim1.18\text{g/cm}^3$）时，可自循环系统中导出一部分，送到分解塔中用浓硫酸进行分解，得到二氧化硫气体和硫酸铵溶液。分解反应如下：

$$2NH_4HSO_3 + H_2SO_4 \longrightarrow (NH_4)_2SO_4 + 2SO_2\uparrow + 2H_2O$$

$$(NH_4)_2SO_3 + H_2SO_4 \longrightarrow (NH_4)_2SO_4 + SO_2\uparrow + H_2O$$

提高硫酸浓度可加速反应的进行，因此，一般采用93%或98%的硫酸进行分解。为了提高分解效率，硫酸用量应达到理论量的1.15倍，分解后的酸性溶液需用氨进行中和。

（2）工艺流程和设备。

氨法吸收二氧化硫后的吸收液，其处理方法不同，有不同的工艺流程，图5-15是用硫酸酸解的工艺流程图。含二氧化硫的废气由吸收塔的底部进入，母液

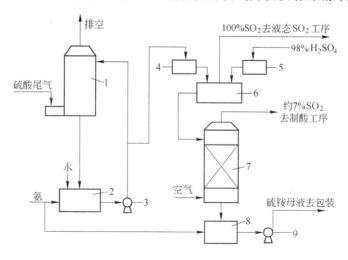

图 5-15 氨-酸法工艺流程

1—吸收塔；2—循环槽；3—循环泵；4—母液高位槽；5—硫酸高位槽；
6—混合槽；7—分解塔；8—中和槽；9—硫铵母液泵

循环槽中吸收液经由循环泵输送到吸收塔顶部，在气、液的逆向流动接触中，废气中的二氧化硫被吸收，净化后的尾气由塔顶排空。吸收二氧化硫后的吸收液排至循环槽中，补充水和氨以维持浓度并在吸收过程中循环使用。

将亚硫酸铵和亚硫酸氢铵达到一定浓度比例的部分吸收液，送至混合槽，在此与由硫酸高位槽来的93%～98%的硫酸混合进行酸解，从混合槽中分解出近100%的二氧化硫，可用于生产液体的二氧化硫。未分解完的混合液送入分解塔继续酸解，并从分解塔底部吹入空气以驱赶酸解中所生成的二氧化硫。由分解塔顶部获得约7%的二氧化硫。这部分二氧化硫可用来制酸。

酸解后的液体在中和槽中用氨中和过量的酸。采用氨作中和剂是为了使中和产物与酸解产物一致。中和后得到的硫酸铵溶液可制成硫铵肥料。

上述流程为一段氨吸收法，其特点是单塔吸收，高酸度（分解液酸度40～50滴度），空气解吸分解，操作简单，不消耗蒸气，但是，氨、酸消耗量大，分解放出的SO_2中85%为纯SO_2，SO_2吸收率只有88%。

若进一步提高SO_2吸收率，需降低吸收液面上SO_2的平衡分压，即选择低浓度、高碱度（S/C低）的吸收液，但会使氨、酸等的消耗增加，而且副产的硫铵母液浓度也较低。这是单塔吸收存在的吸收率与消耗指标之间的矛盾，为了解决这一矛盾，吸收系统宜采用两段吸收方法。

两段氨吸收法的特点是，第一吸收段的循环吸收液浓度高一些，碱度低一些，使引出的母液含有较多的NH_4HSO_3。从而降低分解时的酸耗，并提供较浓的硫铵母液副产品；第二吸收段采用的循环吸收液，浓度低一些，碱度高一些，以保证较高的SO_2吸收效率。因此，第一吸收段称为产品段，第二吸收段称为除害段，但在实际生产过程中，为了减轻除害段的负荷，保证一定的吸收率，避免排放尾气中有大量的铵雾，两段母液的碱度都应维持在中等或较低水平。

由于氨法有多种方案，且氨价廉易得，对各种低浓度SO_2脱硫均能较好适应。如大中型钢铁联合企业的焦化厂，氨是焦化副产品（氨对干洗精煤的产率为0.2%～0.35%），如采用回收氨水的办法，氨水可用于烟气脱硫。日本钢管公司（NKK）发展了氨-亚硫酸铵-石膏法，用于烧结机烟气脱硫并获得产品石膏。我国有丰富的石膏资源，因此技术经济上比较可行的方案是：吸收后的亚铵直接使用，亚铵氧化成硫铵后入焦化厂硫铵系统生产固体硫铵，如附近有硫酸厂，则亚铵可用硫酸分解法获得SO_2供硫酸厂使用。

b 钠碱吸收法

钠碱法是用碳酸钠和氢氧化钠（第一碱）溶液进行吸收，反应后的吸收液用石灰石或石灰（第二碱）再生，可生成石膏，再生后的溶液继续循环使用。吸收过程的反应原理如下式：

（1）吸收反应。

5.3 硫氧化物的污染控制

氢氧化钠溶液吸收 SO_2：

$$2NaOH + SO_2 \longrightarrow Na_2SO_3 + H_2O$$

碳酸钠溶液吸收 SO_2：

$$Na_2CO_3 + SO_2 \longrightarrow Na_2SO_3 + CO_2\uparrow$$

$$Na_2SO_3 + SO_2 + H_2O \longrightarrow 2NaHSO_3$$

在吸收过程中，一部分亚硫酸钠氧化成硫酸钠：

$$Na_2SO_3 + \frac{1}{2}O_2 \longrightarrow Na_2SO_4$$

（2）再生反应。

用石灰再生：

$$CaO + H_2O \longrightarrow Ca(OH)_2$$

$$Ca(OH)_2 + 2NaHSO_3 \longrightarrow Na_2SO_3 + CaSO_3 \cdot \frac{1}{2}H_2O\downarrow + \frac{3}{2}H_2O$$

$$Ca(OH)_2 + Na_2SO_3 + \frac{1}{2}H_2O \longrightarrow 2NaOH + CaSO_3 \cdot \frac{1}{2}H_2O\downarrow$$

用石灰石再生：

$$CaCO_3 + 2NaHSO_3 \longrightarrow Na_2SO_3 + CaSO_3 \cdot \frac{1}{2}H_2O + CO_2\uparrow + \frac{1}{2}H_2O$$

（3）氧化反应。

在上述过程中生成的亚硫酸钙氧化可得石膏：

$$2CaSO_3 \cdot \frac{1}{2}H_2O + O_2 + 3H_2O \longrightarrow 2CaSO_4 \cdot 2H_2O$$

由上述各反应可知，循环吸收液中含 Na_2SO_3，$NaHSO_3$ 和少量的 Na_2SO_4，能吸收 SO_2 的仅只是 Na_2SO_3。溶液中 $NaHSO_3$ 和 Na_2SO_3 的比例关系以 S/C 表示。S 为每升溶液中硫的总摩尔数；C 则为溶液中钠的有效摩尔数，即为 Na_2SO_3 和 $NaHSO_3$ 结合的总数。当 S/C = 0.5，即溶液全为 Na_2SO_3 时，对 SO_2 吸收能力最大；当 S/C = 1.0，即溶液中全为 $NaHSO_3$ 时，对 SO_2 无吸收能力。当吸收液中 $NaHSO_3$ 含量达 80% 时（S/C = 0.9），吸收液需进行再生或排出。

因吸收液再生或处理方法不同，所获产品不同，形成了不同的工艺。

（1）回收 SO_2 法（亚硫酸钠循环法）。由于 $NaHSO_3$ 不稳定，受热即分解，故将吸收塔底含 $NaHSO_3$ 高的吸收液引出，加热再生释放出 SO_2。同时 Na_2SO_3 可以结晶分离，加水后循环使用。

$$2NaHSO_3 \xrightarrow{\Delta} Na_2SO_3 + SO_2\uparrow + H_2O$$

(2) 溶液直接利用法。塔底引出的吸收液，加入一定量 NaOH，使其中的 $NaHSO_3$ 转化为 Na_2SO_3，反应如下：

$$NaHSO_3 + NaOH \longrightarrow Na_2SO_3 + H_2O$$

(3) 双碱法（钠碱-$CaCO_3$ 或 $Ca(OH)_2$ 法）。在排出的吸收液中加入消石灰或粉状石灰石，进行再生。再生过程复分解反应如下：

$$2NaHSO_3 + CaCO_3 \longrightarrow Na_2SO_3 + CaSO_3 \cdot \frac{1}{2}H_2O \downarrow + CO_2 + \frac{1}{2}H_2O$$

$$2NaHSO_3 + Ca(OH)_2 \longrightarrow Na_2SO_3 + CaSO_3 \cdot \frac{1}{2}H_2O \downarrow + \frac{3}{2}H_2O$$

$$Na_2SO_3 + Ca(OH)_2 + \frac{1}{2}H_2O \longrightarrow 3NaOH + CaSO_3 \cdot \frac{1}{2}H_2O$$

反应生成的 $CaSO_3 \cdot \frac{1}{2}H_2O$ 按前述石灰液吸收法处理，生产石膏或抛弃。Na_2SO_3 则循环使用。

钠碱法由于技术成熟，吸收效果好而装置较小，没有结垢问题，操作弹性大，一般认为脱硫规模愈大，则经济上愈合算。因此是一类重要的脱硫方法。

c 催化氧化法

(1) 气相催化氧化。

本法通常使用钒催化剂（硅藻土为载体，V_2O_5 为活性组分，K_2SO_4 为助催化剂），SO_2 在催化剂作用下被氧化为 SO_3。图 5-16 为美国孟山都电厂使用的气相催化氧化脱硫流程。

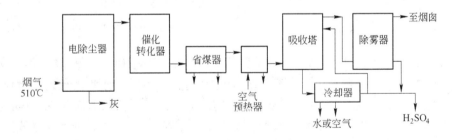

图 5-16 美国孟山都电厂气相氧化脱硫流程

该法的优点是可得到 80% 浓度的产品硫酸，缺点是设备庞大，成品中水分和杂质都高于正常商品所要求的含量。

由于燃料燃烧烟气含尘量高，烟尘中含有能使催化剂中毒的金属或非金属氧化物，这使氧化过程更趋复杂，无论技术上还是经济上还有不少问题尚待解决。

(2) 液相催化氧化法。

用含有催化剂 Fe^{2+}、Mn^{2+}、Cu^{2+} 等的水溶液或稀硫酸吸收烟气中的 SO_2，并催化氧化为 H_2SO_4。该法工艺设备简单，主要存在问题是产品为 15% ~ 25% 的稀硫酸，且含有催化剂，直接使用受限制；催化剂中毒及从酸中分离催化剂不易，催化剂消耗量较多。日本千代田法是用含铁催化剂的 2% ~ 3% 的稀硫酸作吸收剂，副产石膏。

d 海水法

利用海水中的自然碱度可直接中和吸收 SO_2。该法过程简单，不需添加吸收剂，吸收 SO_2 后的海水经曝气处理可直接排海，而不对生物造成危害，且投资运行费用均较低。

SO_2 被海水吸收并发生氧化，生成 SO_4^{2-} 和 H^+，H^+ 使海水的 pH 值降低，但是海水中存在大量的 HCO_3^-，它中和 H^+ 使 pH 值恢复正常：

$$SO_2 + H_2O + \frac{1}{2}O_2 \longrightarrow SO_4^{2-} + 2H^+$$

$$HCO_3^- + 2H^+ \longrightarrow H_2O + CO_2\uparrow$$

为了保证氧含量，对吸收后的海水作空气曝气处理，并排除过量的 SO_2。海水脱除 SO_2 的效率主要取决于海水的自然碱度。通常海水的 pH = 8.0 ~ 8.3，碱度 2.2 ~ 2.4mmol/L，其脱 SO_2 效率大于 90%，适用于沿海的低硫燃煤电厂。

e 金属氧化物吸收法

一些金属氧化物，如氧化镁、氧化锌、氧化锰和氧化铜等对 SO_2 都有吸收能力。金属氧化物对 SO_2 的吸收可采用干法或湿法。干法脱硫属传统工艺，脱硫率较低，目前各国致力于研究如何增加其活性、提高效率；湿法脱硫多采用浆液吸收，吸收 SO_2 后的含亚硫酸盐-亚硫酸氢盐的浆液，在较高温度下易分解，可再生出浓 SO_2 气体，便于加工为硫的各种产品。常见的有氧化镁法、氧化锌法、氧化锰法等。氧化镁法多用来净化电厂的锅炉烟气；氧化锌法适合锌冶炼企业的烟气脱硫，氧化锰法可用无使用价值的低品位软锰矿为原料净化炼铜尾气中的 SO_2，并得到副产品——锰矿。

这类方法的特点是所形成的亚硫酸盐在较高温度下热分解，再生出的金属氧化物可以循环使用，释放出高浓度 SO_2 气体，便于使用和加工，对资源的利用效果好。

氧化镁脱硫的基本原理包括三个基本过程，即氧化镁浆液对 SO_2 的吸收、吸收产物亚硫酸镁水合物的干燥脱水、亚硫酸镁的分解再生。

SO_2 的吸收是利用配成 5% ~ 30% 的氧化镁浆作吸收剂，吸收温度控制在 60℃ 以下，其化学反应为：

$$MgO + H_2O \longrightarrow Mg(OH)_2(浆液)$$

$$Mg(OH)_2 + SO_2 + 5H_2O \longrightarrow MgSO_3 \cdot 6H_2O$$

第5章 大气污染控制技术

$$MgSO_3 \cdot 6H_2O + SO_2 \longrightarrow Mg(HSO_3)_2 + 5H_2O$$

$$Mg(HSO_3)_2 + Mg(OH)_2 + 10H_2O \longrightarrow 2MgSO_3 \cdot 6H_2O$$

由于烟气中 O_2 的存在产生下述副反应：

$$MgSO_3 \cdot 6H_2O + \frac{1}{2}O_2 + H_2O \longrightarrow MgSO_4 \cdot 7H_2O$$

$$Mg(HSO_3)_2 + \frac{1}{2}O_2 + 6H_2O \longrightarrow MgSO_4 \cdot 7H_2O + SO_2$$

$MgSO_4$ 的生成会使再生温度升高，能耗增大，为控制 $MgSO_4$ 的生成，吸收过程 pH 值应为 6~8，还可加入对苯二胺等阻氧化剂。

水合物的干燥脱水：

$$MgSO_3 \cdot 6H_2O \xrightarrow{\Delta} MgSO_3 + 6H_2O \uparrow$$

$$MgSO_4 \cdot 7H_2O \xrightarrow{\Delta} MgSO_4 + 7H_2O \uparrow$$

氧化镁的再生（800~1100℃）：

$$MgSO_3 \xrightarrow{\Delta} MgO + SO_2 \uparrow$$

$$MgSO_4 + \frac{1}{2}C \xrightarrow{\Delta} MgO + SO_2 \uparrow + \frac{1}{2}CO_2 \uparrow$$

该法适合于大规模烟气脱硫，脱硫率可达 90% 左右，再生过程排除的 SO_2，浓度可达 15%~17%，可供制硫酸或其他使用。

C　其他干法脱硫法

a　吸附法

吸附法是利用活性炭、分子筛等吸附剂对 SO_2 的选择吸附脱硫。吸附法治理烟气中 SO_2，常用的吸附剂是活性炭、分子筛、硅胶等。以下介绍应用较多的活性炭吸附脱硫。

据测定煤制活性炭对 SO_2 的物理吸附量最大为 140g/1000g（炭）。烟气脱硫中活性炭对 SO_2 的吸附有物理及化学的作用，由于烟气中还含有 O_2、水蒸气及其他杂质，故能在活性炭上使 SO_2 发生催化氧化反应，并生成 SO_3 及 H_2SO_4。影响吸附的因素除活性炭的性能外，温度、流速、SO_2 浓度、操作压力及烟气中的氧分压和水蒸气分压、杂质等都有影响。一般说低温下（低于 100℃）主要是物理吸附。中温下（100~160℃）则主要是化学吸附，虽然物理吸附能力降低，但总的吸附能力上升，一般烟气脱硫在中温进行。高温下（高于 250℃），化学吸附与吸附产物分解并行，脱硫率可能降低。氧及水分压提高对吸附有利，气流速度则需与 SO_2 浓度和脱硫率相统一，流速过高可使脱硫率降低。

吸附过程表示如下：

物理吸附：

5.3 硫氧化物的污染控制

$$SO_2 \longrightarrow SO_2^*$$
$$O_2 \longrightarrow O_2^*$$
$$H_2O \longrightarrow H_2O^*$$

化学吸附：

$$2SO_2 + O_2^* \longrightarrow 2SO_3^*$$
$$SO_3^* + H_2O \longrightarrow H_2SO_4^*$$
$$H_2SO_4^* + nH_2O \longrightarrow H_2SO_4^* \cdot nH_2O$$

式中，*表示吸附于活性炭表面的分子。

活性炭上硫酸积累量（质量）超过20%，吸附速度下降，这是由于表面覆盖了稀硫酸，阻碍了吸附进行，此时需要脱附再生。活性炭再生可用水洗脱硫酸，可加热再生还原出 SO_2；或者再生还原为元素硫。因再生方法不同，可以组成不同的脱硫工艺。比如活性炭吸附-加热再生法，该法是吸附完成后，以400℃的惰性气体加热活性炭，并吹出还原出的 SO_2，反应为：

$$2H_2SO_4 + C \xrightarrow[\text{惰性气体}]{400℃} 2SO_2 + H_2O + CO_2$$

活性炭脱硫的主要特点：（1）过程比较简单，再生过程中副反应很少；（2）吸附容量有限，常须在低气速（0.3～1.2m/s）下运行，因而吸附器体积较大；（3）活性炭易被废气中的 O_2 氧化而导致损耗；（4）长期使用后活性炭会产生磨损，并因微孔堵塞丧失活性。优点是可使用价廉的半焦代替活性炭，缺点是设备庞大，移动床大型化困难，操作时因炭的消耗及磨损产生大量细粒，需筛分分离。

b 利用粉煤灰的移动床式脱硫技术

移动床式脱硫系统主要由粒状脱硫剂制备和烟气中 SO_2 吸收两部分组成。脱硫剂是以粉煤灰、消石灰、石膏（使用过的脱硫剂）为原料按一定比例经混合、成型、活化而制成高活性的粒状脱硫剂。SO_2 的吸收由移动床式脱硫塔完成，粒状脱硫剂量从脱硫塔上部加入，下部排出。脱硫剂在从上往下的缓慢移动过程中，与横穿的烟气接触，烟气中的 SO_2 与脱硫剂中的消石灰反应生成石膏，烟气中的烟尘因碰撞、拦截等机理被阻截在脱硫剂之间。用过的脱硫剂的一部分可作为石膏再用于脱硫剂的制备。

该脱硫系统在净化过程中不产生废水，烟气温度变化很小，对烟气量的变化、SO_2 浓度的变化及烟气温度变化的适应性较好，操作管理方便，运行稳定。在通常烟气温度下（130℃左右）脱硫效率在90%以上，除尘效率98%以上，钙的利用率约为80%。副产品是石膏含量较大的稳定固体，可以有效利用，也易于处理。

5.3.4 燃料脱硫

由于天然的低硫燃料远远不能满足改善大气质量的需要,因此采用把高硫燃料在燃烧前先脱去其中的硫分变为低硫燃料的方法,即燃料脱硫将日显迫切。从长远效果看,燃料脱硫将是控制大气污染的一项根本性措施。国外对燃料脱硫问题进行了较多的研究工作。

燃料脱硫主要是指燃煤的脱硫和重油脱硫。

煤内所含的硫有两种化学形式:无机硫和有机硫。通过粉碎、浮选,煤中的无机硫可脱除20%~40%。而煤中有机硫的脱除,目前主要是通过煤的气化和煤的液化等途径来实现。煤的气化是使煤与氧、水蒸气、氢等在高温高压下进行反应,使其转变为气体燃料,这个过程可以在煤层中实现,即所谓煤层气化;煤的液化是把煤直接转化为液态的碳氢化合物,通过加氢进行复杂的化学转化,分子量降低,同时除掉氧、氮和硫。

煤炭气化和液化的主要目的是提高煤炭的有效利用率,获得使用方便而清洁的二次能源。煤炭气化、液化的工艺过程中脱除了绝大部分的硫、灰分、氨等污染物质,同时使煤炭转化为较低分子量的易燃气体、液体燃料,与直接燃煤相比可减少烟尘95%,减少SO_2 90%以上。气、液化有利于煤炭的综合利用,还可以获得宝贵的化工原料和化工合成原料气。煤气化除作为民用及工业煤气外,大规模用作化工合成原料气,冶金工业用作铁矿石直接还原生产海绵铁所需的还原气(CO和H_2)。

20世纪30年代以来还研究发展的煤炭地下气化的方法不用采矿且能利用不易开采的煤资源,由于无矸石堆放和采煤废水问题,对环境影响较小。但该法技术复杂,涉及问题较多,大规模开发时有的环境问题还难以预料。

目前重油脱硫主要采用的是催化加氢的方法,即使重油中的有机硫化物在催化剂作用下与氢进行反应,将其中的硫转化为H_2S,然后再将H_2S去除。常压蒸馏渣油量约占原油的60%,原油中约80%的硫进入渣油中,加氢精制不仅可以脱硫,同时可以脱除氮、氧和使不饱和烯烃达到饱和,以改善油品质量,减少燃烧时的污染排放。

加氢反应很复杂,耗氢量与油品的组成、性质及工艺流程有关。例如每还原并除去油品中1%的硫,约需氢$12.5m^3$(标)/m^3(原料油),但由于其他反应和损失,实际耗氢量要大数倍。

由于重油除含硫量高以外,沥青质和重金属有机化合物的含量也很高,沥青质在催化反应中易在催化剂上形成炭沉积,而重金属有机化合物也会与氢反应被还原为金属在催化剂上沉积,都会导致催化剂的活性降低。因而在重油脱硫中对催化剂的性能要求很高。目前有两种主要脱硫工艺,即直接脱硫和间接脱硫。前者是对重油一步完成脱硫,要求催化剂必须能承受上述的苛刻条件;后者是先将重油进行减压蒸馏,然后仅对馏出物进行加氢,对催化剂的要求则较低。目前重油脱硫的主要问题是脱硫率低而脱硫费用高。

5.4 氮氧化物的污染控制

氮氧化物包括 N_2O、NO、N_2O_2、N_2O_3、NO_2、N_2O_4 和 N_2O_5 等,其中对大气产生污染的主要是 NO 和 NO_2,N_2O 也是大气尤其是高层大气的主要污染物之一。在大气中约有 3×10^{-10} L/L 的 N_2O,$(1\sim1.5)\times10^{-9}$ L/L 的 NO 和 NO_2,大气中95%以上的 NO_x 为 NO,NO_2 只占很少量,烟道气中90%以上的 NO_x 也是 NO。

NO_x 的来源有两方面:一是天然形成的;二是人类活动产生的。人类活动的产生量没有天然形成的量大,但由于人为排放的 NO_x 浓度高,排放地点集中,所以造成的危害较大。在人类活动产生的 NO_x 中,由燃料燃烧所产生的 NO_x 约占95%以上。主要来自各种大型锅炉、燃烧炉和熔烧炉的燃烧过程;汽油机动车和柴油机排气;硝酸生产和各种硝化过程;冶金企业中的炼焦、烧结、冶炼等高温过程和金属表面的硝酸处理等。

5.4.1 氮氧化物污染控制概述

固定 NO_x 污染源治理方法主要有三种:(1)低氮燃烧;(2)燃料脱氮;(3)废气脱硝。低氮燃烧是通过改进燃烧方式来降低 NO_x 的排放,是一种一级污染预防措施,作为一种简便易行且有效的方法受到了广泛的重视,但缺点是一些控制燃烧过程的技术往往降低热效率,不完全燃烧,导致损失增加,设备规模也随之增大,而且 NO_x 的减少率却有限。燃料脱氮技术不很成熟,有待继续研究。

废气脱硝是目前最重要的 NO_x 治理方法。但 NO_x 的去除相当困难,主要原因是烟道气中 NO_x 的主要成分是浓度为 10^{-6} 级的 NO,而 NO 相对来说比较稳定,并且烟道气中还含有浓度高于 NO 的水蒸气、CO_2 和 SO_2。经过多年的研究,国内外研究开发了各种各样的脱硝方法,如表5-12所示。

表5-12 排烟脱硝方法分类表

方　法	干　法	湿　法
催化还原法 非催化还原法 催化分解法 吸收法 吸附法 电子射线照射法	选择性催化还原法 非选择性催化还原法	碱吸收法 酸吸收法 生成络盐吸收法 氧化吸收法 液相还原法

5.4.2 氮氧化物废气的治理现状

由于各方面的原因,我国对 SO_2 的重视较多,而对 NO_x 的脱除还不普遍,尤其是对电厂及其他大型工业锅炉 NO_x 的脱除还未提到日程上来。随着我国对 SO_2 治理工作的不断深入,NO_x 可能取代 SO_2 成为我国大气酸性降雨的主要污染源,我国酸性降雨中硫酸根与硝酸根的当量浓度之比将会由当前的大约 64∶1 逐渐趋向于 1∶1,甚至颠倒过来。例如,1970~1986 年之间,西欧发达国家和美国 SO_2 排放量分别下降了 40% 和 25%,而在同一时间里,上述地区的 NO_x 排放量几乎与 SO_2 排放量持平。

西方发达国家在 20 世纪 60 年代末对 NO_x 的污染已给予了充分的重视,纷纷制定出严格的排放标准,各种脱氮(脱硝)装置应运而生,特别是近年来发展较快的选择性催化还原法氮装置成为脱氮装置中的佼佼者。我国也制定了 NO_x 的排放标准(小于 $650mg/m^3$),但脱氮技术与国外差距较大,实践经验也不足,亟须广大科研人员加强开发研究,发展具有中国特色的脱氮技术。

5.4.3 氮氧化物生成机理

国内外对燃烧过程中 NO_x 的生成机理作了大量的研究,目前对 NO_x 的生成机理以及影响因素都比较清楚。煤炭燃烧过程中 NO_x 的生成有三种不同的途径:

(1) 热力 NO_x(Thermal NO_x)。它是燃烧过程中空气里的 N_2 在高温下氧化而生成的氮氧化物,它占总的氮氧化物的 20% 左右。

(2) 快速 NO_x(Prompt NO_x)。它是燃料中的碳氢化合物 CH_x 与空气中的 N_2,在过量空气系数为 0.7~0.8 时,由于缺氧燃烧生成,其生成地点不是发生在火焰面的下游,而是在燃烧初期的火焰面内部,而且反应时间极短,在实际燃烧装置中,快速 NO_x 量很少,就煤粉炉而言,小于 5%。

(3) 燃料 NO_x(Fuel NO_x)。它是燃料中所含氮化合物在燃烧过程中氧化而生成的氮氧化物,它占总生成氮氧化物量的 60%~80%。

5.4.3.1 热力氮氧化物生成机理

这一机理最初是由苏联科学家捷里道维奇提出来的。依照这一机理,空气中的 N_2 在高温下氧化,是通过一组不分支的连锁反应而生成的,即

$$O_2 + M \rightleftharpoons 2O + M$$

$$N_2 + O_2 \xrightleftharpoons[k_{-1}]{k_1} N + NO$$

$$(E_1 = 340kJ/mol, E_{-1} = 0)$$

$$O_2 + N_2 \xrightleftharpoons[k_{-2}]{k_2} NO + N$$

$(E_2 = 29\text{kJ/mol}, E_{-2} = 165\text{kJ/mol})$

高温下 NO 和 NO_2 总的反应方程式为：

$$N_2 + O_2 \longrightarrow 2NO$$

$$NO + \frac{1}{2}O_2 \longrightarrow NO_2$$

利用化学反应动力学公式推导，可得出：

$$d[NO]/dt = 2k_1k_2[N_2][O_2]^{1/2}$$

式中，$2k_1k_2$ 按 Zeldovich 的实验结果，$2k_1k_2 = 3 \times 10^{14}\exp(-542000/RT)$，此式就是 Zeldovich 机理的 NO 生成速率表达式。

由于氮气分子分解反应所需的活化能较大（约 941kJ/mol），故该反应所需要的温度也较高。因此此反应的速率较慢，它决定了整个反应的速率。由 Zeldovich 公式可以清楚看到影响热力氧化氮生成的主要因素是温度、空气中氮和氧浓度以及在高温区的停留时间，其中温度对热力 NO_x 生成速率的影响最大，热力 NO_x 的生成速率与温度几乎成指数关系。热力 NO_x 生成浓度与温度的关系如图5-17所示。氧浓度增大和在高温区停留时间的延长，都会使热力 NO_x 生成量增加。在典型的煤粉火焰中，热力 NO_x 占总 NO_x 排放量的 20% 左右。若降低燃烧温度，能有效地降低热力 NO_x 的生成。

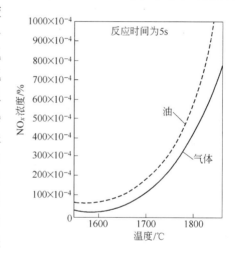

图 5-17 热力 NO_x 生成浓度与温度的关系

5.4.3.2 快速氮氧化物的生成机理

按照 Fenimore 的观点，快速 NO_x 的生成机理与热力 NO_x 不同，碳氢化合物燃烧时，分解生成 CH、CH_2 和 C_2 等基团，它们会破坏空气中的 N_2 分子键，其反应如下：

$$CN + N_2 \longrightarrow HCN + N$$

$$CH_2 + N_2 \longrightarrow HCN + NH$$

$$C_2 + N_2 \longrightarrow 2CN$$

上述反应的活化能很小，故反应速率很快。同时火焰中生成大量 O、OH 等原子基团，它们与上述反应的中间产物 HCN、NH、N 等反应生成 NO，其反应如下：

$$HCN + OH \longrightarrow CN + H_2O$$

$$CN + O_2 \longrightarrow CO + NO$$

$$CN + O \longrightarrow CO + N$$

$$NH + OH \longrightarrow N + H_2O$$

$$N + OH \longrightarrow NO + H$$

$$N + O_2 \longrightarrow NO + O$$

快速 NO_x，只有在富燃的情况下，即在碳氢化合物较多，氧浓度相对较低时才能发生。因此在燃煤炉中，其生成量很小，一般在5%以下。因它的生成速度快，就在火焰面上形成，故称为快速 NO_x。欲降低快速 NO_x 只要保持足够的氧量供应，就能阻止燃烧过程中分解生成的 CH、CH_2 和 C_2 等中间产物与空气中的 N_2 反应，以减少快速 NO_x 的生成。

5.4.3.3 燃料 NO_x 的生成

燃料中的 N 通常以原子状态与各种碳氢化合物相结合，形成环状化合物或链状化合物，如喹啉 C_9H_7N 和芳香胺 $C_6H_5NH_2$ 等，与空气中的氮分子键能相比，煤中 C—N 结合键能要小得多。在燃烧时经氧化反应生成大量的氮氧化物，这种氮氧化物称为燃料氮氧化物。

煤中所含氮在较高的热解温度下才会大量释放，往往要在煤失重10%~15%以后才发现有含氮成分在挥发分中出现，这些所谓的中间产物大多是 HCN、NH_i（$i=0,1,2,3$）或热解焦油，沸点高的成分要在900K以上才析出。要使含氮成分随挥发分完全析出有时需要加热到1600℃以上，而且需要停留足够的时间。在煤粉锅炉内停留时间有限的情况下，煤中氮只有70%~90%能释放出来，其余部分残留在焦炭中。所释放的氮的中间产物 NH 可氧化生成 NO_x，具体机理如下：

$$NH + O \longrightarrow N + OH$$

$$NH + O \longrightarrow NO + H$$

$$NH + OH \longrightarrow N + H_2O$$

$$N + OH \longrightarrow NO + H$$

$$N + O_2 \longrightarrow NO + O$$

在燃烧过程中，燃料氮转化为燃料的量随燃料中氮的含量的增加而下降，在正常燃烧条件下，煤中有机氮转化为 NO_x 的转化率为25%~40%。

由上述 NO_x 的生成机理可以看出，NO_x 生成的最大特点与煤的燃烧方式、燃烧工况有关系。NO_x 生成量依赖于燃烧的温度水平，此外与风煤比、传热以及煤、空气和燃烧产物的混合程度有关。正因为这样，可以通过改变锅炉燃烧方

5.4 氮氧化物的污染控制

式、运行条件等来降低氮氧化物的生成量。

5.4.4 与 SO_x 的比较

一般环境工程中，NO_x 的控制常常与 SO_x 的控制结合起来，因为两者有很多相同的地方：

（1）NO_x 和 SO_x 都能在空气中，与氧气和水反应生产酸，这两种酸都能引起酸雨。

（2）都大量排入大气中，且都是法规所规定要控制的污染物。

（3）都主要通过燃烧途径进入大气。

但是，两者还是有很多不同的地方：

（1）汽车尾气是 NO_x 的主要来源，几乎占 NO_x 排放总量的一半，而尾气中，SO_2 占总量的比例则很少。

（2）SO_2 主要来源于含硫燃料（或含硫矿物），去除燃料中的硫，也就去除了 SO_x。可尽管一些 NO_x 来源于含 N 燃料，但大多数却不是这样，而是由于高温下空气中的 N_2 和 O_2 反应而来。去除燃料中的所有 N，却只能减少燃烧后的 NO_x 10%～20%。或者说，SO_x 是地上来的，而 NO_x 是空中来的。

（3）NO_x 的形成可以通过调整燃烧时间，火焰温度和氧含量大大减少，而 SO_x 则不然。

（4）治理结果：SO_x 的最终可以转变为 $CaSO_3 \cdot 2H_2O$，无毒、微溶、可填埋，但却没有这样的硝酸盐，所以最终产物不可填埋。NO_x 的最终处理是使它转化为 N_2 和 O_2，回到大气中。

（5）去除 SO_2 可以通过溶解，与碱反应，相当简单。但 NO_x 则不然，因为 NO 在水中的溶解度极低，不能与水迅速反应生成酸。NO 必须经过两步形成酸：

$$NO + \frac{1}{2}O_2 \rightleftharpoons NO_2$$

$$3NO_2 + H_2O \longrightarrow 2HNO_3 + NO$$

第一步相当缓慢，因此若用去除 SO_2 的湿式石灰石法装置去除 NO，效果很差。

5.4.5 低氮氧化物燃烧技术

对于 NO_x 污染则主要从两个方面着手：一是采用低 NO_x 燃烧技术，降低炉内 NO_x 生成量；二是在烟道尾部加装脱硝装置，把烟气中的 NO_x 转变为无害的 N_2 或有用的肥料。后者脱硝率较高，但投资和运行费用较高，使其使用受到一定的限制；前者脱硝率尽管较低，但是投资和运行费用较低，因而受到人们的重视。

低 NO_x 燃烧技术是指通过燃烧技术降低 NO_x 的生成量的技术，其主要途径如下：

（1）选用 N 含量较低的燃料，包括燃料脱氮；

（2）降低过剩空气系数，降低燃料周围氧浓度，即低过量空气燃烧（LEA）；

（3）在适宜的过剩空气条件下，降低温度峰值，以减少"热力" NO_x 的生成；

（4）在氧浓度较低的情况下，增加可燃物在火焰前峰和反应区中的停留时间。

目前主要采取的方法有空气分级燃烧、燃料分级燃烧、低氧燃烧和烟气再循环等。

5.4.5.1 空气分级燃烧

空气分级燃烧是美国最先发展起来的，是目前使用最普遍的低 NO_x 燃烧技术之一。空气分级燃烧的基本原理是将燃烧所需的空气量分成两级送入，一级所用的过剩空气系数，对气体燃料为 0.7，烧油时为 0.8，烧煤时为 0.8~0.9，其余空气在燃烧器附近适当位置送入，使燃烧分两级完成。

一级燃烧区内，由于缺氧，使燃烧处于"富燃料燃烧"（或"贫氧燃烧"）状态，燃烧速度和温度降低，因而抑制了热力 NO_x 的生成。另外，燃烧生成的 CO 还可与 NO 以及燃料中 N 分解成的中间产物（如 NH，CN，HCN 和 NH_3 等化合物）相互复合作用，同样也抑制了"燃料" NO_x 的生成：

$$2CO + 2NO \longrightarrow 2CO_2 + N_2$$

$$NH + NH \longrightarrow N_2 + H_2$$

$$NH + NO \longrightarrow N_2 + OH$$

二级燃烧区内，剩余空气以二次空气输入，使未燃尽的碳氢化合物燃尽。同时也使一些中间产物被氧化成 NO：

$$CH + O_2 \longrightarrow CO + NO$$

但因温度低，NO 的生成量不大。采用空气分级燃烧技术由于燃烧均不在化学计量下进行，因而使燃烧温度降低，同时减少了热力 NO_x 和燃料 NO_x 的生成。最终二级燃烧可使 NO_x 的生成量降低 30%~40%。空气分级燃烧技术对含氮量高或低的燃料都有效，是一种被广泛采用的低 NO_x 燃烧技术。分级燃烧可以分成燃烧室内分级和燃烧器内分级两类。

5.4.5.2 燃料分级燃烧

燃料分级燃烧法（Fuel staging）又叫再燃烧法，是近年来国外新发展的一种分级燃烧技术，即对燃料分级，用来控制 NO_x 的生成，此法工作原理如图 5-18 所示。

5.4 氮氧化物的污染控制

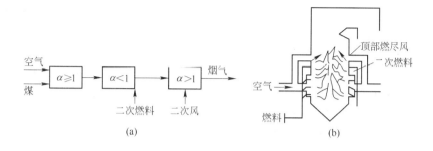

图 5-18 再燃烧法原理图
(a) 原理示意图；(b) 结构示意图

再燃烧法将燃烧分成三个区域：一次燃烧区是在燃烧室下部，送入 80%~85% 燃料并以正常过剩空气系数 $\alpha \geq 1.05$ 配置空气进行燃烧，生成 NO、CO、H_2O、O_2 和灰分等，称为主燃区。在主燃区上部（火焰的下游）的第二燃烧区内，把其余的 15%~20% 燃料作为二次燃料喷入，在此区内燃烧过程是在还原气氛（$\alpha<1$）下进行，生成碳氢化合物基团 CH 等把一次燃烧区中生成的部分 NO 还原成 N_2，或形成中间产物 HCN、CN、CH_4 等基团，但前者是主要的，大约有 70%~90% NO 还原成 N_2，通常此区称为再燃区。然后在第三燃烧区（称为燃尽区）再把燃烧所需的其余空气作为二次空气送入，在该区把残余的可燃物烧完，同时把残留的 HCN、CN 等部分氧化成 NO，部分还原成 N_2，因而此法可使 NO_x 减少 50%。

5.4.6 排烟脱氮法

现阶段的低 NO_x 燃烧技术只能降低 NO_x 50%~60%，因此往往达不到排放标准的要求，为控制烟气中的 NO_x，使其达到排放标准的要求，仍必须采用排烟气脱氮的方法。

5.4.6.1 催化还原法

催化还原法可依据还原剂是否与废气中的 O_2 发生反应而分为非选择性催化还原法和选择性催化还原法。

A 非选择性催化还原法

非选择性催化还原法是用铂作为催化剂，以氢或甲烷等还原性气体作为还原剂，将烟气中的 NO_x 还原成 N_2，所谓非选择性还原法是指反应时的温度条件，仅仅控制在只让烟气中的 NO_x 还原成 N_2。在反应过程中，还能有一定量的还原剂与烟气中的过剩氧作用，加入甲烷为还原剂时，其主要反应有：

$$4NO + CH_4 \longrightarrow 2N_2 + CO_2 + 2H_2O$$

$$4NO_2 + CH_4 \longrightarrow 4NO + CO_2 + 2H_2O$$

$$CH_4 + 2O_2 \longrightarrow CO_2 + 2H_2O$$

本法的关键是控制烟气中过剩氧的含量。过剩氧的含量高，CH_4 在未与 NO_2 反应完全之前本身氧化就要多消耗还原剂，产生热量也增多。反应放热量很大，催化剂层的温度难以控制，此法很难适用于高氧含量烟气的治理。

该法所用的催化剂除用 Pt 等贵金属外，还可使用 Co、Ni、Cu、Cr、Mn 等金属氧化物。

B 选择性还原法

a 选择性催化还原法

选择性催化还原法（SCR）以氨为还原剂，在最适宜的温度范围进行脱氮反应，反应温度与催化剂、还原剂类型、容积速度等有关。

NO_x 在催化剂存在下可被氨还原，其反应如下：

$$4NO + 4NH_3 + O_2 \longrightarrow 4N_2 + 6H_2O \tag{5-20}$$

$$6NO + 4NH_3 \longrightarrow 5N_2 + 6H_2O \tag{5-21}$$

$$6NO_2 + 8NH_3 \longrightarrow 7N_2 + 12H_2O \tag{5-22}$$

SCR 的催化剂目前有三种：贵金属催化剂、金属氧化物催化剂和沸石催化剂。它们各有特点，都有一定程度的应用。在各种金属氧化物催化剂中，以 V_2O_5 为活性物质、WO_3 或 MoO_3 为助剂、TiO_2 为载体的催化剂优势较大，应用较为广泛。以 $V_2O_5\text{-}WO_3/TiO_2$ 作催化剂时，式（5-20）的反应在 250～450℃（最好 350～400℃）、过量氧存在下能迅速进行。"选择性"是指氨选择性地与 NO_x 反应而不是被氧气氧化成 N_2、N_2O 或 NO，一氧化碳（CO）、烃等其他的还原剂没有发现有这样的性质，这种性质是氨特有的。

20 世纪 50 年代末，Engelhard 公司申请了 SCR 反应的催化剂专利；70 年代日本率先实现了 SCR 技术工业化；80 年代中期德国引进了 SCR 技术；90 年代美国也加快了 SCR 技术的推广。氨选择性催化还原法是目前唯一能在高含氧气氛下脱除 NO 的实用方法。

b 选择性非催化还原法

在 900～1100℃温度范围内，在无催化剂的作用下，氨或尿素等氨基还原剂可选择性地把烟气中的 NO_x 还原为 N_2 和 H_2O，基本上不与烟气中的氧气作用，据此发展了选择性非催化还原法（SNCR）。其主要反应为：

氨（NH_3）为还原剂时：

$$4NH_3 + 6NO \longrightarrow 5N_2 + 6H_2O$$

尿素（$(NH_2)_2CO$）为还原剂时：

$$(NH_2)_2CO \longrightarrow 2NH_2 + CO$$

5.4 氮氧化物的污染控制

$$NH_2 + NO \longrightarrow N_2 + H_2O$$

$$2CO + 2NO \longrightarrow N_2 + 2CO_2$$

实验表明,当温度超过 1100℃ 时,NH_3 会被氧化成 NO,反而造成 NO 排放浓度增大。其反应为:

$$4NH_3 + 5O_2 \longrightarrow 4NO + 6H_2O$$

而温度低于 900℃ 时,反应不完全,氨逃逸率高,造成新的污染。可见温度过高或过低都不利于对污染物排放的控制。适宜的温度区间被称作温度窗口,所以,在 SNCR 法的应用中温度窗口的选择是至关重要的。

选择性非催化还原法(SNCR)是一项成熟的技术,在火力发电行业是仅次于 SCR 而被广泛应用的脱硝工艺,具有建设周期短、投资少等优点。1974 年在日本首次投入商业应用,到目前为止,全世界大约有 300 套 SNCR 装置应用于电站锅炉、工业锅炉、市政垃圾焚烧炉和其他燃烧装置。但 SNCR 的 NO 脱除效率低(低于 50%),而氨的逃逸却较高(高于 1×10^{-5}),所以目前国外大型电站锅炉单独使用 SNCR 的不多,绝大部分是 SNCR 技术和其他脱硝技术的联合应用。

5.4.6.2 液体吸收法

液体吸收法是用水或酸、碱、盐的水溶液来吸收废气中的 NO_x,使废气得到净化的方法。可采用的吸收剂种类很多,来源也广。此法便于因地制宜,综合利用,目前已被中小企业广泛采用。

A 水吸收

NO_2 能溶于水,生成硝酸和亚硝酸,亚硝酸在通常情况下很不稳定,很快发生分解,放出一氧化氮和二氧化氮,其化学反应式如下:

$$2NO_2 + H_2O \longrightarrow HNO_2 + HNO_3$$

$$2HNO_2 \longrightarrow NO + H_2O + NO_2$$

$$2NO + O_2 \longrightarrow 2NO_2$$

由于反应是放热反应,而温度的升高会影响物理吸收和化学反应的进行,所以在采用水吸收时,应考虑反应热的转移。从上述反应式也可看出,水对 NO_x 吸收效率的高低,主要取决于 NO_x 中 NO_2 所占比例的多少。但 NO 氧化为 NO_2 的过程是较缓慢的,而燃烧后的烟气中大约有 90%~95% 的 NO_x 仍然以 NO 形式存在,效率再高的吸收塔对 NO_x 的吸收效率也很难超过 50%,或者说很难将吸收塔出口的 NO_x 浓度降低到 10^{-4} 以下。

为提高水对 NO_x 的吸收能力,可采用增加压力、降低温度、补充氧气(空气)的办法,通常采用的操作压力为 0.7~1MPa,温度为 10~20℃,此法可使脱氮效率提高到 70% 以上。

一氧化氮不与水发生化学反应,在水中溶解度低,因而用水吸收的效率不高。水吸收法仅适用于净化以二氧化氮为主的氮氧化物尾气。

B 碱液吸收法

废气中的 NO_x 是酸性气体,故可用碱性溶液中和吸收。如纯碱（Na_2CO_3）、烧碱（NaOH）、氨水（NH_4OH）、氢氧化镁 $Mg(OH)_2$ 等溶液都可用来吸收处理含 NO_x 的废气。考虑到价格、来源、操作容易（不易堵塞）和吸收效率等原因,工业上以 NaOH 和 Na_2CO_3 应用较多,以 Na_2CO_3 应用最多。

碱液吸收含氮氧化物废气时生成硝酸盐和亚硝酸盐,主要化学反应式为:

$$2NO_2 + 2MOH \longrightarrow MNO_3 + MNO_2 + H_2O$$

$$NO + NO_2 + 2MOH \longrightarrow 2MNO_2 + H_2O$$

其中,M 代表一价金属离子或铵离子。当一氧化氮在氮氧化物中占的比例高时,多余的一氧化氮很难吸收。因此提高一氧化氮氧化成二氧化氮的效率是改进吸收过程的途径之一。为提高一氧化氮氧化率,可先使用硝酸氧化,再用碱液吸收,这种方法称为硝酸氧化-碱液吸收法。

研究表明,对于 NO_2 浓度为 0.1% 以下的低浓度气体,碱液吸收速度与 NO_2 浓度的平方成正比。对于较高浓度的 NO_x 气体,吸收等摩尔的 NO 和 NO_2 比单独吸收 NO_2 具有更大的吸收速度。

通常将 NO_2 在 NO_x 中所占的比例称为氮氧化物的氧化度。实验表明,氧化度为 50% ~ 60%（即 $NO_2/NO = 1 ~ 1.3$）时,吸收速度最大,吸收效率也最高。即氧化度不低于 50% 吸收 NO_x,才比较安全,因而这一类吸收法又称为"等摩尔溶液吸收法"。由于 NO 不能单独被碱吸收,所以碱液吸收法不宜直接用于处理燃烧烟气或 NO 比例很大的 NO_x 废气。

实际应用中,一般用 30% 以下的 NaOH 或 10% ~ 15% 的 Na_2CO_3 溶液,在 2 ~ 3 个填料塔或筛板塔内串联吸收,吸收效率随废气的氧化度、设备及操作条件的差别,一般在 60% ~ 90%。如果控制 NO 和 NO_2 为等摩尔吸收,吸收液中 $NaNO_2$ 浓度可达 35% 以上,$NaNO_3$ 小于 3.0%。这种吸收液可直接用于染料等生产过程,或者经蒸发、结晶、分离制取亚硝酸钠产品。若吸收液加入硝酸,可使 $NaNO_2$ 转化为 $NaNO_3$,从而制得硝酸钠产品。

碱液吸收法的优点是能将 NO_x 回收为有销路的亚硝酸盐或硝酸盐产品,有一定的经济效益,工艺流程和设备也较简单,缺点是一般情况下的吸收效率不高。

C 氧化吸收法

NO 除生成络合物外,无论在水中或碱液中都几乎不被吸收,如前所述,为了有效地吸收 NO_x,需将尾气中的 NO 氧化到 $NO_2/NO = 1 ~ 1.3$。在低浓度下,NO 的氧化速度是非常缓慢的,因此 NO 的氧化速度成为吸收法脱除 NO_x 总速度的决定因素。为了加速 NO 的氧化,可以采用催化氧化和氧化剂直接氧化。而氧化剂有气相氧化剂和液相氧化剂两种。

气相氧化剂有 O_2、O_3、Cl_2 和 ClO_2 等；液相氧化剂 HNO_3、$NaClO_3$、$NaClO$、H_2O_2、K_2CrO_7、Na_2CrO_4 等水溶液。此外，还有利用紫外线氧化的。

NO 的氧化常与碱液吸收法配合使用，即用催化氧化或氧化剂提高尾气的氧化度后用碱液回收 NO_x。它的实际应用决定于氧化剂的成本。硝酸氧化成本较低，国内硝酸氧化-碱液吸收流程已用于工业生产。

硝酸氧化-碱液吸收法就是首先用浓硝酸将 NO 氧化成 NO_2，使尾气中 NO_x 的氧化度大于或等于 50%，再利用碱液吸收。主要化学反应如下：

$$NO + 2HNO_3 = 3NO_2 + H_2O$$

$$2NO_2 + Na_2CO_3 = NaNO_3 + NaNO_2 + CO_2$$

$$NO_2 + NO + Na_2CO_3 = 2NaNO_2 + CO_2$$

此法工艺流程见图 5-19。硝酸尾气进入氧化塔与漂白浓硝酸逆流接触，发生氧化反应。氧化后的 NO_2 经分离器后进入碱吸收塔，进行吸收反应后，排入大气。

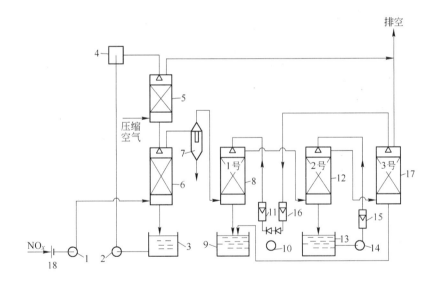

图 5-19 硝酸氧化-碱吸收法工艺流程图

1—风机；2—硝酸循环泵；3—硝酸循环槽；4—硝酸计量槽；5—硝酸漂白塔；
6—硝酸氧化塔；7—硝酸分离器；8，12，17—碱吸收塔；9，13—碱循环槽；
10，14—碱循环泵；11，15，16—转子流量计；18—孔板流量计

D 酸吸收法

常用酸吸收剂为浓硫酸和稀硝酸，用浓硫酸吸收 NO_x 时生成亚硝基硫酸，其

反应式如下:

$$NO_2 + NO + 2H_2SO_4(浓) \longrightarrow 2NOHSO_4 + H_2O$$

用稀硝酸作吸收液,吸收氮氧化物原理是利用氮氧化物在稀硝酸中有较高的溶解度而进行物理吸收。例如当硝酸浓度为12%时,一氧化氮的溶解度比在纯水中大100倍。吸收效率较高的硝酸浓度范围为5%~12%,超过这个范围,吸收效率显著下降。用作吸收剂的硝酸应事先用空气等将其中溶解的氮氧化物吹出。稀硝酸吸收氮氧化物主要为物理吸收,高压和低温有利于吸收,吸收温度一般应维持在283~293K。吸收氮氧化物后的硝酸,经加热后用二次空气吹出氮氧化物,吹出的氮氧化物返回硝酸吸收塔进行再吸收;吹除氮氧化物后的硝酸冷却至293K后吸收塔循环使用。

近年来,美国提出一种催化吸收法,即用硝酸在装满起催化作用的填料的填料塔中吸收NO_x流程。尾气进入催化吸收塔中,与来自解吸塔并冷却后的漂白硝酸在起催化作用的填料上逆流接触,发生如下反应而将NO_x回收为HNO_3:

$$2NO_x + H_2O + (2.5 - x)O_2 = 2HNO_3$$

此外,尚有部分未完全氧化的氮氧化物(NO、NO_2、N_2O_4、HNO_2等)溶于吸收酸中,使漂白酸变成了非漂白酸。因此,吸收酸需在解吸塔中用部分净化后的尾气解吸出溶解的NO_x,使之重新成为漂白酸,解吸后返回吸收塔。来自解吸塔的漂白酸部分作为回收酸,部分送催化吸收塔作吸收液。在漂白硝酸吸收段上部设置的水洗段主要用来防止因漂白硝酸吸收段硝酸分压太高而引起的硝酸损失。催化剂是由硅胶、硅酸钠、黏土等的混合物灼烧制成。

此法不仅适用于硝酸尾气处理,也适用于含3% NO_x的硝化反应气体和其他任何NO_x废气的处理。可以在常压下回收NO_x为硝酸。

E 液相还原吸收法

这是一种用液相还原剂将NO_x还原为N_2的方式,即湿式分解法。常用的还原剂有亚硫酸盐、硫化物、硫代硫酸盐、尿素水溶液等。下面简单介绍硫代硫酸钠法。

硫代硫酸钠在碱性溶液中是较强的还原剂,可将NO_2还原为N_2,适于净化氧化度较高的含NO_x的尾气。主要化学反应是:

$$2NO_2 + Na_2S_2O_3 + 2NaOH = N_2\uparrow + 2Na_2SO_4 + H_2O$$

硫代硫酸钠法净化NO_x的工艺流程见图5-20。含NO_x的废气进入吸收塔,与吸收液逆流接触,发生还原反应、净化后直接排空。

F 络合液的吸收法

该法主要是利用液相络合剂直接与NO发生络合反应,因此非常适用于主要含NO的NO_x尾气。该法目前还处在试验研究阶段,有些问题如NO的回收等仍

5.4 氮氧化物的污染控制

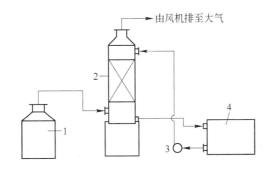

图 5-20　硫代硫酸钠法工艺流程
1—毒气柜；2—波纹填料吸收塔；3—塑料泵；4—循环槽

需进一步研究。

目前研究的络合剂有 $FeSO_4$、$Fe(II)$-EDTA 及 $Fe(II)$-EDTA-Na_2SO_3 等，主要化学反应如下：

$$FeSO_4 + NO \underset{90 \sim 100℃}{\overset{20 \sim 30℃}{\rightleftharpoons}} Fe(NO)SO_4$$

$$EDTA\text{-}Fe(II) + nNO \underset{加热}{\overset{低温}{\rightleftharpoons}} EDTA\text{-}Fe(II) \cdot nNO$$

许多工业废气中 NO_x 的氧化度较低，使用某种单一的吸收剂净化 NO_x 废气的效果不够理想。工业上，常用两种或两种以上的吸收剂对 NO_x 废气进行多级吸收，以达到资源的综合利用和达标排放的目的。

5.4.6.3　吸附法

吸附法是一种采用吸附剂吸附氮氧化物以防其污染的方法。吸附法既能较彻底地消除氮氧化物的污染，又能回收有用物质但其吸附容量较小，吸附剂用量较大，设备庞大，再生周期短。通常按照吸附剂种类进行分类，目前常用的吸附剂有分子筛、活性炭、硅胶等。

A　活性炭吸附法

活性炭对低浓度 NO_x 的吸附能力很强，解吸后可回收 NO_x。由于活性炭在 300℃ 以上有自燃的可能，给吸附和再生造成相当大的困难。

法国氮素公司近年来发展了一种新的活性炭吸附法——考发士（COFAZ）法。该法是使硝酸尾气与喷淋过水或稀硝酸的活性炭相接触。尾气中 NO_x 被吸附，其中 NO 与空气中的 O_2 在活性炭表面催化氧化为 NO_2，进而再与水反应生成稀硝酸。

西安高压电瓷厂采用活性炭吸附法净化该厂铜及合金工件酸洗抛光时产生的高浓度、间断性 NO_x 废气，固定床吸附器用 1Cr18Ni9Ti 不锈钢制作，空塔气速为 0.1~0.5m/s，吸附床层温度控制在 60℃ 以下，NO_x 净化效率在 90% 以上。吸附过程中，须尽量降低废气中湿度或除去废气中水雾，以保证炭对 NO_x 的吸附能力。饱和炭分三步完成再生：（1）用 10%~20% 的 NaOH 溶液浸泡 2h，水洗至 pH=8~8.5；（2）用 20% 的 H_2SO_4 溶液浸泡 1h，水洗至 pH=6~6.5；（3）用蒸汽蒸 1h 后，在低于 120℃ 下用热空气烘干。

国外用该法净化玻璃熔炉烟气，净化前 NO_x 和 SO_2 均为 $(180~240)\times10^{-6}$，吸附净化后分别降至 20×10^{-6} 和 25×10^{-6} 以下。

B　分子筛吸附法

该法用于吸附硝酸尾气。利用分子筛作吸附剂来净化氮氧化物是吸附法中最有前途的一种办法，国外已有工业装置用于处理硝酸尾气，可将浓度由 1500~3000mg/L 降低到 50mg/L，回收的硝酸量可达工厂生产量的 2.5%。常用的分子筛有氢型丝光沸石、氢型皂沸石、脱铅丝光沸石等。该法净化效率高，但装置占地面积大，能耗高，操作麻烦。

丝光沸石是一种常用的分子筛，它具有很多的孔隙，具有很高的比表面，一般 500~1000m²/g，其晶穴内有很强的静电场，内晶表面高度极化，微孔分布单一均匀，并具有普通分子般大小，因此，对于低浓度 NO_x 有较高的吸附能力，当 NO_x 尾气通过吸附床时，由于 H_2O 和 NO_2 分子极性较强，被选择性地吸附在主孔道内表面上。

氮氧化物在氢型分子筛上的吸附是分步进行的，首先是极性较强的水和二氧化氮分子被选择性地吸附在分子筛表面上，二者反应生成硝酸并放出一氧化氮，放出的一氧化氮同废气中一氧化氮一起，在分子筛表面上被氧气氧化生成二氧化氮同时吸附。经过一定的吸收床层高度后，尾气中的氮氧化物气体与水均被吸附。达到饱和的吸附床可用升温法或用水蒸气置换法进行脱附。脱附后的分子筛经干燥而得到再生。因此，在吸收工艺上一般可采用 2 个或 3 个吸附塔，交替地进行吸附和再生。

C　硅胶吸附法

硅胶的催化作用，可使 NO 氧化为 NO_2，并将其吸附，通过脱硫吸附可回收 NO_x。但烟气中有烟尘时，烟尘充塞硅胶，空隙和孔隙会很快失去活性，故必须吸附前除尘。硅胶在超过 200℃ 时会干裂，这限制了硅胶的使用。

5.4.6.4　电子束照射法

用电子射线照射烟气，射线的能量被吸收，诱发起放射性反应，产生富有 OH 和 O 原子游离基等。这些游离基和原子通过反应将 SO_2、NO_x 氧化成硫酸、硝酸。

若在照射前向烟气中加入与 SO_2、NO_x 同当量的氨，使上述反应的酸变成硫酸铵和硝酸铵，然后用电除尘捕集除去。

该法用于钢铁厂烧结炉排烟处理,可同时去除 NO_x 和 SO_2,其去除率随电子射线照射量的增加而增加。用2.0Mrad(兆拉德)的照射量,可达90%以上的脱氮率和80%以上的脱硫率。

该法用于处理煤烟实验装置也是可行的。实验装置如图5-21所示,实验结果表明(美国能源部提供资金,对印第安纳州的燃煤发电厂排烟作了试验,烟气中含 SO_2 为 $(1000 \sim 2000) \times 10^{-6}$,含 $NO_x (300 \sim 400) \times 10^{-6}$)脱硫和脱氮率均在90%以上,且生成物可用作肥料。使用的电子加速器为800keV、100mA,最大处理能力为2400m³/h。

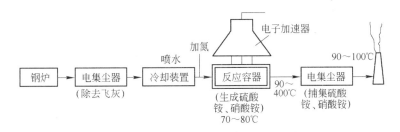

图5-21 电子束处理煤烟的实验装置

5.5 挥发性有机物的控制

随着人们在对大气污染物认识的提高,在经历了对PM、SO_2 和 NO_x 等大气污染物控制后,目前已经把对挥发性有机化合物(VOC)的污染控制上升到了一个突出的位置。由于VOC具有严重的危险性,西方发达国家很早就颁布法令对VOC的排放进行了管制,美国在1990年修订的净化大气法(NCAA)中,就明确规定到2000年将VOC的排放量减少70%;而由联合国欧洲经济委员会发起的控制VOC排放缔约会,则要求各缔约国到1999年将VOC排放量减少到20世纪80年代后期的1/3左右。其他经济发展较快的国家和地区也开始制定限制VOC排放的法规。我国的《大气污染物综合排放标准》(GB 16297—1996)中也对14类VOC规定了最高允许排放浓度、最高允许排放速率和无组织排放限值。

5.5.1 挥发性有机物(VOC)的定义及分类

VOC指的是在标准大气压下沸点小于260℃,且室温下蒸气压大于71Pa的有机化合物,也有学者将常压下沸点低于100℃或25℃时饱和蒸气压大于133Pa的有机化合物称为VOC。通常VOC物质分子中的碳原子数小于12(不包括金属有机物和有机酸)。

VOC物质被广泛地用作液体燃料、溶剂或化学反应的中介或原料。大气中的 VOC，主要来源于化工、石油化工生产过程（如溶剂、干洗剂、某些油气的生产过程）排放的气体以及汽车尾气。工业生产中主要的 VOC 排放源为下列工艺过程或设备：特殊化学品生产，聚合物和树脂生产，工业溶剂生产，农药和除锈剂生产，油漆相涂料生产，橡胶和轮胎生产，石油炼制，石油化工氧化工艺，石油化工储罐，泡沫塑料生产，酚醛树脂浸渍工艺，塑料橡胶层压工艺，玻璃钢生产，磁带涂层，电视机壳、仪表、汽车壳和部件，飞机喷漆，金属漆包线生产，金属部件清洗，半导体生产、纸和纤维喷涂，纸和塑料印刷等。

大多数 VOC 都含有恶臭或有毒性，甚至部分还具有"三致"作用，即使有的 VOC 本身没有太大的危害，但可与 NO_x、HCS 及氧化剂发生光化学反应，生成光化学烟雾，对环境也会造成严重的危害。VOC 按结构可分为 8 类，如表 5-13 所示。

表 5-13 VOC 分类

类 别	常见有机物
脂肪类碳氢化合物	丁烷、正乙烷
芳香类碳氢化合物	苯、甲苯、二甲苯、苯乙烯
氯化碳氢化合物	二氯甲烷、三氯甲烷、三氯乙烷、二氯到四氯乙烯、四氯化碳
酮、醇、醛、多元醇类	丙酮、丁酮、环己酮、甲醛、乙醛、甲醇、异丙醇、异丁醇
醚、酚、环氧类化合物	乙醚、甲酚、苯酚、环氧乙烷、环氧丙烷
酯、酸类化合物	乙酸乙酯、乙酸丁酯、乙酸
胺、腈类化合物	二甲基二酰胺、丙烯腈
其 他	氯氟碳化物、氯氟烃、甲基溴

5.5.2 VOC 控制方法

VOC 的控制可以从多种途径实现。最经济的方法是通过清洁生产的途径减少 VOC 的使用和散发。但对于一些工艺过程和生产而言，清洁生产的路还很长，不可避免的还会有大量的 VOC 会被排放，末端治理技术仍然是必不可少的一种手段。同样在这些治理技术中也存在清洁工艺和污染工艺之分。

近年来，人们通过对 VOC 的研究控制，开发了一系列成熟而有效的方法。根据处理后的产物不同，可分为两类：一类是破坏性方法，如燃烧法，将 VOC 直接转化为 CO_2 和 H_2O；另外一类是非破坏性方法，如活性炭吸附法、冷凝法、吸附法和膜分离法，将 VOC 净化并回收。现将这几种方法原理和优缺点列于表 5-14。

5.5 挥发性有机物的控制

表 5-14 VOC 净化方法的原理和优缺点

方法		原理	优缺点
电晕法		气场在较高的电场强度下产生自由电子和氧化性物质	能耗低，去除率高
燃烧法	直接氧化燃烧法	用过量的空气使低浓度的 VOC 燃烧，生成 CO_2 和 H_2O	优点：VOC 去除率高，一次性投资低，操作简便，不产生废液和固体废物，维修少 缺点：辅助燃料费用高
	催化氧化燃烧法	用过量的空气使低浓度的 VOC 燃烧，生成 CO_2 和 H_2O	优点：VOC 去除率高，不产生废液和固体废物，辅助燃料费用低 缺点：一次性投资高，比同规模的直接氧化燃烧高 40%
膜分离		基于气体中各组分透过膜的速度不同，可用溶解-扩散模型分析	优点：投资费用低，操作容易，易开工，动力消耗少，无环境污染 缺点：原料气要干净，所以要有预处理阶段；由于膜分离以压力差为推动力，所以气体消耗压缩功的能耗较大
活性炭吸附法		吸附剂有较大的比表面积，从而对 VOC 发生吸附，此过程多为物理吸附，过程可逆，所以在吸附剂达饱和后，可用热空气或水蒸气进行脱附	优点：VOC 去除率高，辅助燃料用量少 缺点：产生废液，且废液处理费用高
冷凝		降低饱和 VOC 气体的温度，使 VOC 冷凝后从气体中分离出来	优点：可回收产品，不增加液体或固体废物的排放量 缺点：应用面窄，只适合处理高沸点、高浓度 VOC 物流，同时还要考虑回收产品的处理

5.5.2.1 直接氧化燃烧法

直接氧化燃烧系统主要由燃烧室、燃烧器、辅助燃料供应设施和热回收设施构成。简易流程如图 5-22 所示。

工艺流程为：使含 VOC 的物料先进入一间接换热器与出燃料室的高温气体换热，加热后的气体进入燃烧室，加入辅助燃料，使 VOC 转化为 CO_2 和 H_2O，

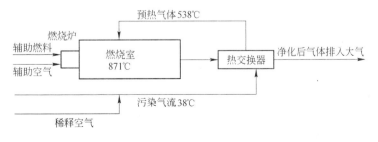

图 5-22 直接氧化燃烧处理 VOC 流程

燃烧室内的温度通常为650~870℃，停留时间为0.5~1.0s，VOC的去除率可到95%以上，间接换热器一般可回收60%~80%的热量。如采用蓄热式回收热量的氧化燃烧系统。则整个系统能回收大约95%的热量，这样就可以减少辅助燃料的加入。

5.5.2.2 催化氧化燃烧法

催化氧化处理系统由于催化剂的作用，催化氧化的温度在370~480℃，用于气量2000~20000m³/h，浓度范围在(100~2000)×10⁻⁶的低浓度及气体循环使用的情况。常用于气体流量和浓度波动的场合。其净化效率通常大于90%，最大为95%。其热回收系统主要为间接回收。催化材料极易受硫、氯和硅等非VOC物质的毒害而失活，且更换催化剂的费用非常昂贵。

催化燃烧的改进主要集中在新型催化剂的研究上。重点为如何防止催化剂因卤素、硫化物或NO_2而造成的失活及和磷、铅、锌、砷、汞或其他重金属引起的中毒。如美国联信公司开发的处理卤代烃的催化剂对磷和其他的一些物质有很好的抵抗性。其他开发的铬铝基材料的催化剂（以Cr_2O_3计含铬12%~25%）能持续有效地处理卤代类有机气体。

催化氧化燃烧法由于采用了催化剂，所以使得VOC的焚烧温度降到315℃以下，从而大大减少了辅助燃料的使用。用固定催化剂的催化氧化法的简易流程如图5-23所示。

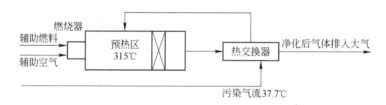

图5-23 催化氧化法的简易流程

工艺流程为：要处理的气体先通过一管壳式间接换热器，加热到所需温度，然后通过一固定催化剂层，约80%~90%的VOC分解，热气体通过热交换器后放空。常用的催化剂有纯铂、铂合金、铜-铬、氧化铜、氧化铁、镍等。

5.5.2.3 电晕法

电晕放电是指在非均匀电场中，在较高的电场强度下，气体产生"电子雷崩"，出现大量的自由电子和氧化性物质，从而降低VOC含量。

5.5.2.4 活性炭吸附法

活性炭吸附是一种广泛使用的VOC排放控制途径，如表5-15所示。其主要利用活性炭的表面物理吸附作用将VOC从气体中分离出来。活性炭的物理性质如表5-16所示。

5.5 挥发性有机物的控制

表 5-15 活性炭吸附可除去的污染物质

吸附剂	吸附质
活性炭	苯、甲苯、二甲苯、丙酮、乙醇、乙醚、甲醛、汽油、光气、乙酸乙酯、苯乙烯、恶臭物质、H_2S、Cl_2、CO、CO_2、SO_2、NO_x、CS_2、CCl_4、$HCCl_3$、H_2CCl_2
浸渍活性炭	烯烃、胺、酸雾、碱雾、硫醇、SO_2、Cl_2、H_2S、HF、NH_3、HCl、Hg、HCHO、CO_2、CO

表 5-16 工业用活性炭的物理性质

吸附剂	真密度 /g·cm^{-3}	颗粒密度 /g·cm^{-3}	填充密度 /g·cm^{-3}	空隙率/%	细孔容积 /cm^3·g^{-1}	比表面积 /m^2·g^{-1}	平均孔径 /nm
颗粒活性炭	2.0~2.20	0.6~1.0	0.35~0.60	0.33~0.45	0.50~1.1	700~1500	1.2~4
粉末活性炭	1.90~2.20	—	0.15~0.60	0.45~0.75	0.50~1.40	700~1600	1.5~4

活性炭吸附系统的固定床吸附装置的空塔速度一般取 0.50m/s 以下，吸附剂和气体的接触时间取 0.50~2.0s 以上，吸附层压力损失应控制小于 1kPa。在有害气体浓度较高时，为了适应工艺连续生产的需要，多采取双罐式并联系统，一罐吸附，另一罐脱附，交替切换使用。

吸附剂对 VOC 的吸附效果，除与吸附剂的性质相关外，还与 VOC 的种类、性质、浓度以及吸附系统的温度、压力有关。一般来说，吸附剂对 VOC 的吸附能力随 VOC 分子量的增加而增强，低分压的 VOC 比高分压的 VOC 更易吸附。用氯化铁处理后的活性炭，是 VOC 的良好吸附剂。其典型的流程如图 5-24 所示。

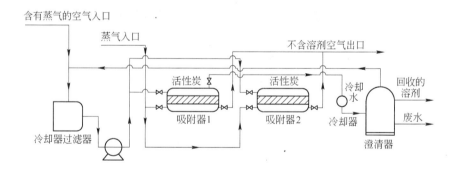

图 5-24 活性炭吸附法流程图

工艺流程为：含 VOC 气体通过吸附器，经过吸附后，通入吸附器进行再生；再生过程是将低压蒸气向上通过床层，从而提高床层温度，降低床层活性炭吸附剂吸附 VOC 的平衡容量，同时提供解吸 VOC 溶剂的蒸发潜热，并作为解吸气体，降低气相中溶剂的分压。

再生可采用热空气、水蒸气或热氮气进行。再生产生的高浓度污染气体需进一步采用冷凝、热力燃烧、催化燃烧等方法处理。由于此时处理的是小气量的浓缩气流，故二级处理的费用大大降低。活性炭在使用和再生的过程中会不断地损失其吸附容量，因此在使用一定时间后需全部更换。

处理多种成分混合有害气体可采用碱性浸渍、酸性浸渍和普通炭串联组合的吸附装置，见图 5-25。

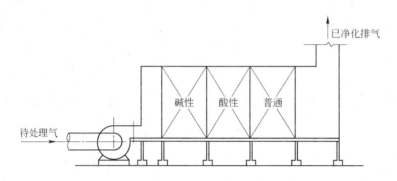

图 5-25　组合式活性炭吸附器

固定床炭层高度一般取 0.5~1.0m，垂直型（立式）直径与高度大致相等；水平型（卧式）长度大约为层高的 4 倍。

吸附罐可填充颗粒炭或纤维状炭，此两种炭的性能比较列于表 5-17。后者各项性能指标均优于前者，因此用其做成的吸附装置体形小、吸附及脱附速率均快、节约能耗，且回收溶剂品质高，已有定型成品供应。纤维活性炭由于其微孔直接面向气流，表现出良好的吸附、脱附性能，因而可采用较短的吸附、脱附周期。另外，由于炭纤维较普通活性炭的金属含量低（约少 50%~90%），对卤代烃的催化作用小，不会造成引起腐蚀作用的水解作用，也不会出现普通活性炭床吸附酮类物质时可能出现的炭床闷烧现象。

表 5-17　颗粒炭与纤维状炭的性能比较

活性炭名称	颗粒炭	纤维状炭
形　态	$\phi 4$~6mm 圆柱体	10~20μm 纤维
目测单重/g·m^{-2}		100~300
填充密度/g·cm^{-3}	0.40~0.50	0.01~0.10
外表面积/m^2·g^{-1}	~0.01	1.5~2.0
比表面积/m^2·g^{-1}	900~1000	1000~1500
平均细孔直径/nm	~2.6	1.4~2.0
甲苯(20℃,1000×10^{-6})平衡吸附量/g·g^{-1}	0.12~0.37	0.43~0.61
在空塔速率10cm/s，z=10cm 时吸附速率/g·(g·min)$^{-1}$	0.03	0.47
在空塔速率5cm/s，z=10cm 时脱附速率/g·(g·min)$^{-1}$	28.5	97.5

待处理气体中的水分对活性炭层的吸附性能影响很大。在气体相对湿度超过50%时,活性炭对有机物的吸附能力将大大下降。

对于含酮类有机气体不宜采用活性炭吸附。因为酮类物质中的酰基碳在炭表面会发生放热聚合。连续暴露于酮类气体的活性炭会因放热而引起炭层着火。

活性炭吸附适用于以下VOC:(1) VOC的相对分子量在50~200之间,相应的沸点为19.4~176℃。(2) 脂肪族与芳香族碳氢化合物,C原子数在4~14之间。(3) 大多数的卤素族溶剂(同时符合(1)),包括CCl_4、CH_2Cl_2、氯乙烯、三氯乙烯等大多数酮和一些酯、酸类(乙醇、丙醇、丁醇)。

总体来说,活性炭处理费用比较高,其中最大的花费是蒸气。一般情况下,一个中型的VOC回收装置每回收1t VOC约消耗1.36~2.27kg的水蒸气。为了降低成本,近年来开发了一些降低蒸汽消耗的方法。

5.5.2.5 吸收法

吸收是通过让含VOC的污染气体与液体溶剂接触而达到使污染物从气相转移到液相的一种操作过程。过程是在填料塔、板式塔或喷雾塔等吸收装置中完成的。吸收法可用来处理气量150~3000m^3/h,浓度范围在$(500~5000)×10^{-6}$的气体,去除率可达95%~98%。该工艺由于本质上也是一个分离问题,因此也存在吸收液的再生相处理处置及浓集气流的二次处理问题。实际运行而言,吸收法在VOC的净化中应用较少,已有的应用包括采用燃油吸收含苯废气。但国外已有利用添加表面活性剂而提高憎水性气体溶解度的研究,也有利用大气中雾汽吸收VOC现象为机理的研究开发应用报道。

5.5.2.6 冷凝法

冷凝法是脱除和回收VOC最简单的方法。冷凝是对废气进行冷却或加压使其中待去除的物质达到过饱和状态而冷凝从气体中分离出来。冷凝能有效地分离沸点37℃以上、浓度$5000×10^{-6}$以上的污染气体,主要用于回收高沸点和高浓度的有机物,一般用于各种净化方法的前处理阶段。其主要设备为冷凝器,它有两种形式:表面冷却和直接冷却。使用表面冷却器的简略流程如图5-26所示。

VOC在物流中的分压,对VOC的去除率有影响,且还与VOC的初始浓度和冷凝温度有关。假定离开冷凝器的气体与冷凝液在出口气体温度下相平衡,那么对于出口气体中单一VOC的分压可按式(5-23)计算:

$$p_p = y_0 p_t$$

$$y_0 = \frac{y_i(1-E)}{1-Ey_i} \tag{5-23}$$

式中 p_p——出口气体中VOC的分压;

p_t——系统压力;

y_0——出口气体中VOC摩尔分数;

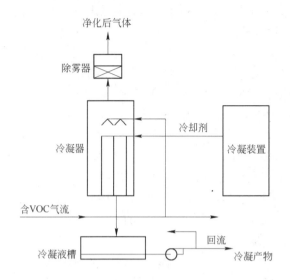

图 5-26 冷却器简略流程图

y_i——进口气体中 VOC 摩尔分数；

E——脱除率,%。

对于更低沸点的物质，其冷凝需更深的冷却程度或更大的压强，因而大大增加了运行费用。冷凝的效率由于受到冷却程度和加压程度的限制，一般不会太高，往往作为预处理和前级净化手段，其排气还需进一步处理去除水分和杂质才能回用。国外已有采用冷冻法来回收溶剂或挥发分的实际应用装置。

冷却剂可根据要求而定，水是最常用的冷却剂，采用水做冷却剂的冷凝系统，冷凝器出口 VOC 浓度会高达 10000μg/g 以上。若采用盐水（-34.0～4.4℃）或氯氟碳(CFC)(-68.0～34.4℃)做冷却剂，则可达较高的去除率。

5.5.2.7 膜分离法

膜分离方法可用于处理很多类型的污染物，包括苯、甲苯、二甲苯、甲基乙基酮、1,1,1-三氯甲烷、三氯乙烯、溴代甲烷、二氯甲烷、氯乙烯等；膜分离工艺最有希望应是用于净化那些冷凝和活性炭吸附效果不好的低沸点有机物和氯代有机物。其优于炭吸附之处在于省去了解吸和浓缩气进一步处理的麻烦。这项技术最初应用于浓度 1% 以上、气量小于 350m³/h 的场合，并希望能应用于更宽的 VOC 浓度和气量范围。

膜分离法是根据有机蒸气和空气透过膜的能力不同，而将两者分开的。它由两个步骤组成：第一步为压缩和冷凝有机废气，第二步为膜分离。流程如图 5-27 所示。

工艺流程为：压缩后的混合物进入冷凝器中冷却，冷凝下来的液态 VOC 即可回收，混合物未冷凝部分通过分离膜单元分成两股物流，渗透物流含大部分有

5.5 挥发性有机物的控制

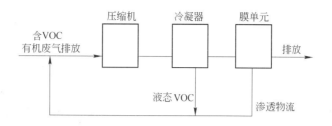

图 5-27 膜分离法流程图

机物,返回压缩机进口,未透过的为已除去有机物的物流,从系统排出。为保证渗透过程的进行,膜的进料侧压力要高于渗透后物流侧的压力。

5.5.2.8 联合法

当有机废气的处理要求较高,浓度低而流量大时,用单一的处理方法不能有效达到要求时,可考虑采用联合法。目前已有使用的有吸附与氧化燃烧技术和吸附-催化氧化技术。

A 吸附与氧化燃烧技术

该法适用于处理低浓度 VOC（100mg/m³）和大气量（570m³/min）的含 VOC 物流,流程见图 5-28。

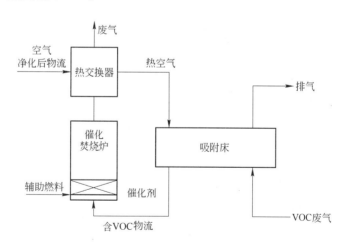

图 5-28 吸附与氧化燃烧流程图

工艺流程:含 VOC 的物流进入活性炭吸附床进行吸附,焚烧产生的热用于吸附床脱附,脱附出来的 VOC 进入焚烧炉进行焚烧。采用该法处理后,脱附出的 VOC 的量值占原废气量的 1/15,从而可大大缩小焚烧炉的规模,降低造价,使 VOC 焚烧产生的热量得到最大限度的利用,同时脱附时不产生含 VOC 的废液（脱附时不用蒸气）。

B 吸附-催化氧化技术

该法是由美国催化剂公司开发的一项技术,适用于大气量、低 VOC 浓度又不具备采用燃烧或活性炭吸附处理条件的含 VOC 废气,其处理成本比传统处理方法低得多。

工艺流程:含 VOC 的废气进入吸附床进行吸附;加热脱附床,使吸附剂上的 VOC 脱附;脱附出的 VOC 进入催化氧化装置,在 300℃ 左右温度下进行催化氧化,VOC 的氧化率可达到 96%。

5.5.3 研究和开发的方法

目前在 VOC 领域内研究较多的是等离子体净化技术、生物净化和光催化技术。等离子体净化技术还有待于进一步研究,下面就生物净化技术与气相光催化技术做简要的介绍。

5.5.3.1 生物净化技术

生物法是指利用固相或液固相反应器中微生物降解气流中的有机或无机污染物,将其转化成二氧化碳、水、无机盐和生物质等无害或少污染的形式。生物法特别适合于处理气量大于 $17000 m^3/h$、浓度小于 1000×10^{-6} 的气体。在气量较大的情况下,其投资费用通常要低于现有的其他类型的处理设施。而运行费用低是该类设备最突出的优点之一。目前已大量得到应用的是生物过滤器,生物滴滤器则是目前研究的热点之一。目前生物法的应用已从脱臭等领域向 VOC 类物质净化方面拓展。

生物过滤的原理是:有机废气从反应器的下部进入,通过多孔的、有微生物的土壤床层和泥煤床层,借助于附着在填料上的微生物,将有机废气中的污染物氧化分解为 CO_2、H_2O、NO_3^- 和 SO_4^{2-} 等,达到废气净化的目的。

由于传统的生物过滤器在运行中出现了一些问题,如填料降解需要更新、酸化导致 pH 值升高、负荷过高发生堵塞、废气湿度低使得填料干化等。针对这些问题,人们对生物过滤法作了不少改进和发展,如多点进气、生物滴滤反应器、生物洗涤法、膜生物反应器等。

所谓多点进气就是沿生物过滤器高度方向分几个点进气,与传统的底部一点进气相比,这种方式进气更加均匀,可以避免或减缓生物过滤器下端堵塞、微生物沿生物过滤器高度分布不均等现象,使得填料的损耗较为均匀而延长使用寿命。

生物滴滤法和生物洗涤法从实质上说就是生物过滤法。生物滴滤塔工艺流程为:VOC 气体由塔底进入,在流动过程中与已接种挂膜的生物滤料接触而被净化,净化后的气体由塔顶排出。滴滤塔集废气的吸收与液相再生于一体,塔内增设了附着微生物的填料,为微生物的生长和有机物的降解提供了条件。但与生物

5.5 挥发性有机物的控制

过滤反应器相比,生物滴滤反应器有以下优势:避免产生生物过滤反应器中的填料压实、断流及填料降解等现象;营养物和 pH 缓冲溶液可以方便地通过回流液体投加;微生物代谢产物也可以通过更换回流液体而去除。生物洗涤法则是先用水洗涤废气,气体中的污染物转移到水中而得到净化,而转移到水中的污染物则按通常的生物法处理。这种形式适合于负荷较高、污染物水溶性较大的情况,过程的控制也更为方便。

生物法净化处理有机废气的机理研究虽然人们已做了许多工作,但至今仍然没有统一的理论,目前在世界上公认影响较大的是荷兰学者奥莫格拉夫(Ottengraf)依据传统的气体吸收双膜理论提出的生物膜理论。

按照生物膜理论,生物法净化处理有机废气一般要经历以下三个步骤:(1)废气中的有机污染物首先同水接触并溶解于水中(即由气膜扩散进入液膜);(2)溶解于液膜中的有机污染物成分在浓度差的推动下进一步扩散到生物膜,进而被其中的微生物捕获并吸收;(3)进入微生物体内的有机污染物在其自身的代谢过程中被作为能源和营养物质被分解,经生物化学反应最终转化成为无害的无机化合物(如 CO_2 和 H_2O)。

从以上过程机理和化学工程学原理可知,生物法净化有机废气的总吸收速率主要取决于有机污染物在气相和液相中的扩散速率(气膜扩散、液膜扩散)以及生化反应速率。

对于生物法净化有机废气的一般过程,可通过表现生化反应速率与废气中有机污染物浓度的关系(如图 5-29 所示)来区分,通常可分为三个区域:

(1)当废气中有机污染物浓度低于 A 点时(低浓度有机废气通常属于这一情况),净化去除污染物的生化反应速率随污染物浓度增加而增大(扩散速度控制),两者间呈直线关系,称为一级反应区,即此时生物膜内污染物的生化降解反应为一级反应,生化反应速率可写为 $R_a = K_{1a} \times S_l$(S_l 为污染物的液相浓度)。

(2)当废气中有机污染物浓度高于 B 点时,生物膜表面被饱和,表观生化

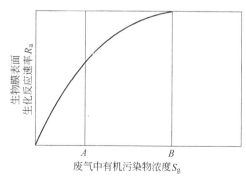

图 5-29 生化反应速率与废气中有机污染物浓度的关系

第5章 大气污染控制技术

反应速率达到最大值，不再随污染物浓度增加而增大（生化反应速度控制），称为零级反应区，其生物膜内污染物的生化降解速度式可写为：$R_a = K_{0a}$。

（3）当废气中有机污染物浓度介于 A 点和 B 点之间时，生化反应速度随污染物浓度增加而缓慢增大，两者间呈曲线关系，称为过渡区。

通常在一级反应区研究净化装置内的生化反应速率，在零级反应区研究装置内的生物净化能力。

5.5.3.2 气相光催化技术

气相光催化技术是最新发展的技术。光催化是纳米半导体的独特性能之一，这种纳米材料在光的照射下，通过把光能转化为化学能，促进有机物的合成或使有机物降解，使有机物降解的过程称为光催化。光催化过程中产生的超氧负离子和氢氧自由基具有很强的氧化性，能将绝大多数有机物氧化至最终产物 CO_2 和 H_2O，甚至对一些无机物也能彻底分解。VOC 光催化降解过程主要由传质和催化反应这两个过程构成，二者速率的相对大小，决定了全过程的控制步骤，如果全过程受传质控制，可通过提高气体流速使降解速率加大。传质过程分为气相和催化剂表面的质量传递和催化剂内部质量传递，对于无孔或薄膜催化剂、内部传递可忽略。

由于气相光催化反应主要受有机物与光致空穴的直接作用，因此，催化剂表面的有机物吸附程度对反应效率有很大影响。反应体系中的氧气和水蒸气分压，尤其是吸附与催化剂表面的氧和水，对光催化反应影响很大。

对气相光催化的研究，目前主要局限于三氯乙烯（TCE）的光催化降解过程的研究。Albnerici 等人研究了 17 种 VOC 光催化转化规律，发现对其中的 12 种物质转化效果较好，其他四种效果很差，CCl_4 的转化效果为 0，具体结果见表 5-18。

表 5-18 17 种 VOC 的光催化转化率[1][2]

物　质	初始浓度/mg·L^{-1}	转化率/%
三氯化碳	480	99.9
己辛烷	400	99.9
丙　酮	467	98.5
甲　醇	572	97.9
甲基乙基酮	497	97.1
叔丁基甲基醚	587	96.1
二甲氧基甲烷	595	93.9
二氯甲烷	574	90.4
甲基异丙基酮	410	88.5
甲　苯	506	87.2[3]

5.5 挥发性有机物的控制

续表 5-18

物　质	初始浓度/mg·L^{-1}	转化率/%
异丙醇	560	79.7
三氯甲烷	572	69.5
四氯乙烯	607	66.6
异丙基苯	613	30.3
甲基氯仿	423	20.5
吡　啶	620	15.8
四氯化碳	600	0

①操作条件：黑灯 30W，气体流量 200mL/min，相对湿度 23%，氧浓度 21%，温度(50±2)℃；
②过程稳定后的转化率；
③经 60min 辐照后的转化率值。

光催化降解的主要优点是能将大多数有机污染物彻底无机化，反应条件也较温和。但由于目前降解效率还不够理想而未完全实用化，当前的研究重点是探索高效反应器，提高并利用催化剂的活性。

5.5.4 各类含 VOC 废气净化方法的应用

不同方法对不同浓度和不同组分的 VOC 的适用情况如图 5-30 所示。

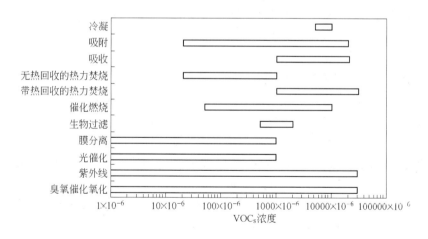

图 5-30　各净化法的适宜净化浓度范围

我国的 VOC 处理程度和水平总体来说与发达国家相比还存在较大差距。对于国内石化企业来说，因其工艺废气的热值往往较高，较多采用明火火炬法。对于其他行业的浓度不高的有机气体的净化，采用最多的工艺是活性炭吸附。催化燃烧则因为能耗、安全和技术等问题，长期实际运行的装置量不大。

5.6 城市机动车尾气的污染控制

随着世界各国经济的发展,人民生活水平的提高,作为现代交通工具的汽车数量迅速增加。由于燃油汽车在行驶中排放了大量有害气体,对人类生存环境造成了严重污染,因而已引起全球范围的极大关注。

汽车尾气的排放主要来自发动机燃烧产生的尾气。废气排放的有害物质加深了大气污染的程度,破坏环境的生态平衡。严重的是,机动车排气既能长期存在于大气之中,更能因光化学反应而生成毒害更为严重的光化学烟雾。光化学烟雾引起的公害事件将造成区域性人群中毒甚至死亡。发达国家的城市中,机动车数量不断增加,尾气排放对大气的污染极为严重。我国近几年由于经济的快速发展,尾气排放污染日趋严重。我国城市大气污染类型为化学烟雾污染型。

5.6.1 机动车排气污染物及其控制概况

机动车排气中的有害物质是燃料燃烧过程中产生的,包括汽油挥发泄出的蒸气、曲轴箱中窜漏的废气、排气管的尾气以及汽油中带入的硫、铅、磷在排气中形成的污染物。汽车排放物达140种之多,由于所使用的燃油有含铅和不含铅两类,因而排出的汽车尾气组成也有差别。对尾气的测定表明,其典型组成一般含有一氧化碳(CO)、碳氢化合物(HC)、氮氧化物(NO_x)、硫氧化物(SO_x)、颗粒(铅化合物、炭黑、油雾等)、臭气(甲醛、丙烯醛)等,汽车的排放源主要来自三个方面:尾气排放、燃油蒸发排放和油箱通风。

通常机动车尾气中最引人关注的污染气体主要是含烃类、CO 和 NO_x 等有害物质,前两种是燃料不完全燃烧产生的,NO_x 则是由气缸中的高温条件所造成的。若单从发动机的设计和制造上解决好燃料充分燃烧的问题,势必将增加 NO_x 排放量。世界各国治理汽车排气污染的实践证明了这一点。

由于我国目前大多数城市交通拥堵和道路系统规划设计不合理,使机动车处于频繁的减、怠速状态,运行工况恶劣,这种条件必然导致机动车尾气排放的大幅度增加。如在怠速状态下,尾气排放是正常速度时的数倍,从而加剧了机动车尾气的污染。因此改善城市的交通系统状况,不仅可以大大提高车辆的运行效率,而且可以有效地减少机动车尾气污染物排放。

由于机动车的高度流动性且常出现在人口密度高的闹市区,其排气污染区在人的呼吸、活动范围内,而我国控制机动车排污的技术水平仅相当于国外20世纪70年代中期的水平,因此弄清机动车排放物的组成、影响因素及危害并对其进行有效控制已成为当前汽车业的重点。

目前汽车尾气污染控制主要采用催化氧化和催化还原两种催化净化技术。催化剂按反应功能分有氧化催化剂和三效催化剂两类;按活性成分可分为贵金属、

5.6 城市机动车尾气的污染控制

低量贵金属及稀土金属催化剂三类。

对机动车尾气催化剂的研究开始于 20 世纪 60 年代，如 1960 年美国加利福尼亚州的《汽车污染物控制法令》、1968 年美国联邦的《空气清洁法令》等等。机动车尾气净化用催化剂的发展经历了第一代（1975～1978 年）氧化型催化剂，第二代（1978～1986 年）三效净化催化剂和 1986～1995 年为提高催化剂的高温活性、解决 P、S 中毒及 H_2S 排放问题而开发的第三代催化剂，1995 年起为大幅度降低成本而开发的第四代催化剂以及近两年提出的双功能催化剂。催化剂在控制机动车尾气和固定排放方面的作用加速了三效催化剂（Three Way Catalyst）的发展。

由于机动车尾气的排放量、排气成分以及排气温度的变化范围都相当宽，同时机动车在运行过程中的复杂工况，苛刻的操作条件，严格的催化要求都对尾气净化催化剂提出了极高的性能要求：（1）催化剂应具有较高的活性；（2）应具有良好的选择性，能对各种有害物质进行转化；（3）要具有良好的热稳定性，能适应尾气排放温度变化幅度大的特点，汽车正常的操作温度一般在 300～500℃ 之间，短时间内甚至达到 1000℃，能经受这样的环境而保持活性稳定的物质只有部分贵金属和稀土金属；（4）载体具有良好的物理性能。

5.6.2 机动车排气有害污染物构成及其形成机理

5.6.2.1 机动车排气中的有害物质构成

主要有如下几部分：

（1）尾气污染占总污染量的 65%～85%，其中有害物质为 CO、NO_x 及 HC 化合物。这些有害物质的排出量与汽车发动机的设计和制造水平、运转条件密切相关。表 5-19 是汽油机和柴油机污染物的排放情况。

表 5-19 汽油机和柴油机污染物的排放情况

污染物	汽油机	柴油机	备注
CO/%	<10	<0.5	汽油机为柴油机的 20 倍以上
HC	<3000×10^{-6}	<500×10^{-6}	汽油机为柴油机的 5 倍以上
NO_x	(2000～4000)×10^{-6}	(1000～4000)×10^{-6}	二者相当
PM/g·km^{-1}	0.01	0.5	柴油机为汽油机的 50 倍以上

（2）曲轴箱通风污染占 20%，主要是 HC。

（3）汽油箱通风污染占 5%，主要是汽油中氢馏分的蒸发损失。

（4）化油器的蒸发和泄漏占 5%～10%。

（5）汽油中含 Pb、S、P 造成的污染，由于无铅汽油的广泛采用和油品质量的提高，此类污染已退居次要地位。

5.6.2.2 汽油机污染物的生成机理

A 汽油机的工作原理

发动机是汽车的动力装置,它通过燃料燃烧产生动力,驱动汽车的传动系统,使汽车行驶。了解发动机工作原理,是寻求机动车污染防治途径的基础。目前国内外汽车发动机绝大多数是活塞式内燃机,有汽油机和柴油机两种,同功率的发动机相比较,汽油机比柴油机轻巧,启动容易,制造和维修费用也较低,主要用于小汽车、客车和轻型载货车;柴油机比汽油机笨重,噪声大,制造和维修费用高,但是压缩比高,燃油的利用率高,比汽油机省油20%左右,主要用于重型汽车。

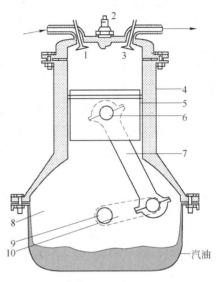

图5-31 四冲程汽油机结构示意图
1—进气门;2—火花塞;3—排气门;4—缸体;
5—活塞;6—活塞销;7—连杆;8—曲轴箱;
9—曲轴;10—曲轴柄

小汽车上使用的发动机为火花点火的四冲程汽油机,图5-31所示为汽油机的一个缸体,汽车上发动机一般装有4个缸,此外还有6缸和8缸的发动机。汽油机工作过程中,曲轴旋转,通过曲轴柄、连杆推动活塞上下移动。活塞位于最上端时,曲轴角$\theta = 0°$,这时活塞的位置叫上止点;活塞位于最下端时,$\theta = 180°$,这时活塞的位置叫下止点。发动机通过活塞的往复运动,完成做功过程。

火花点火发动机的一个工作循环包括四个冲程,如图5-32所示。

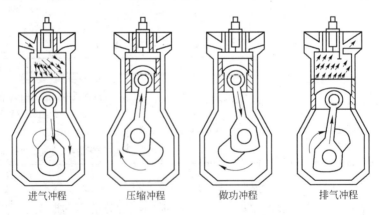

进气冲程　压缩冲程　做功冲程　排气冲程

图5-32 四冲程火花点火发动机工作循环示意图

a 进气冲程

进气冲程开始时,活塞位于上止点,进气门打开,排气门关闭,曲轴旋转带动活塞向下移动,燃烧室容积加大,空气和燃料的混合物通过进气门进入气缸。活塞到达下止点时,进气过程结束。

b 压缩冲程

进气门和排气门关闭,活塞上移,进入燃烧室的空气和燃料被压缩,在接近上止点时,火花塞点火,使缸内气体燃烧。

c 做功冲程

高压燃烧气体推动活塞下移,对外做功。

d 排气冲程

排气门打开,活塞上升,燃烧后的气体从汽缸中排出。排气冲程结束时,活塞位于上止点,接着进行下一循环。

B 汽油机污染物的生成机理

汽车排气中的有害物质是燃烧过程中产生的,主要是 CO、NO_x 和 HC(包括酚、醛、酸、过氧化物等),以及排气中少量的硫、磷、铅的污染。其中汽车尾气污染占机动车污染物总排放量的 65%~99%,曲轴箱通风、汽油箱通风、化油器的蒸发和泄漏也排放数量不等的污染物,其相对排放量见表 5-20。

表 5-20 汽车排放源有害物相对排放量

排放源	相对排放量(占该污染物总排放量的百分比)/%		
	CO	NO_x	HC
尾气管	98~99	98~99	55~65
曲轴箱	1~2	1~2	25
汽油箱、化油器	0	0	10~20

a NO_x 的生成机理

汽油机的 NO_x 包含 NO 和 NO_2,但主要是 NO,NO_2 只有百分之几,它们是空气中的 N_2 在高温下氧化作用的产物。多年的研究表明,在内燃机的典型温度和接近理论物质量的条件下,NO 的生成服从扩充的 Zeldovich 机理。其中主要的化学反应如下:

$$O + N_2 \longrightarrow NO + N$$

$$O_2 + N \longrightarrow NO + O$$

$$OH + N \longrightarrow NO + H$$

NO 是在火焰前锋和火焰后的已燃区中产生的。由于汽油机燃烧过程进行得很快,因此,反应层很薄(约 0.1mm),在火焰区内的停留时间很短;此外,早期燃烧产物受到压缩而温度上升,因此可以认为 NO 是在已燃区内产生的,而在火焰的前锋内生成量不大,也就是说燃烧和 NO 生成彼此是分离的;所以在进行

NO 生成量的预测时，可用反应物在所处位置处压力和平衡温度的平衡浓度来表达，直到 NO 的冻结温度（所谓 NO 的冻结是指当反应温度到某一温度时，NO 在化学反应上"冻结"）。因此 NO 的生成主要是受化学反应动力学控制。

影响 NO_x 生成的主要因素是火焰温度、火焰前锋中是否富氧以及高温停留时间的长短。因此可以采取降低燃烧温度、减少火焰前锋中氧的浓度以及缩短高温停留时间等措施控制 NO_x 生成。

b 一氧化碳的生成机理

一氧化碳的生成率主要受混合气浓度的影响，与燃料成分的关系较小。由于常规汽油机在部分负荷时过量空气系数略大于 1，全负荷时小于 1，因此 CO 排放情况比柴油机严重得多，汽油机排气中 CO 含量要比在燃烧室中测得的最大值低，但比相应排气状态的化学平衡值高得多，这表明 CO 的生成也受化学动力学机理控制。实验表明，在碳氢化合物与空气的预混火焰中，CO 的浓度在火焰区迅速达到最大值，此时 CO 生成主要机理可归纳为以下过程：

（1）$2C + O_2 \xrightarrow{\text{很快}} 2CO$, $2CO + O_2 \xrightarrow{\text{较慢}} 2CO_2$

（2）混合气分配不均匀时有少量 CO 产生。

（3）高温条件下，CO_2 分解及 H_2、HC 使 CO_2 还原所至。

CO_2 高温分解：$\quad 2CO_2 \xrightarrow{\text{高温}} 2CO + O_2$

CO_2 还原：$\quad CO_2 + H_2 \longrightarrow CO + H_2O$

$\quad\quad\quad\quad\quad HC + CO_2 \longrightarrow CO + H_2O$

CO 的生成量主要决定于空燃比，空燃比为 16 以下时，CO 浓度随着空燃比的减小而急剧增加。此外，混合气体中汽油雾化微滴的分布不均，局部严重缺氧，或者由于冷却过度，发生消焰作用等情况下，CO 的浓度也会比正常空燃比时的浓度有所提高。由图 5-33 可知，综合考虑 HC、NO 和 CO 的浓度，为降低 CO 的排放浓度，空燃比应控制在 14~15 之间。

影响 CO 形成的因素目前认为主要是空燃比 A/F 及发动机工况。空燃比 A/F

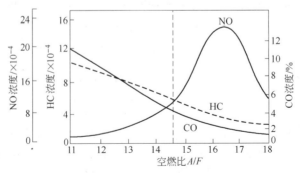

图 5-33 空燃比与 CO、HC、NO 浓度关系

5.6 城市机动车尾气的污染控制

增加时 CO 生成量降低（如图 5-33 所示）。

在一定运转条件下，随着进气温度的升高，A/F 减小，CO 生成量增多，即进气温度与 A/F 的关系大致与绝对温度的方根成反比。大气压力 p_0 降低时，进入发动机的空气密度下降，空气量减小，也会导致 A/F 减小，CO 生成量增多。

发动机在冷启动、急速和大负荷工况下，由于进入发动机的空燃比 A/F 较小，使得该工况下 CO 生成量也较多。汽车急减速时，进气管真空度增大至 63kPa 以上，停留于进气管壁面的燃油急剧蒸发，进入燃烧室，从而使空燃比变小，CO 量增多。若 A/F 大于理论空燃比且在正常工作状态下，CO 生成量很少。

总之，车用汽油机在冷启动、急速时 CO 生成量较多，是因为在此工况下 A/F 小，温度低，燃料汽化着火条件差，发生燃烧不完全所致；大负荷时，A/F 小，因而 CO 也增多。

C　HC 的形成及影响因素

a　HC 的形成

汽油机中排出的 HC 种类很多，排气中的 HC 是由于燃料未燃烧完全或部分被高温分解而生成。HC 的形成包括以下几个方面：

（1）狭缝容积。空气和燃料的混合气在压缩过程中进入这些狭缝容积（如活塞环第一环以上环形容积、汽缸垫余隙容积等），而这些狭缝都很小且由于强的热传递而使火焰无法传播，这些容积内的混合气不能燃烧或燃烧不完全而在膨胀过程中逸出，除一部分氧化外，未燃 HC 部分随废气排出。

（2）燃料溶入润滑油及燃烧沉积物。在发动机的进气压缩过程中，有一些燃油会溶入缸壁表面的润滑油和沉积物中，溶解在其中的燃料在膨胀排气期间从中逸出，此时的氧化条件更加不利，因此逸出的燃料蒸气多数以 HC 形式随废气排出。不同的燃料在不同的润滑油或沉积物中溶解性不一样，因此 HC 排量也不同。

研究表明：存在一临界油膜厚度，在这一临界厚度下，减小油膜厚度可降低油膜处未燃碳氢的生成量。在这一临界厚度以上，油膜处生成的未燃碳氢量基本保持最大值。在常规润滑状态下，油膜厚度在临界厚度以上，油膜对未燃碳氢的影响已达最大值，降低油膜厚度不仅不会降低油膜处未燃 HC 的生成量，反而会增大磨损。因此，为降低润滑油膜处的 HC 生成量应选择燃烧溶解度和扩散率小的润滑油。

（3）火焰传播不充分。一方面火焰传至缸壁附近，由于壁面的激冷效应在离壁面 0.05~0.37mm 处火焰即自动熄灭，紧靠壁面几十微米的激冷层内便会保存下未燃的混合气，在随后的膨胀排气阶段随废气排出 HC；另一方面发动机在运转过程中，混合气分布是不均匀的，某些区域混合气过浓或过稀，会使火焰传到此处自动熄灭，混合气中的全部或部分燃料因未燃或燃烧不完全而以 HC 形式

(4) 点火系统不正常。当车用汽油机的点火系统不正常工作时会造成某一循环气缸或某几个循环气缸的混合气不燃烧或不完全燃烧而排出 HC。

(5) 燃料的不良挥发

由于汽油良好的蒸发性，因此在油箱、化油器等元件密封不好的情况下，燃料蒸发将造成 HC 排放增加。燃料中烷烃比例增加可使 HC 降低，而芳香烃类比例增加则使 HC 增加。由于并非所有 HC 与 NO_x 作用都生成光化学烟雾，仅芳香烃和烯烃类碳氢化合物对生成光化学烟雾作用明显，因此，应设法降低汽油中芳香烃和烯烃的含量。

由于不完全燃烧而导致 HC 形成的机理已基本弄清，在低温下（小于 450℃）汽油中的简单 HC 化合物，在均相燃烧时，先有少数 RH（R 指甲烷基 CH_3）、乙烷基（C_2H_5、丙烷基 C_3H_7 等烷烃自由基）与 O_2 分子反应生成自由基：

$$RH + O_2 \longrightarrow R^0 + HO_2^0$$

然后发生下列连锁反应：

$$R^0 + O_2 \longrightarrow RO_2^0$$

RO_2 称过氧自由基，例如过氧甲醛

$$H-\underset{\underset{H}{|}}{\overset{\overset{H}{|}}{C}}-O-O$$

过氧自由基是具有不饱和键的中间络合物，它和 RH 反应生成 ROOH：

$$R^0O_2 + RH \longrightarrow ROOH + R^0$$

这样 RH 与 O_2 分子在燃烧过程中不断消耗，成为燃烧过程中的基本连锁反应。

汽油在高温（450℃以上）不完全燃烧过程中，部分大分子 HC 化合物，在热力作用下，氢原子脱离碳原子，同时—C—C—键断开，裂化成较小的不稳定自由基团，这些自由基团又在热力作用下化合成为较大的相当稳定的烟黑。检测表明，它们均为多环芳香族和稠环烷烃等碳氢化合物，大多具有致癌作用。

b 影响 HC 形成的因素

(1) 空燃比。当空燃比大于 18 时，混合气较稀而使 HC 增加。汽油机由于采用了相应的措施不发生熄火现象，因此 HC 排放下降，即空燃比增加，则 HC 排放下降。

(2) 燃料性质。降低汽油的蒸气压，可以减小燃料的蒸发，使 HC 排放下降。提高燃料着火性能，也将使 HC 排放下降。

5.6 城市机动车尾气的污染控制

(3) 结构因素。发动机面容比大、狭缝容积多则壁面激冷层大,使燃料在壁面狭缝区不易燃烧,而使 HC 排放增加。

(4) 运转工况。冷启动、怠速、大负荷、超负荷加速、减速过度等工况下,由于燃烧室温度低,燃料着火性能差,空燃比小,燃料的不完全燃烧,混合气过浓等现象都会使 HC 排放增加。

D 微粒的形成及影响因素

微粒主要是燃料中的碳粒、杂质及灰分聚合而成。微粒的形成主要与燃料结构有关,含芳烃和烯烃多的汽油,产生 PM 较多。汽油中的硫也易生成硫酸盐微粒,含铅汽油也易产生 PM。相对于柴油机而言,汽油机排放的微粒很少,通常仅为柴油机的 1/80~1/30。有关微粒的形成及影响因素目前对柴油机研究得较少,但随着人们环保意识的加强和对其认识的不断深入,有关汽油机微粒等方面研究已引起人们的重视。

5.6.2.3 柴油机主要污染物的生成机理

A 柴油机的工作原理

柴油机的工作原理与汽油机的工作原理基本相同,也有四个冲程,通过活塞往复运动做功。主要不同之处在于可燃混合气的形成方法和着火方式,表 5-21 所示为柴油机和汽油机的不同点。柴油机没有化油器,进气冲程中只有空气通过进气门进入缸体。由于柴油机的压缩比高于汽油机,因此得到的高压气体温度较高。在压缩冲程即将结束时,燃油通过喷油嘴直接喷入缸体,高压空气与喷入的燃料混合,使燃料在高温高压的状态下自燃,这一过程需要较高的压力。燃料喷射速度和燃料与空气的混合速度共同决定了燃料的燃烧速度。为了避免一次进入燃料过多,导致缸体中压力过高,可以在做功冲程持续喷入燃料。

表 5-21 汽油机和柴油机的特点

项 目	汽油机	柴油机
	压 燃	点 燃
压燃比	7~10	16~20
每循环进入空气量	通常是变化的	通常是恒定的
空燃比	恒定,约为理论空燃比	在贫燃区,不断变化
控制输出功和转速的方法	通过节气阀控制空气流量	通过改变每次喷油量,改变空燃比
空气燃料混合物的位置	充满整个燃烧室	在燃烧室的中心
燃烧产物中 HC 和 CO 的含量	高	低
燃烧产物中 NO_x 的含量	低	中 等
燃料经济性	较 好	好
相同输出功率时的费用和重量		一般高于汽油机
其 他		黑烟颗粒物、噪声比汽油机严重

第5章 大气污染控制技术

汽油机通过节气阀的位置改变发动机做功情况，急速状态下，节气阀关闭，仅有少量的空气进入缸体；输出功较大时，通过节气阀进入较多的空气。而柴油机在不同的做功情况下，进入的空气量是不变的，它通过控制燃料喷射量来决定发动机的速度和输出功。

柴油机中，燃料被喷入燃烧室后，不能与空气完全混合，缸体的中心燃烧状态是富燃的，燃烧的区域不能到达缸壁。当柴油机满负荷运行时，燃烧室中的富燃区域较大，而且燃料过剩量大，就会产生大量的黑烟。

柴油发动机根据构造不同分为直喷式和预混式两种。直喷式柴油机的中央喷油嘴将燃油直接喷入燃烧室中，燃烧室中空气和燃油的混合不充分，存在富燃区和贫燃区。预混式柴油机即间喷式柴油机，燃油不是直接喷入主缸，而是在主缸前增加了一个预混缸，燃油首先在这里燃烧，燃烧的气体通过连接孔，进入主缸。这种工作方式，增加了气体混合物的紊流，使燃油和空气的混合更加充分，不存在过度富燃的区域，降低了黑烟颗粒物的形成，大多数轻型柴油机采用预混式。但是气体膨胀通过连接孔进入气缸的过程中，会损失一部分能量，降低了发动机的效率。

B 柴油机主要污染物的生成机理

柴油机排气的有害成分主要有 CO、HC、NO_x、硫化物以及颗粒物（或称微粒物）、臭味等。由于柴油机使用的混合气的平均空燃比较理论空燃比大，故其 CO 及 HC 排放明显低于汽油机，柴油机 NO_x 的排放几乎与汽油机相当，而颗粒物的排量远高于汽油机，试验证明柴油机颗粒物的排放可达汽油机的数十倍。柴油机的排放特性与燃烧室的形式等有很大关系，特别是直喷式与间接喷射式柴油机的排放有较大的不同。涡流燃烧室柴油机的 NO_x、CO、HC 和烟度普遍低于直喷式柴油机，特别是 NO_x 排放浓度一般比直喷式柴油机的低 1/3～1/2。

结构相同而燃烧室形式不同的直喷燃烧室及涡流燃烧室柴油机的试验结果表明，直喷柴油机的 NO_x、CO、HC 及烟度都比涡流室的高，特别是高负荷时的 NO_x、CO、烟度及低负荷时 CO 及 HC，差别非常明显。但是，涡流室柴油机的燃油消耗率比直喷柴油机的高。

柴油车及车用柴油机的排气污染物主要是黑烟，尤其是在特殊工况下，当柴油车急速加油、爬坡、满载或超载时冒黑烟更为严重。这是由于发动机的燃烧室内燃料与空气混合不均匀，燃料在高温缺氧情况下发生裂解反应，形成大量高碳化合物所致。影响碳烟黑度的因素较多，而且柴油排气中颗粒物、一氧化碳、碳氢化合物、氮氧化合物等有害物质对大气污染也很严重。为此可在机前、机内、机外分别采取防治措施，以便达到国家环保21世纪议程中的流动源大气污染控制目标。

a NO 生成机理

柴油机 NO 的形成过程仍遵循 Zeldovich 提出的反应机理，具体形成过程

5.6 城市机动车尾气的污染控制

如下：

$$O_2 \longrightarrow 2O$$

$$O + N_2 \longrightarrow NO + N$$

$$N + O_2 \longrightarrow NO + O$$

$$N + OH \longrightarrow NO + H$$

柴油机燃烧过程中决定 NO 生成率的三个因素是：高温、富氧和氮与氧在高温中停留时间的长短。

在柴油机压缩行程中，即使在高增压条件下，所达到的温度也不够高，故不会形成 NO。

NO 的排放浓度在采用略稀的混合气时达到最大值。大部分的 NO 是在火焰后的反应中形成的，因此，稀火焰区很可能是促使 NO 形成的主要区域之一。虽然该区域与喷注中其他较浓的区域相比，NO 的形成速率在开始可能较低，但由于它是喷注中最先开始燃烧的部分，并在火焰通过以后具有最长的滞留时间，故最终达到的 NO 浓度要高得多。

在稀熄火区，燃烧早期不能形成 NO，但是如果提高该区的温度，则在喷注其余部分燃烧后，在循环的后期，也可能引起 NO 的形成。

在喷注心部（指在喷注中央，油滴较粗大的区域）和沉积在气缸壁面上的燃油，由于燃烧后造成的温度上升，两种途径促使 NO 的形成：一是气缸中的平均温度增高，稀熄火区和火焰区的 NO 浓度增加；二是喷注心部有很高的火焰温度时，喷注心部形成的 NO 还受其局部氧浓度的影响，在同样的喷注油量时，若采用多孔喷嘴，则喷注心部氧的浓度有所增加，从而使其形成的 NO 随之增高。

实验发现，柴油机与汽油机一样，当缸内气体温度在膨胀行程中降低时，NO 的浓度并不减少到该温度下的平衡值。也就是说，在膨胀过程中 NO 的消除反应也是非常缓慢的，这样，NO 的浓度在膨胀过程中几乎保持不变。

b 碳氢化合物的生成机理

碳氢化合物包括燃油中的未燃烃类、裂解反应和再化合反应的产物、燃烧和氧化反应的中间产物。

碳氢化合物的生成机理很复杂，它是由多种因素形成的。烃类在空气中不能燃烧或不能完全燃烧，大都是因为：温度或压力过低；混合气浓度过浓或过稀，超出了浓燃极限或稀燃极限。这些原因包括局部温度和瞬间温度过低；局部浓度和瞬时浓度过浓和过稀等。而所有这些原因都可能是碳氢化合物的生成原因。

值得注意的是，在碳氢化合物排放中除燃油成分外，润滑油的成分也占有相

第5章 大气污染控制技术

当的比例,所以,柴油机润滑系统的优劣也将直接影响到碳氢化合物的排放浓度。

c 柴油机黑烟的生成机理

柴油机的排气黑烟浓度很高,约为汽油机排烟浓度的30~80倍。柴油机的排气黑烟是一种聚合体,85%以上是碳,还有少量的氧、氢、灰分和一系列的多环芳香烃化合物。黑烟有一种臭味并形成烟雾。

由于柴油机的燃料喷射是在燃烧开始前的瞬间进行的,不利于燃料的汽化和混合气的形成,在燃烧开始后,燃烧室内还存在大量的油滴群,这些油滴群处于氧气不足的状态中,在燃烧高温焙烤下形成烟粒子。一般情况下,烟粒子能在随后的燃烧中遇到空气而完全燃烧,使排气无烟。但是如果气缸内空气不足,混合过程缓慢,那么由于膨胀行程开始而使温度降低,或者烟粒子碰到了冷的气缸壁而使温度降低,烟粒子则不能完全燃烧并凝聚成大的炭烟排出。

当车辆在大负荷工作时,由于燃烧室温度高,喷入的燃料多,混合气形成不均匀,不可避免地出现局部高温缺氧,燃油裂解、聚合、炭化,形成黑烟。

C 柴油机尾气净化方法

对柴油机可采取如下措施:

(1) 改进进气系统。采用增比的方法,通过增加空气量,可以减少缺氧和减弱缺氧状态。还可通过调节空燃比、增加空气量来减少炭烟黑度。

(2) 改变喷油时间。过早喷油会引起更大的燃烧噪声,并增加NO_x的排放,所以喷油时间要严格控制。

(3) 改进供油系统。改进喷嘴结构,提高喷油的速度,缩短喷油的持续时间,也可使炭烟黑度降低。

(4) 降低供油量。适当减少启动油量,可降低低速、低负荷时的颗粒物排放;适当降低最大供油量,可降低全负荷条件下的颗粒物排放,但降低供油量会造成车辆的动力性能下降,因此要慎重。

5.6.3 机动车排放物对大气环境的影响

环境医学指出,尾气排放中含有多种有害物质。如铅,它被吸入人体后,可以损害人的骨髓造血系统和神经系统,损伤小脑和大脑皮质细胞,干扰代谢活动,尤其对儿童的危害极大,会影响儿童正常的生长发育。CO是无色无刺激性气味气体,吸入人体后很容易与血红素(Hb)及少量肌红肮结合并输送到体内。由于CO同血红素(Hb)的结合能力是O_2的210多倍,空气中若有0.1%的CO,血红素的75%被结合便出现窒息,严重时会因体内缺氧而引起死亡。NO_x和HC废气在阳光下还会发生光化学烟雾,刺激人的眼睛和呼吸器官,严重时会造成呼吸困难。CO_2是地球变暖——温室效应的重要因素。地球温暖化60%以上

是 CO_2 引起的，而汽车排气中 CO_2 约占 20% 左右。硫与燃料在发动机高温燃烧时生成的硫酸盐颗粒物，不仅腐蚀损坏发动机，而且会形成酸雨，污染环境，破坏生态平衡。近年来研究表明，颗粒物中含有大量与固态炭粒相同的可致癌的多环芳烃和氮化物。

HC 的主要危害是与氮氧化物发生光化学反应而形成光化学烟雾。烷烃无味、无毒，烯烃略甜，有麻醉作用，对黏膜有刺激作用，经代谢会转化成对基因有害的环氧衍生物。某些碳氢化合物（如硝基烯，3,4-苯并芘等多环芳香烃及其衍生物）是强的致癌物质，对人体危害极大，同时还能引起人的呼吸系统、肺、肝脏等疾病。

微粒对人体的健康危害与 PM（颗粒物直径，单位一般为微米）大小及组成有关。PM 越小，停滞于人体肺部支气管的概率越高，对人体的危害也就越大，其中 PM 0.1~0.5μm 的微粒对人体危害最大。

机动车排气对大气环境的影响不仅是局部的，而且许多影响还可以扩展到大气层很远的距离及其他地区，并存在很长时间。汽车排气对大气环境的影响可总结为如下几部分：

（1）局部的有害影响，如一氧化碳等；
（2）区域性的有害影响，如光化学烟雾、酸沉降等；
（3）洲际性的有害影响，如细微颗粒、硫氧化物、氮氧化物等；
（4）全球性的有害影响，如二氧化碳等。

因此，控制汽车污染物的排放，对我国乃至全世界都具有非常重要的意义。

5.6.4 机动车排气的控制对策

5.6.4.1 机动车排气的控制途径

A 机前的预防

首先考虑燃料的改进与替代，开发新的能源；如以无铅汽油替代有铅汽油，或采用其他清洁燃料来替代汽油；其次可在燃料中添加含钡消烟剂，例如加入碳酸钡可降低柴油机炭烟的浓度。

B 机内净化措施

机内净化主要是改善发动机燃烧状况以降低有害物质的生成。一方面是改善燃烧室设计和进气系统，改进点火系统等。例如分隔式分层进气发动机，在中低负荷下，都具有良好的经济性；不同工况时均有良好的排放性能，对燃料无特殊要求，在压缩比为 7∶9 时，仍可燃用 70 号汽油，能节油 5% 左右；高负荷时，由于存在副化油器供油问题，动力性能约下降 5%，故该系统作为节能、低污染，则具有很好的发展前途。

机内净化的另一方面是通过对结构参数的调整和化油器的改进以保持发动机

状态良好来降低污染。研究汽车常规参数的调整对油耗与排放的影响，发动机台架实验表明，怠速转速、化油器怠速调节螺钉圈数、点火提前角、分电器触点间隙、火花塞电极间隙和气门间隙等参数对发动机功率、比油耗及排放有很大的影响。不同参数影响规律不同，性能变化规律也不一样。怠速调整根据怠速排放、油耗标准和怠速调整指数最小原则较为合理。对36台EQ车和30台CA车按上述原则调整，前后对比CO、HC平均下降56.3%和31.5%，达标率从43%上升到97%，油耗达标从36.4%上升到95.5%。

C 机外净化

a 防止汽油蒸发

汽油车的燃油蒸发占HC总排放量的20%，是主要污染源之一。微型车燃油蒸发排放控制装置，利用炭罐回收化油器和油箱的蒸发汽油，不改变化油器结构可直接安装在汽车尾，可有效地降低燃油蒸气排放量。

b 后处理装置

尾气后处理装置包括热反应器、二次反应器、催化反应器、电晕处理器等。国内外大部分研究集中在催化反应器的研究，即催化净化技术上。

(1) 汽油车三元催化技术。早期为控制CO、HC排放，汽油车安装氧化催化净化器，其后，为了同时控制CO、HC和NO_x，开始安装三效催化转化装置。利用三效催化剂，使汽车尾气排放下降幅度明显。现行的国外汽车大多装有三效催化装置。三效催化剂是在铝载体上涂覆铂、铑等贵金属，近年来开发了以钯为主要成分同时添加钡或镧逐渐代替铂、铑的催化剂。

(2) 发动机催化技术。从抑制地球温室效应和节能观点看，改善燃料的经济性是一种行之有效的办法，因此稀燃发动机的研究开发引人注目。这种发动机使用的空燃比在20以上，由于热损失等降低，可以改善燃料的经济性，然而由于稀燃发动机排气中存在高浓度氧，现行的三元催化剂不能将NO_x还原，因此开发了能还原转化NO_x的三种催化方法。

1) 使用固体还原剂还原。利用发生分解后的氨作为还原剂，主要是尿素，通常以水溶液的形式供给排气将NO还原的方法即为固体还原法。

2) 使用烃（HC）还原。由于Cu-ZSM-5分子筛催化剂，在O_2过剩的情况下，可将NO直接分解成N_2和O_2，而在HC共存时，NO分解净化效率更高，因此经过探索，改善其热稳定性，并在其后段配置通常的三效催化装置，以同时提高HC和CO的净化效率。国外最初实用化的是马自达开发的稀燃三效催化剂，即在H-ZSM-5分子筛载体上，涂覆铂、铑、铱等，由铱复合化，在表现高NO_x吸附能力的同时，可防止热老化后金属粒子的增加，具有较高的稀燃NO_x还原能力。

3) NO_x吸收还原。丰田汽车公司最近开发了被称为NO_x还原新型稀燃汽油车和直喷汽油车催化剂。即在普通的三效催化剂中添加了NO_x吸收金属氧化物，一般为具有一定碱性的氧化钡。首先在稀燃燃烧区域，NO被氧化成NO_2或硝酸盐，然后，用理论空燃比或在富油燃烧区域，被吸收的NO_x解析，再用普通的三效催化剂进行转化净化。

（3）直喷汽油发动机。与汽油稀薄燃烧相比，许多汽车商正在研究开发将汽油直接喷射燃烧的直喷汽油发动机，以使燃料的经济性进一步提高，同时HC、CO和NO_x排放大大减少。直喷汽油发动机的开发、使用是汽油发动机发展的一种潮流，其辅助措施是汽油必须添加清洁剂。

（4）柴油发动机。柴油发动机的类型和运转条件与汽油机不同，其主要控制污染物为氮氧化物NO_x和颗粒物，为此一些改进处理技术正被研究开发，但比汽油机困难得多。燃料喷射压力根据污染物降低目标不同而异，欧美对颗粒物限制较严，因此要求大型发动机喷射压力控制在 120～150MPa，小型发动机为 120MPa。高压喷射技术虽然可促进燃料微粒化，使燃烧改善，但必须要有相应的NO_x降低措施。用均匀燃烧方式来提高燃料喷射压力，虽然燃烧可以改善，但NO_x增大。研究柴油发动机预混合燃烧，稀燃预混合气，由于绝热火焰温度下降，NO_x可以降低。

除柴油车排气中NO_x的催化技术，利用HC还原与尿素还原的研究仍在继续，但目前还无有效的催化剂体系开发，原因是在较高浓度NO_x存在时，还没有发现较低温度排气条件下高活性和可靠性的催化剂。

颗粒物收集器是降低颗粒物的一种有效后处理方法。但它必须具有充分的收集物能力而又不影响发动机性能，同时必须耐热、耐振动，强度要好。目前已有多种颗粒物收集器被开发，如陶瓷纤维钢、十字型、流动型过滤器等。

5.6.4.2 汽车尾气污染控制

A 国外汽车尾气污染控制

20世纪70年代初，美国、日本和欧洲相继制定了汽车排放法规。为达到法规要求，各国在汽车排放控制方面主要是采用以改善燃烧过程为主的机内净化技术。

1975年以后，美国、日本开始使用氧化催化技术对排气中的CO、HC进行机外净化，而对NO_x的控制仍采用推迟点火和废气再循环方法，催化净化技术的应用使汽车排气污染得到了有效控制。

20世纪80年代初，由于电控汽油喷射技术的发展，美国首先采用了三效催化净化技术，使汽油车污染控制达到了一个新的水平。

欧洲汽油车控制技术的发展没有氧化催化净化阶段。一直到20世纪80年代末期，欧洲的标准还并不十分严格，仍在发展机内净化技术，直到1991年开始实施欧洲Ⅰ号标准时，才开始采用催化净化技术，而且是立即采用三效催化技术。因此三效催化转化器的开发、应用并使之产业化具有美好的前景。发达国家应用催化转化器已近30年，装车超过4亿辆，使用的催化转化器有两大类产品，一类是以陶瓷为载体，另一类使用金属为载体，前者使用达90%以上。世界上最大的汽车催化剂载体制造厂家是美国的Corning公司，其次是日本的NGK公司，而汽车催化剂的生产以美国Johnson，Mat-then，Engelhard，Allied，Signal和德国的Degussa为主。

B 我国汽车尾气污染控制

我国对汽车排气净化的研究始于20世纪70年代，可分为机内净化、机外净化和燃料处理三个方面。我国政府在2000年1月1日起执行新的尾气排放标准（GB 14761—1999），相当于欧洲Ⅰ号排放标准，所有机动车只有采用电喷加装三元催化转化器，才允许出厂使用。"十五"期间，机动车尾气污染控制发展的总体目标是，城市在用车改造率达到30%，新车出厂100%装配汽车尾气催化净化器。表5-22是有关国际排放标准及实施时间的介绍。

表5-22 国外汽车尾气净化器生产厂商在中国投资情况

厂商	地点	总投资/百万美元	生产能力/万套·年$^{-1}$	现有市场	原料	进度
Engelhard	浦东	300	35~60	上海大众 Santana	中国稀土 韩国料浆	已投产
Johnson Mat-then	松江	1500	汽车50 摩托车60	武汉富康 上海大众 Passat	Corning载体 美国 美国	2001年3月投产
Degussa	浦东	1000	100	上海Buike 一汽大众	德国 德国	2001年底投产
Delphi (Allide, Signal)	浦东	900	60	Jetta Audi 上海大众	美国	2001年投产

目前，我国汽车保有量约为1300万辆，其中轿车约占我国汽车保有量的23%。国家轿车质量监督检验中心对我国在用车的排放进行了调查，结果如表5-23所示。可见，我国在用车排放中CO超标的问题最为严重，为此国家及各个城市出台了一系列政策。目前采取的控制在用汽车尾气污染措施可归纳为以下几个方面。

表5-23 我国几种在用车的15%工况排放测试结果表

排放指标项目	已行驶里程/km	CO排放/g·次$^{-1}$	H排放/g·次$^{-1}$	NO排放/g·次$^{-1}$
我国目前标准		87	12.8	10.2
车型1	13411	193.5	8.6	3.8
车型2	43896	101.4	18.6	27.3

续表 5-23

排放指标项目	已行驶里程/km	CO 排放/g·次$^{-1}$	H 排放/g·次$^{-1}$	NO 排放/g·次$^{-1}$
车型 3	13218	110.5	10.9	8.2
车型 4	32812	165.9	35.8	14.5
车型 5	12900	105.6	10.8	3.0

a 推广使用无铅汽油

在大、中城市采用无铅汽油，这不仅减少了铅排放物，并且为在用车的尾气催化净化创造了必要条件。

b 对在用车安装净化器

由于在用车的 CO 排放问题特别突出，前已述及 CO 的排放主要决定于混合气浓度，因此采用旁通空气法使混合气变稀的净化器便应运而生。除此之外，各种各样的催化净化器也纷纷上市。在催化器的选用时应该注意三点：其一是催化器与发动机的匹配问题；其二是国外的催化净化器是在使用含铅量非常低的"无铅汽油"及含硫、磷量很低的机油的条件下研制的，使用时应给予注意；其三是应注意三效催化净化器在偏离理论空燃比时净化效率显著降低以及温度过高时容易烧结失效。由于化油器式发动机在小负荷及大负荷时使用浓混合气，故其净化效率低而且易由高温引起失效及老化。也应注意到催化净化器只有在排放性能较好的车上起作用，并且在用车上安装净化器后，由于原车的排气系统的改变会给整车性能带来影响。

c 控制在用车排放污染的检查/维修（I/M）制度

1990 年以来，由于我国城市开始面临日益严峻的机动车排放污染，因此从严控制机动车的排放势在必行。作为加严控制的第一步，国家和地方政府已纷纷制定和出台机动车排放标准，对新车实行严格控制。但是仅仅靠加严新车标准并不能够完全控制机动车的污染排放。若不对在用车进行控制，机动车排放的劣化将会使控制新车排放的努力大打折扣。

I/M 制度就是通过对在用车定期检测的方式，及时发现排放状况不佳的车辆，使其有关部件得到清洗、更换或正确调整，从而使其恢复到正常工作状态。

20 世纪 80 年代中期开始，我国的部分城市对机动车也开始实行了监督和管理。该监督和管理主要包括三个环节：（1）对汽车生产厂家的监督管理；（2）对维修厂家的监督管理；（3）在用车的年检和路检。其中的后两个环节恰恰是 I/M 制度的重要内容。

通过对新车及在用车污染物排放的监督和管理，部分城市的车辆排放状况和大气质量得到了一定程度的改善。例如，广州市加强对机动车排放的检测和管理之后，机动车排放合格率逐年提高。机动车排放首检合格率在执行排放标准以前仅为 45%，执行标准后一个月上升到 65%，随后达到 80.7%，1987 年达到

84.22%；1988年达到89.3%。广州市区大气中CO平均浓度1981年到1984年平均每年递增16.5%。实施排气监督管理后的第一年（1985年）只递增9.8%，污染上升的势头得到了缓解。

但是，由于我国机动车排放的监督管理工作还处于起步阶段，在管理方法、分析手段等方面仍然不完善。目前，我国的在用车I/M制度还存在着以下不足：(1)管理部门的协作配合还有待加强；(2)对检测人员、驾驶员和维修人员的不规范行为缺乏有效的监控手段；(3)对车辆维修质量的监督还有待加强；(4)缺乏有效的实施效果分析手段，致使有关部门难以根据实施现状采取针对性较强的改进措施。

目前，我国I/M制度的测试方法以采用怠速法为主，部分地区如北京市采用双怠速法。与其他的I/M测试方法相比，怠速法最为简单易行，但它与实际工况的相关性也最差。I/M制度作为在用车管理的主要方面，受当地的机动车保有量、经济发展水平、具体污染情况等多方面的影响，具有鲜明的地域特点。

5.7 持久性有机污染物的控制

持久性有机污染物（POPs）指的是持久存在于环境中，具有很长半衰期，且能通过食物网积聚，对人类健康及环境造成不利影响的天然或人工合成的有机化合物。此类物质可以通过各种环境介质（大气、水、生物体等）长距离迁移，具有长期残留性、生物蓄积性、半挥发性和高毒性等特性。

尽管大部分POPs已经被停止生产和使用，但是人体内或多或少的都含有一定量的POPs。西班牙某研究机构2008年公布的研究数据表明，在该国387名志愿者的脂肪组织中，100%都被检测出一种以上的持久性有机污染物，主要包括滴滴涕、多氯联苯、六氯苯、六六六等。

5.7.1 国内环境中的持久性有机污染物

中国目前检测的POPs为《斯德哥尔摩公约》管制的21种化学品（污染物）为评估对象，包括杀虫剂类和工业合成化学品类。

2010年中国已经停止生产各种杀虫剂类POPs，因此环境中DDT和HCH（六氯环己烷）没有发现新增的排放源。目前杀虫剂类POPs的相关热点问题是三氯杀螨醇的残留DDT问题及废弃污染场地的治理问题。

工业合成化学品类的POPs主要以PFOS（全氟辛烷磺酸）和PBDE（多溴二苯醚）为代表，这些物质广泛存在于我国人群中。在北京、大同、苏州、平顶山、天津和沈阳地区的污水处理厂进出水及污泥中均有检出，但平均浓度低于国外水平。PFOs是一种广泛且高浓度存在于生物体内的污染物，根据我国检测结果表明，在成人血液和母乳中，成人血液中的PFOs含量随着年龄的增加而增加，鱼和海鲜味是 PFOs 的主要来源途径,其次为肉和肉产品、饮用水等。中国 PBDE 含量大多数在 $100 \times 10^{-12}\,\text{g/m}^3$ 以内;水体中 PBDE 的污染处于较低水平,沉积物中 PBDE 的污染水平与美国相当,处于中等污染水平;土壤中 PBDE 的污染也处于较低水平;生物体中 PBDE 的浓度低于国外。

《2011 年中国持久性有机污染物评估报告》指出,中国目前 POPs 的检测能力已经大大提高,"十二五"POPs 污染防治专项规划启动编制,各省市、自治区等均已制定相应的污染防治规划,这将极大提高中国国内的 POPs 环境污染及风险控制水平,保障环境安全和公众健康。

5.7.2 持久性有机污染物的危害

5.7.2.1 对生态平衡的破坏

持久性有机污染物由于其在环境中的持久存在性、亲脂性和憎水性,可以在生物体内积累,通过食物链进行逐级富集,最终导致人体或其他高级野生动物体内相关物质含量达到较高浓度,并造成严重影响。同时,部分持久性有机污染物具有一定的挥发性,会随着大气、水流、动物迁徙等实现长距离迁移,从而导致全球性的环境污染问题。

例如汞及其化合物具有较高的亲脂性,主要沿着水生生物的食物链逐级浓缩,最终引起水生生物体内汞含量为环境水体中汞浓度的 20 万倍。

5.7.2.2 对人体健康的危害

持久性有机污染物具有致癌、致畸、致突变的作用,可以破坏神经系统和免疫系统,影响人类生殖功能,即所谓的"雌性化"作用,干扰荷尔蒙的分泌。人类长期暴露于大量 POPs 的环境中,人体内部分酶、蛋白质、脂肪组织将发生改变。研究表明,生产杀虫剂和除草剂工厂中,女性职工因乳腺癌的死亡率随着与 PCDD 和 PCDF 的接触而增多;人类男性平均精子数量减少一半,女性不孕现象明显上升。

5.7.3 持久性有机污染物的控制技术

持久性有机污染物的处置技术可以分为物理法、化学法和生物法。其中生物法时间长,物理法易造成二次污染,化学法技术费用高。另外环境中有机污染物极其复杂和种类繁多,单纯使用一种方法往往达不到预期的目的。

5.7.3.1 物理法

物理法通常包括高温焚烧技术、水泥窑技术、安全填埋技术、原位玻璃化技术和热解吸等。其中高温焚烧时热氧化过程,去除率较高将近达到 100%。

(1) 焚烧法。焚烧法适用于处理大量高浓度的持久性有机物,但是如果处理不善,会产生毒性更大的二噁英等。由于氯离子无处不在,当对 POPs 进行焚

第5章 大气污染控制技术

烧时，氯离子会与其他持久性有机污染物结合生成氯化甲烷和有机氯化物，成为二噁英或者其前躯体。

（2）水泥窑技术。该工艺是指用石灰石、硅石、矾土和氧化铁，在一定体积的转窑内，从低温段进入向高温段运动，过程中有机物被去除。该工艺多用于去除多氯联苯，以及其他液体和固体持久性有机污染物，其中多氯联苯的去除率将近100%。

5.7.3.2 化学法

常用的化学方法包括碱催化脱氮法、湿式氧化法、超临界水氧化法、电化学氧化法等。

（1）碱催化脱氮法。该方法是将碱金属或者碱土金属、碱碳酸盐或氢氧化物以水溶液或者沸腾熔融物质的形式加入含有卤代有机污染物发生脱卤反应或对废物降解的过程。

（2）湿式氧化法。该方法是在高温高压条件下，利用氧气或空气（或其他氧化剂）与有机污染物的液相接触，以达到降解污染物氧化去除的目的。

（3）超临界水氧化法。该方法是一种新型的氧化技术。它以超临界水为反应介质，在氧化剂和氧化气、过氧化氢等的存在下经由高温高压下的自由基反应，降解有机物氧化为二氧化碳等产物。研究表明，用超临界水氧化法可以在短时间内达到较高去除率。

（4）声化学氧化法。该方法是利用声空化效应带来的高温、高压来处理水中的有机污染物。超声波作用工程中，在气泡和水界面产生短时高温，随后产生冲击波和高速射流，可以断裂高能化学键，以去除持久性有机污染物。

（5）电化学氧化法。电化学法作为一种与环境兼容的高效处理技术，目前在废水中处理生物难降解有机物的去除方面应用广泛。所谓电化学就是利用外加电场作用，在特定的电化学反应器内，通过一系列电化学或物理过程，使得废水中有机物得以去除或转化成有用物质再加以回收利用。可以分为直接电解法和间接电解法。其中直接电解法是指污染物在电极上直接被氧化或还原而从水中去除。间接氧化时利用电化学产生的氧化还原物质作为反应剂或催化剂，使污染物转化成毒性更小的物质。目前，电化学方法研究的热点是电极材料的研发，以及与其他处理技术的结合优化。

（6）碱性催化分解工艺。该工艺是用碱金属氢氧化物在300~400℃，催化剂作用下，利用氢供体与多氯联苯等持久性有机物发生催化分解反应，最终被分解为无机盐、水、脱卤产物。

（7）气相化学还原法。该工艺是在超过850℃高温和常压条件下，通过使用氢气对气化的有机化合物进行化学还原，生成小分子甲烷和其他烷烃，以及氯化氢。该方法适用于分解几乎所有的持久性有机污染物，另外通过增加不同前处理设施可以实现对受污染土壤、电力设备、液态废物的处置。

5.7.3.3 生物法

生物法是治理污染的一种较为理想的方法,主要利用植物修复或通过微生物作用。植物修复时利用植物转移或转化污染物,包括植物对污染物的直接吸收、植物根部分泌酶来降解污染物、植物根系与微生物系统吸收、转化污染物,可以有效地将土壤和各种水体中的有机污染物通过新陈代谢作用降解为二氧化碳、水或者其他无害物质,从而达到净化环境中的 POPs 的目的。

第6章 大气污染与全球气候

6.1 全球气候变化

6.1.1 大气污染

地球是人类唯一的家园，地球上良好舒适的气候与环境是人类生存和社会经济发展的必要条件，也是维持整个社会可持续发展的重要前提。几百年来，以全球变暖为主要特征，全球的气候与环境发生重大变化：水资源短缺，生态系统退化，土壤侵蚀加剧，生物多样性锐减，臭氧层耗损，大气化学成分改变，等等。空气是人类得以继续生存不可缺少的东西，大气环境与人体健康有着很密切的关系，大气污染已对人类的生存构成了威胁。目前，气候变化问题已成为全球环境与实现可持续发展的主要问题之一，引起了世界各国政府和公众的广泛关注。为了从科学上深入地了解气候变化问题，本章将对气候变化的一些主要科学背景知识作一简明的介绍。

6.1.2 全球气候变化

6.1.2.1 全球气候变化的概念

全球气候系统指的是一个由大气圈、水圈（含海洋）、冰雪圈、岩石圈（含路面）和生物圈组成的高度复杂的系统。全球气候变化思想源于《周易》关注人周围天、地、雷、风、水、火、山、泽等八个方面及其相互关系的发展变化。关于全球气候变化的定义不一，其中一种是全球气候变化（Climate change）是指在全球范围内，气候平均状态统计学意义上的巨大改变或者持续时间较长一段时间（典型的为10年或更长）的气候变动；《联合国气候变化框架公约》（UNF-CCC）的第一款中，将"气候变化"定义为："经过相当一段时间的观察，在自然气候变化之外左右人类活动，直接或间接地改变全球大气组成所导致的气候改变。"另一种是指由于人类活动而造成的大量温室气体向大气中的排放，从而引起大气中的温室气体的浓度不断增加和大气组成成分的改变，进而导致全球平均气温的增加以及其他气候要素的改变的现象。这两种定义都是准确的。第二种定义是就目前引起全球气候变化的因素而言，目前国际社会所讨论的气候变化问题，主要是指温室气体增加产生的气候变暖问题。

气候变化通常表现为冰川融化和海水热膨胀等引起的海平面上升、荒漠化加剧及干旱、高温、飓风、洪水等极端气候事件的增多。由于气候系统是个极其复杂的系统，除了人为引起的气候变化以外，自然变化也不能忽视，加上温室气体的减排涉及国家利益、环境外交等敏感的政治性话题，所以使得对"气候变化"的讨论似乎变得复杂起来。狭义上讲，气候是以均值和变率等术语对相关变量在一段时期内（从数月到数千年或更长时间不等）状态的统计描述。这些变量大多指地表变量，如气温、降水。广义上的气候是指气候系统的状态，包括统计上的描述。

6.1.2.2 全球气候变化的原因

引起气候系统变化的原因有多种，概括起来可分成自然的气候改变与人类活动对其影响两大类。

A 人类活动对全球气候的影响因素

人类引起气候变化的活动主要表现在三个方面：（1）化石燃料燃烧排放的 CO_2 等温室气体通过温室效应影响气候，这是人类活动造成气候变暖的主要驱动力；（2）农业和工业活动排放的 CH_4、CO_2、N_2O 等温室气体，也通过温室效应增强气候变暖；（3）土地利用变化也会影响气候变化，如森林砍伐、城市化、植被改变和破坏等所引起的温室气体浓度增加和减少。

B 自然活动对全球气候的影响因素

自然因素中引起气候变化的一种因素是来自太阳输出能量的变化，另一个自然因素是火山爆发。火山爆发之后，向高地喷放出大量硫化物气溶胶和尘埃，可以到达平流层高度，它们可以显著地反射太阳辐射，从而使其下层的大气冷却。

6.1.2.3 全球气候变化的发展及趋势

气候变化问题现在备受各国和公众关注，也是当今自然科学领域中争论比较激烈的问题之一。早在11世纪的北宋时期，我国著名科学家沈括就根据沉积在地层中的生物化石论证了气候的变化；20世纪60年代，著名气象学家竺可桢根据我国丰富的历史文献，研究了我国近五千年来气候变化的事实，并证明了在人类历史时期，气候处在不断变化之中。根据地质学与古生物学的研究成果，我们可以证明，地球在形成以来的 50×10^8 年里，气候始终处在不断变化之中。

据政府间气候委员会（IPCC）对全球气候变化判断，如果不采取措施控制二氧化碳的排放，全球地表平均温度将继续以每年 0.3℃ 的速度上升。随着温室气体排放量的增加，全球气候变暖的趋势仍然存在，因气候变化导致的各种影响也会继续增加。

6.2 臭氧层破坏

臭氧层破坏是当今重要的环境问题之一。臭氧在大气中的含量非常稀少，一千万个大气分子中只有三个臭氧分子。含量虽然少,但是它在地球环境中所起的作用却非常重要,臭氧层对于地球生命的重要性就像空气和水一样,如果没有臭氧层的保护,地面上的紫外线辐射强度就会非常的高,对人类和自然产生严重的损害,使整个地球生命就会像失去水和空气一样遭到毁灭。

早在20世纪70年代初,科学家们就先后提出大气中的NO_x可能对大气臭氧层产生影响,随后科学家们证实了人类排放的卤代烃物质会破坏大气中的臭氧,后来人们从对观测资料的分析中发现在全世界范围内大气中的臭氧层确实在变薄。研究指出,这种减少是人类排放的某些化学物质所致。因此,保护臭氧层成为全球环境保护的重要任务之一。

6.2.1 臭氧和臭氧层

6.2.1.1 臭氧

人们对大气中的臭氧(O_3)并不陌生,它是三原子氧,是普通氧气的同胞兄弟。臭氧分子属于对称线性结构分子,即组成臭氧分子的3个氧原子分别位于一个等腰三角形的顶端。臭氧的分子量为48,一个臭氧分子的质量为9.97×10^{-23}g。臭氧与普通氧气的部分物理特征比较见表6-1。

表6-1 臭氧和臭氧的部分物理特征比较

物 理 量	臭 氧	氧 气
临界温度/℃	-5	-18.8
临界压力/hPa	67	49.7
临界体积/L·kg^{-1}	1.86	2.33
熔点温度/℃	-251	219
标准气压下的沸点温度/℃	-112	183

在距离地面15~50km高度的大气平流层中,集中了地球上约90%的臭氧,其中离地22~25km,臭氧浓度值达到最高,臭氧在大气中的分布见图6-1。

臭氧是引起气候变化的重要因素。臭氧对太阳紫外线辐射的吸收是平流层的主要热源,臭氧吸收太阳光中的紫外线并将其转换成热能来加热大气,平流层中臭氧浓度及其随高度的分布直接影响平流层的温度结构,从而对大气环流和地球气候的形成起着重要的作用,因此,臭氧浓度的变化是大气的重要扰动因素。科学研究表明,如果大气中臭氧含量减少1%,地面受紫外线辐射量就会增加2%~3%。大量的紫外线辐射会损害植物的基本结构,使气候和生态环境发生异变,尤其会对人类健康带来严重损害。

6.2 臭氧层破坏

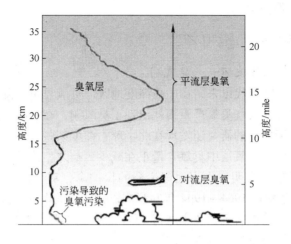

图 6-1 臭氧在大气中的分布

6.2.1.2 大气臭氧层

大气层中的氧分子由于吸收来自太阳的紫外线辐射而被分解成氧原子，游离的氧原子迅速地与周围的氧分子相结合而形成臭氧，臭氧分子聚集起来并在离地球表面 10～50km 高度之间形成特殊的层次，被称为大气臭氧层。

这个薄薄的臭氧层能吸收太阳光中波长 300μm 以下的紫外线，保护地球上的生物免受短波紫外线的伤害，只有长波紫外线和少量的中波紫外线能够辐射到地面，起到杀菌和消毒的作用（图 6-2）。臭氧层为地球上的生物提供天然保护屏障，可以说，臭氧层形成之后，才有了生命在地球上的生存、延续和发展，也可以说，地球上的一切生命就像离不开水和氧气一样离不开大气臭氧层，它是地

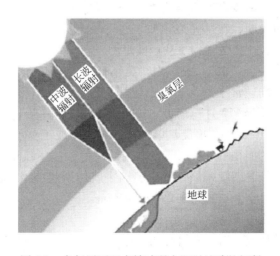

图 6-2 臭氧层可以有效减弱太阳对地球的辐射

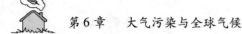

表生物系统的"保护伞"。

6.2.2 臭氧层破坏

6.2.2.1 臭氧层破坏——臭氧洞

自从20世纪70年代以来,在中高纬度地区,臭氧总量下降趋势明显,在南极地区上空冬末春初大气臭氧严重损耗出现了臭氧洞,在北极上空也观测到了臭氧的严重损耗,近些年的研究还发现在北半球中纬度某些地区上空季节性地出现了一些臭氧低值区。臭氧层中臭氧含量正在减少,与之相伴的是皮肤癌的发病率明显增高。统计数据表明,作为地球生命的保护伞,臭氧层正在遭到严重的破坏。表6-2列出了根据1964～1994年间观测资料所得的中纬地区以及南北半球臭氧耗损的平均值。可以看到,北半球每10年的臭氧耗损为2.6%,略小于南半球的相应值,耗损主要发生在冬春季。

表6-2 南北半球每10年的臭氧耗损百分数(1964～1994年)

地 区	12～3月(次年)	5～8月	9～11月	全年平均
35°～65°N	5.8±1.7	2.6±1.5	2.5±1.0	3.8±1.2
北半球	4.0±1.1	1.9±1.1	1.6±0.9	2.6±1.9
南半球	2.7±1.0	3.4±0.8	6.6±1.5	3.9±0.8
35°～65°S	3.6±1.2	4.9±1.3	7.3±2.0	5.0±1.0

南极是一个非常寒冷的地区,终年被冰雪覆盖,四周环绕着海洋。从20世纪70年代后半期开始出现关于南极上空臭氧层浓度在秋季(9～11月份)期间大幅度减少的报道,减少高度区出现在15km高空为中心的12～23km的平流层内。进一步的测量表明,在过去10～15年间,每到春天,南极上空的平流层臭氧都会发生急剧的大规模的耗损。从地面观测,高空的臭氧层已极其稀薄,与周围相比像是形成了一个"洞",被称为"臭氧洞"。

南极臭氧层空洞通常于每年8月中旬开始逐渐形成,10月上、中旬达到最大面积,并于11月底或12月初消失。1982年10月,南极上空首次出现了臭氧含量低于200DU(DU为多普逊臭氧单位)的区域形成了臭氧层空洞。在随后的几年里臭氧层空洞的面积不断扩大,空洞内的臭氧含量不断降低。自20世纪90年代以来,南极臭氧洞继续发展。源于美国宇航局新闻公报的消息,2000年10月,南极上空的臭氧空洞面积达到$2900×10^4 km^2$,这是迄今为止观测到的臭氧层空洞的最大面积(图6-3)。

臭氧层空洞的形成,对人类自身的生存构成了威胁,是当今人类面临的重要环境问题之一,从而引起了世界各国政府和人民大众的普遍关注。

6.2 臭氧层破坏

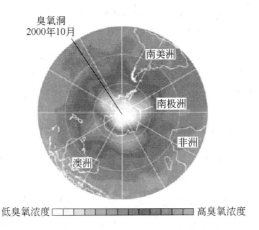

图 6-3　南极上空的臭氧空洞

6.2.3　臭氧层破坏的原因

1974 年美国加利福尼亚大学教授罗兰（Rowland）博士在世界上首次提出：一种广泛使用的称作氟氯烃（CFCs）的化合物总有一天会侵蚀大气上层的臭氧层。1985 年，英国科学家观测到南极上空出现臭氧层空洞，并证实其同氟氯昂（CFCs）分解产生的氯原子有直接关系。1988 年冬天在格林兰以地面为基地的研究工作中发现，大西洋上空的氯的浓度增加了，臭氧的水平也降低了。

对于臭氧层破坏的原因，有不同的解释。有的人认为，可能与亚马逊河地区不断出现的森林火灾有关；有的人认为，臭氧空洞之所以出现在两极，是极地低温造成的；还有的人认为，太阳活动引起太阳辐射强度的变化、大气运动引起大气温度场和压力场的变化以及与臭氧生成有关的化学成分的移动、输送都将对臭氧的光化学平衡产生影响，从而影响臭氧的浓度和分布。但是，目前最让科学家信服的原因是，化学反应物对臭氧层的影响，比如人类过多使用氟氯烃（CFCs）类物质是臭氧层破坏的一个主要原因。

大气臭氧层的破坏主要是通过光解过程完成的，在高层大气中（如 50km 以上的大气中），臭氧因吸收来自太阳的短波紫外线辐射而遭到光解，在较低层大气中臭氧吸收较长的太阳紫外辐射和可见光辐射而光解，同时臭氧也可能与氧原子反应而遭到破坏。臭氧在大气流中的动态平衡如下：

$$O_2 \xrightarrow[180 \sim 240nm]{UV} O + O \left.\begin{matrix}\\\\\end{matrix}\right\} 臭氧形成$$
$$O_2 + O \longrightarrow O_3$$

$$O_3 \xrightarrow[200 \sim 320nm]{UV} O_2 + O \bigg\} 臭氧破坏$$

从反应中可以看到部分臭氧破坏的原因。在大气中,有一些活泼自由基会参与臭氧的破坏过程,比如 HO_x、NO_x、ClO_x 和 BrO_x 等,其中较受关注的是 ClO_x 和 BrO_x,人类活动释放的氟氯烃类化合物由于其性能稳定和长久存在会被输送到大气高层被光解而产生原子氯,同时与大气高层中的激发态氧原子反应生成 ClO_x,而原子氯和氯的氧化物则会消耗氧原子或直接与 O_3 反应使臭氧破坏。

6.2.4 臭氧层破坏的影响

如前所述,臭氧层能保护地球上的生物免受紫外线的伤害,臭氧层阻挡了近98%的紫外线,只让那些对生物有益的光线照到地球上。臭氧也是温室气体的一种,它的存在可以使全球气候变暖。与其他温室气体不同,臭氧是自然界中太阳辐射中紫外线对高层大气氧分子进行光化作用生成的,并不是人类活动排放产生的。臭氧层被大量损耗后,吸收紫外辐射的能力大大减弱,导致到达地球表面的紫外线明显增加,给人类健康和生态环境带来多方面的危害。

6.2.4.1 对人体健康的危害

实验研究表明,紫外线 B(UVB)过量照射会引起人或动物局部或系统地改变其免疫系统。这是由于 UVB 破坏个体细胞,降低细胞的免疫反应进而损害其中的脱氧核糖核酸(DNA)而引起的。人体细胞内 DNA 的改变使细胞本身的修复能力减弱而导致人体免疫机能减弱。

人体的皮肤是一个很重要的免疫器官。当皮肤受到过量的紫外线辐射时,其免疫功能受到扰乱,造成免疫系统的改变,增加了很多疾病的发病率,如麻疹、水痘、皮疹等以及通过皮肤传染的寄生虫病等。过量的紫外线辐射还可能导致眼疾发病率的增加,研究工作指出,紫外线辐射增强能直接损害人眼的晶状体,导致晶状体表皮混浊。在我国的青藏高原,臭氧层变薄的现象十分明显,白内障的发病率明显升高,近年来甚至出现了儿童患白内障的现象。臭氧层破坏还有可能引发皮肤癌,科学家认为,臭氧层每损耗1%,人类的皮肤癌发病率将增加5.5%。太阳照射时间长的地区,白种人的所有皮肤病中,50%以上是由太阳紫外线引起的。全世界每年约有10万人死于皮肤癌,其中多数与紫外线有关。

6.2.4.2 对陆地生态系统的影响

过量的紫外线辐射到地面会使许多农作物受到损害。试验资料表明,最容易受到破坏的是豆类、甜瓜、芥菜和白菜等,土豆、西红柿、甜菜等产品质量会下降,产量会减少,大多数农作物和树木(尤其是针叶树木)抵御病虫害的能力会大大降低,进而使农作物和森林生态系统遭受破坏。

科学家试验了200种作物对紫外线辐射增加的敏感性,结果66%的作物有反应,尤其是大米、小麦、棉花、大豆和水果等人们经常食用的作物。研究表明,紫外线辐射对农作物的影响是通过抑制光合作用,损害 DNA,改变植物的形态以及生物量积累，使植物各部分物质的分配发生变化，延长或者缩短不同植物各发育阶段的时间以及新陈代谢等来实现的。

英国研究人员进行的一项调查表明，臭氧损耗每年给欧洲农业经济带来大约60亿欧元的损失，其中最严重的是法国，每年为此损失约15亿欧元。

6.2.4.3 对水生系统的危害

研究表明，紫外线辐射的增加会直接导致浮游植物、动物、幼体鱼类、虾类、螃蟹以及其他水生食物链中重要生物的破坏。研究人员已发现臭氧空洞与浮游植物繁殖速度下降有直接关系。通常浮游植物会生长在水体表层有足够光照的区域，其分布会受到风力和波浪等作用的影响，而且许多浮游植物也能够自由运动以确保生存。如果浮游植物暴露于紫外线辐射下，其定向分布和移动会受到影响，导致这些生物存活率的下降。研究人员还发现，天然浮游植物群落与臭氧的变化有直接的联系。通过对比研究臭氧洞范围内和臭氧洞以外地区浮游植物的生产力，他们发现臭氧减少造成的紫外线辐射增加直接导致了浮游植物生产力下降。浮游植物的死亡，导致以这些浮游生物为食的海洋生物相继死亡，臭氧消耗导致海洋鱼类每年减少数百万吨。如果平流层中的臭氧减少1/4，则浮游生物的生产力将下降10%，进而导致水面附近的生物减少35%。

6.2.4.4 对大气环境的影响

人类生活在地球大气的最底层，而恰恰是这一层受到了人类本身生产和社会活动的严重污染。20世纪中叶的伦敦烟雾和洛杉矶光化学烟雾事件震惊世界，使几千人丧失生命，中国甘肃兰州也发生过严重的光化学烟雾事件。光化学烟雾中含有较高浓度的臭氧和其他氧化物，因此有人称这种光化学烟雾污染为臭氧烟雾污染。实际上，光化学烟雾是多种一次和二次污染物的混合污染物，除了臭氧和其他氧化物之外，还含有大量的微小颗粒物质。当大气中臭氧含量减少时会有更多的太阳紫外辐射到达地面，这会增加近地面大气臭氧形成的速率，进而会增加光化学烟雾的发生几率，使大气环境恶化。研究资料表明，大气臭氧层的臭氧浓度每减小1%，地面的臭氧烟雾就增大2%。

臭氧层破坏还会使自然生态平衡被严重破坏，使全球气候变暖加速，还会使森林、草地面临荒漠化等等。

6.2.5 保护臭氧层的行动

自20世纪70年代提出臭氧层正在受到耗损的论点以来，联合国环境规划署（UNEP）意识到，保护臭氧层应作为全球环境问题，需要人类和全球合作行动，并将此问题纳入议事日程，召开了多次国际会议，相继制定了全球性的保护公约和合作行动计划。

1977年，联合国环境规划署理事会在美国华盛顿哥伦比亚特区召开了"评

第6章 大气污染与全球气候

价整个臭氧层"国际会议。这次会议通过了《臭氧层行动世界计划》，并成立"国际臭氧层协调委员会"。1985年4月，通过了《保护臭氧层维也纳公约》，目前已有166个缔约方，中国政府于1989年9月加入公约。《保护臭氧层维也纳公约》明确指出大气臭氧层耗损对人类健康和环境可能造成的危害，呼吁各国政府采取合作行动，保护臭氧层，并首次提出氟氯烃类物质作为被监控的化学品。1987年9月，由23个国家签署了要求所有国家参加的《消耗臭氧层物质的蒙特利尔议定书》，规定了限控的消耗臭氧层的化学物质。1995年1月23日，联合国大会决议将每年的9月16日定为"国际保护臭氧层日"。1997年，在蒙特利尔市举办《蒙特利尔议定书》签署10周年纪念活动。《蒙特利尔议定书》缔约国会议审查了对四基溴实行的控制措施。1999年11月，《蒙特利尔议定书》缔约国在北京举行第11次会议，具体讨论氟氯碳的生产等问题，会议通过了关于重申保护臭氧层承诺的《北京宣言》。2010年前将在发达国家中全部停用四基溴，并在发展中国家全部停用氟氯化碳、哈龙和四氯化碳。

中国政府非常重视保护大气臭氧层这一全人类面临的全球性重大环境问题，已经积极开展多种保护大气臭氧层行动。中国政府于1991年6月正式加入1990年经修正的《关于消耗臭氧层物质的蒙特利尔议定书》，随后成立了"保护臭氧层领导小组"，负责提出《中国消耗臭氧层物质逐步淘汰国家方案》。1992年5～8月，由来自各相关部门的30位专家，组成了制冷冰箱及硬泡材料、化工代用品、泡沫材料、工业制冷、气溶胶等专家组，分别起草编制本专业逐步淘汰消耗臭氧层物质的《国家方案》分报告。中国在《国家方案》中制定了2010年淘汰消耗臭氧层物质（简称ODS）的方案。表6-3列出了7种主要的ODS物质的实际削减量。

表6-3 近年来ODS削减量 （t）

物 质	1996年	2000年	2005年	2010年
CFC-11（三氯一氟甲烷）	8470	19196	26478	35495
CFC-12（二氯二氟甲烷）	21519	53961	89208	138492
CFC-11（三氯三氟乙烷）	2100	10094	24778	45580
H-1211（哈龙1211）	4172	8155	12636	19187
H-1301（哈龙1301）	74	197	434	916
CCl_4（四氯化碳）	179	748	1697	3094
CH_3CCl_3（甲基氯仿）	1239	2895	6811	12882

1998年6月,世界气象组织发表了研究报告,并和联合国环境规划署作出预测,大约再过20年,人类才可以看到臭氧层恢复的迹象。目前,氯氟烃(CFCs)和其他消耗臭氧层物质(ODS)的生产和消费已经减少了70%左右,而且人们也逐步开展氯氟烃的重复使用。作为在大气臭氧层这把保护伞下生活着的人们应该增强保护大气臭氧层的意识,拯救大气臭氧层已刻不容缓。我们只有一个地球,拯救臭氧层就是拯救我们自己,行动起来,积极参与联合国和我国组织的一系列旨在保护臭氧层的宣传、科普、学术等活动;其次,在生活中尽量不使用消耗臭氧层的物质,如不使用含氟冰箱,不使用四氯化碳做清洗剂等。科学家还建议,从事户外生活和生产活动(如野外作业、旅游等)的人们,应当采取有效措施以保护自己免受过多太阳紫外辐射的照射,从而避免自身健康受到伤害。

6.3 酸雨

酸雨或酸沉降导致的环境酸化是21世纪最大的环境问题之一。

伴随着人口剧烈增长和工业迅速发展,酸雨和环境酸化问题一直呈发展趋势,影响地域逐渐扩大,由局地问题发展成为跨国问题,由工业化国家扩大到发展中国家。在今后相当长时间内,由于化石燃料的燃烧,飞机和汽车等机动车尾气的排放,森林火灾以及放火烧荒等原因产生的酸性物质和烟尘等颗粒物不断增加,大气中硫氧化物、氮氧化物、臭氧、烟尘等在地方风和大气环流的输送下,现在差不多已经传遍世界,酸雨和环境酸化问题仍将继续存在和发展,它对生态环境的深刻影响是全球持续发展所面临的巨大挑战。

现在有很多国家和地区遭受酸雨肆虐,亚非拉澳各洲许多国家和地区,直至极地,也都有酸性物质,或形成酸雨、酸雾,或在大气中飘荡,对河流、森林、草原、农田、土壤、岩石、建筑物、金属制品,以至文物古迹、书籍、纸张进行腐蚀和损害,简直是无孔不入,防不胜防。所以,控制酸雨和全球酸化是人类持续发展进程中需要解决的重大环境问题之一。

6.3.1 酸雨的形成

什么是酸雨呢?酸雨是指pH值小于5.6的雨水、冻雨、雪、雹、露等大气降水。酸雨的形成是大气中发生的错综复杂的物理和化学过程,包括自然起源和人工起源。酸雨中含有多种有机酸和无机酸。绝大部分是硫酸和硝酸。工业生产、民用生活燃烧煤炭排放出来的二氧化硫,燃烧石油以及汽车尾气排放出来的氮氧化物,经过"云内成雨过程",发生液相氧化反应,形成硫酸雨滴和硝酸雨滴;含酸雨滴在下降过程不断合并吸附,冲刷其他含酸雨滴和含酸气体,形成较大雨滴,最后降落在地面上,形成了酸雨(图6-4)。我国的酸雨主要是因大量燃烧含硫量高的煤而形成的,多为硫酸雨,少硝酸雨。许多资料表明,形成酸雨的主要物质是SO_2。酸雨的形成主要可以概括为四个过程：(1) 水蒸气在含有硫酸盐、硝酸盐等的凝结核上冷凝；(2) 形成云雾时，SO_2、NO_x、CO_2 等被水滴吸收；(3) 气溶胶颗粒物质和水滴在云雾形成过程中互相碰撞、凝聚并与雨滴一起结合；(4) 降水时空气中的一次污染物和二次污染物被冲洗进雨中。大气中的酸性化学物质溶于雨水中，就会形成酸雨。

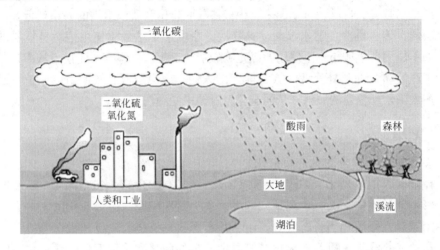

图6-4 酸雨

酸雨的形成并非致酸物质单一作用的结果，还包括各种致碱物质及气候、地域等条件的综合影响。

6.3.2 我国酸雨灾害的状况

20世纪70年代以前，酸雨现象只是在一些工业发达国家出现，但随着世界经济的快速发展，酸雨现象越来越严重，并且正在向全球扩展，我国是继欧洲、北美洲之后的世界第三大重酸雨区。我国已有约60%的城市环境空气的二氧化硫年平均浓度，超过国家环境空气质量二级标准，年均降水pH值低于5.6的区域面积已占全国国土面积的40%左右。

为了掌握酸雨分布，国家环保部门于1982年建立了189个观测站、523个降水采样点的酸雨监测网。我国的酸雨区一般划分为华中、西南、华东和华南4个地区。20世纪80年代，我国的酸雨主要发生在以重庆、贵州和柳州为代表的川贵两广地区，酸雨区面积为170万平方千米。比如1982年夏季，重庆市连降酸雨，降水的pH值大多在4.0之下，使得农作物大面积减产，建筑物也被严重腐蚀。到90年代中期，酸雨灾害已发展到长江以南、青藏高原以东及四川盆地的广大地区，酸雨面积扩大了100多万平方千米。全国酸雨区域主要集中在浙江、江西、湖南、福建、贵州、广西、重庆的大部分地区，这些酸雨面积基本保持稳定，但重酸度区域明显增加，我国酸雨问题日益严重。

6.3.3 酸雨的危害

6.3.3.1 对人体健康的危害

1952年12月5日，伦敦出现酸雾，几天中就有4000人死亡。1962年12月，伦敦又形成了一次酸雾，在4天时间里死亡340余人。1975年6月，日本东京有33000多人眼睛和皮肤因高酸度蒙蒙雨而受到不同程度的伤害。作为生活水源的湖泊和地下水被酸化后，加速了金属的溶出，对饮用者会产生危害。很多国家由于酸雨的影响，地下水中的铅、铜、锌、镉的浓度已上升到正常值的10~1000倍。1981年瑞典马克郡发现有一家三名孩子为绿头发，原因是酸雨污染了饮用的井水，使井水酸化，井水进一步腐蚀铜制水管，洗涤过的头发被溶出的铜化合物染绿。65岁以上患有哮喘、支气管炎和心脏病的患者，吸入硫和氮的氧化物是危险的，而且不能忽视其对孕妇和婴幼儿的严重影响。

6.3.3.2 对农作物的危害

酸雨首先是伤害农作物和蔬菜的叶片，造成蔬菜叶面黄斑，生长不良，抗病能力下降，产量下降，伤害程度与酸雨的酸度、频度和时间有关。酸雨还能够降低农作物和蔬菜的发芽率，降低大豆的蛋白质含量，使其品质下降。稻、麦等禾本科作物叶面积小，蜡质层厚，可湿性差，对酸雨敏感性弱，但强酸雨仍将导致叶面扭曲，褐黄或褐红斑，使作物大量减产。

6.3.3.3 对森林的危害

酸雨对树木的危害首先反应在叶片上，而树木不同器官的受害程度为根 > 叶 > 茎，酸雨对林木的生长会产生不利影响。我国的西南地区、四川盆地受酸雨危害的森林面积最大，约为27.6万平方千米，占当地林地面积的31.9%。四川盆地由于酸雨造成了森林生长量下降，木材的经济损失每年达1.4亿元。调查表明，贵州、四川的马尾松和杉木受酸雨危害影响很大，降水pH值在4.5以下的林区，林木叶子普遍受害，导致林木的树高降低，林业生长量下降，林木生长过早衰退。表6-4列出了三种不同类型植物受酸雨危害结果统计数据。

表6-4 不同植物受pH值为2的酸雨后受害结果统计

植物种类	试验株数	受害株数	受害株数占试验株数的比例/%
针叶树	15	1	7
阔叶树	80	62	78
草本植物	10	5	50

6.3.3.4 对土壤的危害

酸雨能提高土壤的酸度和湿度，使土壤释放出更多的甲烷，导致温室效应的

第6章 大气污染与全球气候

加剧。酸雨可使土壤的物理化学性质发生变化,加速土壤矿物如 Si、Mg 的风化、释放,使植物营养元素特别是 K、Na、Ca、Mg 等产生淋失,酸雨还可以活化土壤中的有毒有害元素,特别是富铝化土壤,在酸雨作用下会释放出大量的活性铝,造成植物铝中毒。受酸雨的影响,土壤中微生物总量明显减少,其中细菌数量减少最为显著,放线菌数量略有下降,而真菌数量则明显增加。

6.3.3.5 对水生生态系统的危害

酸雨沉降能增加水的酸性,酸雨引起湖泊水变酸性后,严重时鱼等水生生物将无法生存而使湖泊的生态系统受到破坏。湖泊、河流的轻度酸化,就可以导致鱼类铝中毒。一次使水质变坏的酸潮,就可以使铝的含量在几天之内达到严重危害鱼类的程度。苏格兰西南部格洛威(Galloway)的许多湖已经被酸化,有研究报道,这个地方"因此看起来好像是另一个区域,在这里大气中来的强酸,沉降在敏感地区(花岗岩的基岩),造成了淡水的酸化,也可能造成了对鱼类的损害和消失。"

6.3.3.6 对建筑物和材料的危害

混凝土桥梁、大坝和道路以及高压线钢架、电视塔等土木建筑基础设施都是直接暴露在大气中,极易遭受到酸雨腐蚀。腐蚀过程中,酸雨与这些基础设施的建筑材料发生化学的或电化学的反应,造成诸如金属的锈蚀、水泥混凝土的剥蚀疏松、矿物岩石表面的粉化侵蚀及塑料、涂料侵蚀等。

6.3.4 酸雨的防治对策

酸雨的危害已引起我国政府和科学家的高度重视。我国二氧化硫排放总量居高不下,酸雨污染总体上未能得到有效控制,局部地区污染加重。大气中的二氧化硫和氮氧化物是形成酸雨的主要原因,因此,减少二氧化硫和氮氧化物的排放量,是防止酸雨的主要途径。我国酸雨综合治理应该采取以防为主、防治结合、综合治理的策略。

(1)改进燃烧技术。1)改用低硫煤是减少 SO_2 排放最简单的方法。据有关资料介绍,煤中含硫量一般在 0.2%~5.5% 之间,当燃煤的含硫量大于 1.5% 时,就应加一道洗煤工序,以降低含硫量。原煤经洗选后,SO_2 排放量可减少 30%~50%(图6-5)。2)调整民用燃料结构等。3)对煤进行脱硫处理。4)采用新型燃烧器,改善燃烧条件。5)改善交通环境,控制汽车尾气。改进汽车发动机技术,安装尾气净化装置,减少氮氧化物的排放。

(2)改变能源结构,尽可能采取无污染和少污染的工艺,把污染物消除在生产过程之中,大力发展循环经济。

(3)加强植树造林,扩大绿化面积。利用植物的自净作用来防治酸雨。许多植物都可以吸收一些有毒有害的物质,或富集积于体内,或转化为无害物质。

6.4 沙尘暴

图 6-5 燃煤产生大量的烟气

（4）加强监督管理。1）制定严格的大气环境质量标准，健全排污许可证制度。2002年1月，我国颁布了《燃煤二氧化硫排放污染防治技术政策》，2003年1月，国务院发布《排污费征收使用管理条例》，这些法律、法规、政策和标准的实施，对酸雨和二氧化硫的控制起了重要作用。2）建立酸雨检测网络和二氧化硫排放监测网络，以便及时了解酸雨和二氧化硫的污染动态。

随着社会物质文明和精神文明的不断进步，人们的环保意识在不断增强，展望未来，我们对酸雨的控制是有信心的。随着我国政府对环境保护工作重视程度的提高，大气污染控制等法规的相继出台，公民环保意识的加强、环境保护研究与污染治理技术的向前推进，相信通过若干年的大气污染治理，我国酸雨问题将得到有效控制。

6.4 沙尘暴

沙尘暴是一种风与沙以及人类活动相互作用形成的灾害天气。全世界平均每年发生沙尘暴约180次，我国发生沙尘暴次数急剧增加，是世界上遭受沙尘暴灾害最严重的国家之一。20世纪90年代以来，我国北方地区沙尘暴发生次数增加与水资源匮乏、生态环境恶化、沙漠化土地大面积扩大有直接关系（图6-6）。沙尘暴的发生已深深影响人类的生活和生产，本节将介绍沙尘暴的相关内容。

6.4.1 沙尘暴的形成

沙尘暴是沙暴和尘暴两者兼有的总称，是指强风扬起地面的尘沙，使空气浑浊，水平能见度小于1km的灾害性天气现象，直接表现就是沙尘暴天气。从气象的角度讲沙尘暴天气就是在特定地理环境和下垫面条件下，由特定的大尺度环流背景和天气系统所诱发的一种灾害性天气。沙尘暴是干旱和荒漠区特有的灾害性天气。它的出现是强劲的风力、丰富的沙尘源和不稳定空气状态等各种因素相互

第6章 大气污染与全球气候

图 6-6 中国沙尘暴曲线图

(1966年最多,1997年最少;47年的整体趋势为下降,但1997年以后有增加趋势)

作用的结果。其中沙暴系指大风把大量沙粒吹入近地层所形成的挟沙风暴,尘暴则是大风把大量尘埃及其他细粒物质卷入高空所形成的风暴。

6.4.2 沙尘暴的成因

中国的沙尘暴主要来自西北内陆,那里是全球四大沙尘暴地区之一的中亚沙尘区,为全球现代沙尘的高活动区之一(中国特大沙尘暴纪事见表6-5)。在地质时期和历史时期,这里一直是沙尘暴的主要成灾地区和"雨土"释放源地。近几十年来,由于人为破坏,宏观政策失误,造成沙尘暴灾害频繁发生。沙尘暴和扬沙天气发生的主要原因有以下几点。

表 6-5 中国特大沙尘暴纪事

时 间	发生次数
20世纪60年代	8次
20世纪70年代	13次
20世纪80年代	14次
20世纪90年代至今	30多次

6.4.2.1 气候干燥多风

沙尘暴是沙化的产物,沙尘暴频发期均处于干旱期,如公元1060~1027年、1640~1720年、1810~1920年三段干旱期。近几年来我国西部冬季温差增大,强冷空气活动频繁,大风频发,为沙化土地扩展提供了动力条件,春季温度增幅大,使大气层处于不稳定状态,遇冷压冷风过境,极易形成大风天气。

6.4.2.2 丰富的沙源尘源

大气层结构不稳定,强风是沙尘暴产生的动力,沙尘源是沙尘暴的物质基础。沙尘来源于下垫面结构被破坏:(1)严重的沙漠化。土地沙漠化是沙尘暴生成的罪魁祸首,我国北方的沙尘主要来自西北和内蒙古高原。内蒙古西部的阿拉善沙漠,素有"胡杨故乡"的美称,但近年来胡杨林正以每年 900hm² 的速度减少,导致周围 $30 \times 10^4 km^2$ 的沙漠戈壁不断扩大;(2)草地退化。长期的过度放牧,使原本非常脆弱的草地生态系统迅速崩溃,造成了严重的草地退化、沙化、碱化,昔日绿草茵茵的天然草场面积逐渐缩小。

6.4.2.3 人为活动

在干旱和半干旱地区农牧民生活常缺乏燃料,所以在自然植被中樵采,使固沙植被遭到破坏,引起沙化,为沙尘暴提供丰富的沙尘源;草原过度开垦也是植被遭受破坏的一个原因;过度放牧是我国北方,特别是农牧交错区草地退化的重要原因之一。

除此之外,前期干旱少雨,天气变暖,气温回升,是沙尘暴形成的特殊的天气气候背景。

6.4.3 沙尘暴的危害

沙尘暴是一种严重的自然灾害。发生于 1993 年 5 月 5 日("5·5"沙尘暴)和 1988 年 4 月 16 日("4·16"沙尘暴)的特大强沙尘暴,是我国近百年来所罕见,损失非常的惨重。"5·5"沙尘暴锋面前移速度 14m/s,黑霾强高度 300~400m,能见度 0~100m,横扫甘肃河西走廊、宁夏、陕西、内蒙古 4 省区 72 个县 100 多万平方千米,造成 85 人死亡、564 人伤残、31 人失踪,直接经济损失达 7 亿多元。

2010 年 3 月 20 日,郑州遭遇浮尘、扬沙天气,这场来势凶猛的沙尘天气席卷我国 16 个省(市、区),河南省除了信阳外,自北向南经历了浮沉或扬沙天气,济源瞬时最大风速达到 25m/s,相当于 10 级。受这次沙尘天气过程影响的国土面积约 180 万平方千米,受影响人口约 2.7 亿。21 日清晨,此次沙尘天气逐渐影响到我国台湾,台湾地区出现了有史以来最严重的沙尘影响,台北市监测站测得空污指标(PSI 值),平均比平日恶化 2 倍以上,空气污染达到"有害"等级,沙尘影响导致空气质量不良测站记录,有 24 个测站破千,刷新台湾地区"环保署" 20 余年来监测站的记录。受沙尘暴影响,呼吸道、耳鼻喉不适而急诊病患显著增加三成。

有时沙尘暴源发地规模并不大,含沙量并不高,但一路移动,因地形地貌、气候、植被等原因,沙尘暴很快得到加强,造成很大的环境灾害。

沙尘暴增加了大气污染的程度,给起源地、周边地区以及受灾地区的大气环境、土壤、农业生产等造成长期的、潜在的危害。特别是农作物生存的土壤被刮走后,将导致土地贫瘠,严重影响农作物的产量。

沙尘暴的危害还有很多:影响飞机的起降和汽车、火车的正常运行;沙尘飞入眼睛，影响视力；它可能会诱发过敏性疾病、流行病及传染病；沙尘暴带来的细微粉尘极有可能使患有呼吸道过敏性疾病的人群旧病复发。即使是身体健康的人，如果长时间吸入粉尘，也可能会出现咳嗽、气喘等多种不适症状。更为严重者，大风所经过的长距离中，沙尘暴中所含有的病菌可能包括一些传染病菌，会导致流行病的发生。总的来讲，沙尘暴天气带来的危害是多方面的，对于暴露于沙尘暴中的生命和物体均造成直接或间接危害。

6.4.4 沙尘暴的防治措施

6.4.4.1 治水是关键

水是不可替代的生命之源、生存资源。只有解决了水的问题，才能遏制沙漠化，改造荒漠，有效防治沙尘暴。我国北方常年干旱少雨，水资源危机严重，针对严峻的水资源缺乏形势，许多专家、学者提出了几套南水北调的方案，比如针对西北地区的大西线朔天运河引水工程，是把雅鲁藏布江水首先引到通天河，最终引到黄河，增加黄河水量，解决北方缺水问题。

6.4.4.2 利用科学技术综合治理

防治沙尘暴灾害，其主要手段就是保护国土资源，防止土壤风蚀沙化。必须从西部的自然条件、区域生态特征及其现有经济水平的客观条件出发，遵循客观规律，有效防治沙尘暴。加大"三北"防护林建设和提高西北地区的森林覆盖率，首先是利用现代科学技术，积极防护，重点放在生态脆弱的潜在沙化土地防护上，恢复、增加和保护林草植被。其次是开发利用替代能源，比如风能和太阳能，大大减轻由于过度樵采造成的植被破坏。

6.4.4.3 做好生态恢复

植树种草、增加植被与节制放牧相结合，使生态逐步得到恢复和优化。植树种草，建立生态屏障，是防风固沙、调节气候、优化生态环境的最有效措施。能植树种草的地方尽量做好充足的规划，坚持长期建设，沙漠边缘区要减少人为活动对生态环境的进一步破坏。图6-7所示为宁夏北部石嘴山市逐年造林面积，因为造林面积的扩大，石嘴山市发生沙尘暴频率显著下降。

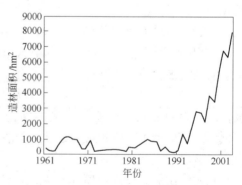

图6-7 1961～2001年宁夏北部石嘴山市逐年造林面积

6.4.4.4 加强沙尘暴科学研究

在沙尘暴频发地区进行各项措施的规划，加强沙尘暴的基础性的研究，加快

6.4 沙尘暴

研究和拟订出沙尘暴评价指标体系，开发和利用遥感技术及地理信息系统，通过现代遥感和自动化处理技术，对不同类型沙尘暴进行监测，及时预测沙尘暴的动态变化。

6.4.4.5 协调人与自然的关系

利用各种宣传手段和新闻媒体，使人们了解沙尘暴的严重性，提高人们的思想认识高度；强化政府行为，坚决杜绝滥垦、滥伐、滥牧、滥采的违法行为，协调好人与自然的关系；以可持续发展观点为指导，正确处理近期利益和长远利益、经济利益和生态利益的矛盾，从维护国家的长治久安、民族振兴、保持社会经济可持续发展的战略高度来认识防治沙尘暴的重要性。

参 考 文 献

[1] 刘联胜. 燃烧理论与技术[M]. 北京:化学工业出版社,2008.
[2] 张磊,刘红蕾. 环境保护与管理技术问答[M]. 北京:中国电力出版社,2008.
[3] 杨萧懿. 工程燃烧原理[M]. 北京:中国石化出版社,2008.
[4] 蒋文举. 大气污染控制工程[M]. 北京:高等教育出版社,2006.
[5] 李广超,傅梅绮. 大气污染控制技术[M]. 北京:化学工业出版社,2004.
[6] [美] S. 卡尔费特,H. M. 英格伦. 大气污染控制技术手册(上册)[M]. 北京:海洋出版社,1987.
[7] 卢荣. 化学与环境[M]. 北京:华中科大出版社,2008.
[8] 惠世恩,庄正宁. 煤的清洁利用与污染控制[M]. 北京:中国电力出版社,2008.
[9] 刘胜华,姚明宇,张宝剑. 洁净燃烧技术[M]. 北京:化学工业出版社,2006.
[10] 陈家庆. 石油石化工业环保技术概论[M]. 北京:中国石化出版社,2005.
[11] 阎维平. 电站燃煤锅炉石灰石湿法烟气脱硫装置运行与控制[M]. 北京:中国电力出版社,2005.
[12] [美] 诺埃尔·德·内维尔. 大气污染控制工程(第2版)[M]. 胡敏,谢绍东等译. 北京:化学工业出版社,2005.
[13] 胡辉,徐晓琳. 现代城市环境保护[M]. 北京:科学出版社,2004.
[14] 叶安珊. 环境科学基础[M]. 南昌:江西科学技术出版社,2009.
[15] 贾金明,王运行,吴建河. 气象与生活[M]. 北京:气象出版社,2008.
[16] 蒋建国. 固体废物处置与资源化[M]. 北京:化学工业出版社,2008.
[17] 刘军. 化学与人类文明[M]. 沈阳:东北大学出版社,2008.
[18] 张磊,刘红蕾. 环境保护与管理技术问题[M]. 北京:中国电力出版社,2008.
[19] 李传统. 现代固体废物综合处理技术[M]. 南京:东南大学出版社,2008.
[20] 陈海群,王凯全. 安全检测与控制技术[M]. 北京:中国石化出版社,2008.
[21] 何红升. 环境工程原理[M]. 北京:高等教育出版社,2007.
[22] 宁平,易红宏,周连碧. 有色金属工业大气污染控制[M]. 北京:中国环境科学出版社,2007.
[23] 金文. 大气污染控制与设备运行[M]. 北京:人民出版社,2007.
[24] 张举兵. 化工环境保护概论[M]. 北京:化学工业出版社,2006.
[25] 乔玉辉. 污染生态学[M]. 北京:化学工业出版社,2008.
[26] 曲东. 环境监测[M]. 北京:中国农业出版社,2007.
[27] 周凤霞. 生物监测[M]. 成都:化学工业出版社,2006.
[28] 韩阳,李雪梅,朱延姝. 环境污染与植物功能[M]. 北京:化学工业出版社,2005.
[29] 时正新. 企业环境治理[M]. 重庆:重庆出版社,1988.
[30] 李君慧. 能源与环境[M]. 沈阳:东北大学出版社,1994.
[31] 贺庆棠. 森林环境学[M]. 北京:高等教育出版社,1999.
[32] 樊芷芸,黎松强. 环境学概论(第2版)[M]. 北京:中国纺织出版社,2004.
[33] 王守信,郭亚兵,李自贵等. 环境污染控制工程[M]. 北京:冶金工业出版社,2004.

[34] 窦贻俭，李春华．环境科学原理[M]．南京：南京大学出版社，1998．
[35] 黄儒钦．环境科学基础[M]．成都：西南交通大学出版社，1997．
[36] 何康林．环境科学导论[M]．北京：中国矿业大学出版社，2005．
[37] 邓桂春，臧树良．环境分析与监测[M]．沈阳：辽宁大学出版社，2001．
[38] 张锦瑞，郭春丽．环境保护与治理[M]．北京：中国环境科学出版社，2002．
[39] 薛建军，田子华，谢慧芳．环境工程[M]．北京：中国林业出版社，2002．
[40] 龙湘犁，何美琴．环境科学与工程概论[M]．上海：华东理工大学出版社，2007．
[41] 井文涌，何强．当代世界环境[M]．北京：中国环境科学出版社，1989．
[42] 蒲恩奇．大气污染治理工程[M]．北京：高等教育出版社，1999．
[43] 杨德保，尚可政，王式功．沙尘暴[M]．北京：气象出版社，2003．
[44] 毛文永，文剑平．全球环境与对策[M]．北京：中国科学技术出版社，1993．
[45] 王红．环境与健康[M]．武汉：武汉大学出版社，2002．
[46] 张合平，刘云国．环境生态学[M]．北京：中国林业出版社，2000．
[47] 邵敏，赵美萍．环境化学[M]．北京：中国环境科学出版社，2001．
[48] 徐华英，王庚辰，黄美元．大气环境学[M]．北京：气象出版社，2005．
[49] 刘剑波，宋心琦．大气的秘密[M]．武汉：湖北教育出版社，2001．
[50] 王庚辰，秦大河．大气臭氧层与臭氧洞[M]．北京：气象出版社，2003．
[51] 方在农．新世纪如何"补天"：试论环境保护与可持续发展[M]．南京：东南大学出版社，2002．
[52] [英]尼科拉·巴伯．环境保护地球的必备向导[M]．张乐兴，译．北京：宇航出版社，2004．
[53] 王红旗．还我一片蓝天[M]．济南：明天出版社，2002．
[54] 金炜，王成善，崔杰．全球气候变化综述[J]．沉积与特提斯地质．2006，1(26)：107~110．
[55] 丁一汇．全球气候变化中的物理问题[J]．物理．2009，2(38)：71~83．
[56] 郝冉，李辉，孙丽梅．大气污染的危害及防治措施[J]．工业安全与环保．2005，6(31)：27~28．
[57] 李向阳．全球气候变化规则与世界经济的发展趋势[J]．国际经济评论．2010．
[58] 许月卿．全球气候变化[M]．北京：人民教育出版社，2001．
[59] 杨达源，姜彤．全球变化与区域响应[M]．北京：化学工业出版社，2004．
[60] 刘俊．关注全球气候变化[M]．北京：军事科学出版社，2009．
[61] 龚沛光，陈泮勤．大气污染[M]．北京：气象出版社，1985．
[62] 戴君虎，方精云．温室效应[M]．北京：中国环境科学出版社，2001．
[63] 郑楚光．温室效应及其控制对策[M]．北京：中国电力出版社，2001．
[64] 周家斌，田生春．温室效应的功过是非[M]．呼和浩特：内蒙古大学出版社，2000．
[65] 孙崇基．空中杀手——酸雨[M]．北京：中国环境科学出版社，2001．
[66] [英]米塞姆．全球气候变化：人类面临的挑战[M]．国家气候变化对策协调小组办公室译．北京：商务印书馆，2004．
[67] 丁一汇，张锦，徐影．气候系统的演变及其预测[M]．北京：气象出版社，2003．

参 考 文 献

[68] 潘家华，庄贵阳，陈迎. 减缓气候变化的经济分析[M]. 北京：气象出版社，2003.
[69] 宋学周. 废水废气固体废物专项治理与综合利用实务全书[M]. 北京：中国科学技术出版社，2000.
[70] 吴兑. 温室气体与温室效应[M]. 北京：气象出版社，2003.
[71] [美] 斯蒂芬·施奈德. 地球我们输不起的实验室[M]. 诸大建，周祖翼译. 上海：上海科学技术出版社，2008.
[72] 林而达. 全球气候变化和温室气体清单编制方法[M]. 北京：气象出版社，1998.
[73] 吴改琴，李丽君，杨光富. 地球在呼救[M]. 重庆：重庆大学出版社，2009.
[74] 伊武军. 资源环境与可持续发展[M]. 北京：海洋出版社，2001.
[75] 郝吉明. 大气污染控制工程[M]. 北京：高等教育出版社，2007.
[76] 王俊. 保护家园[M]. 北京：中国科学技术出版社，2004.
[77] 牛建刚，牛荻涛，周浩爽. 酸雨的危害及其防治综述[J]. 中国灾害. 2008，4(23)：110~116.
[78] 陶秀成. 环境化学[M]. 北京：高等教育出版社，1999.
[79] 中国气象局. 中国灾害性天气气候图集[M]. 北京：气象出版社，2007.
[80] 雷生云. 与你生死攸关(生存环境忧思笔记)[M]. 西安：陕西人民出版社，2005.
[81] 孔祥应. 能源与环境保护[M]. 北京：中国科学技术出版社，1991.
[82] 郭英起，段英. 大气环境影响评价实用技术[M]. 北京：气象出版社，1993.
[83] 唐永銮，曾星舟. 大气环境学[M]. 广州：中山大学出版社，1988.
[84] 黄荣辉. 大气科学概论[M]. 北京：气象出版社，2005.
[85] 李爱贞，刘厚凤. 气象学与气候学基础[M]. 北京：气象出版社，2004.
[86] 沈春康. 大气热力学[M]. 北京：气象出版社，1983.
[87] 李崇银，刘式适，陈嘉滨. 动力气象学导论[M]. 北京：气象出版社，2005.

冶金工业出版社部分图书推荐

"十二五"国家重点图书——
《环境保护知识丛书》

日常生活中的环境保护——我们的防护小策略	孙晓杰	赵由才		主编
认识环境影响评价——起跑线上的保障	杨淑芳	张健君	赵由才	主编
温室效应——沮丧？彷徨？希望？	赵天涛	张丽杰	赵由才	主编
可持续发展——低碳之路	崔亚伟	梁启斌	赵由才	主编
环境污染物毒害及防护——保护自己、优待环境	李广科	云 洋	赵由才	主编
能源利用与环境保护——能源结构的思考	刘 涛	顾莹莹	赵由才	主编
走进工程环境监理——天蓝水清之路	马建立	李良玉	赵由才	主编
饮用水安全与我们的生活——保护生命之源	张瑞娜	曾 彤	赵由才	主编
噪声与电磁辐射——隐形的危害	王罗春	周 振	赵由才	主编
大气污染防治——共享一片蓝天	刘 清	招国栋	赵由才	主编
废水是如何变清的——倾听地球的脉搏	顾莹莹	李鸿江	赵由才	主编
土壤污染退化与防治——粮食安全，民之大幸	孙英杰	宋 菁	赵由才	主编
海洋与环境——大海母亲的予与求	孙英杰	黄 尧	赵由才	主编
生活垃圾——前世今生	唐 平	潘新潮	赵由才	主编